"十四五"职业教育部委级规划教材

产业用纺织品

彭孝蓉　编著

中国纺织出版社有限公司

内 容 提 要

本书介绍了我国产业用纺织品的分类与用途、性能指标及测试方法。强调产业用纺织品的制造应从纤维原料选择入手，根据产品性能选择加工方法。本书还介绍了产业用纺织品的机织加工技术、针织加工技术、编织加工技术、非织造加工技术及簇绒织物生产技术，重点突出立体织物成型技术，以及如何运用平面小样织机试织立体织物。本书对我国16大类产业用纺织品的具体产品，从原料选择、加工技术及产品性能和用途等方面进行介绍，对产业用纺织品的开拓应用具有一定的指导意义。

本书适合作为纺织类高职院校相关专业的教材，也可供纺织企业的工程技术人员、产业用纺织品领域的相关人员参考阅读。

图书在版编目（CIP）数据

产业用纺织品 / 彭孝蓉编著. --北京：中国纺织出版社有限公司，2022.2（2024.1重印）

"十四五"职业教育部委级规划教材

ISBN 978-7-5180-9199-7

Ⅰ. ①产… Ⅱ. ①彭… Ⅲ. ①工业用织物-纺织品-职业教育-教材 Ⅳ. ①TS106.6

中国版本图书馆CIP数据核字（2021）第257601号

责任编辑：朱利锋 孔会云 责任校对：寇晨晨
责任印制：何 建

中国纺织出版社有限公司出版发行

地址：北京市朝阳区百子湾东里A407号楼 邮政编码：100124

销售电话：010—67004422 传真：010—87155801

http://www.c-textilep.com

中国纺织出版社天猫旗舰店

官方微博http://weibo.com/2119887771

三河市宏盛印务有限公司印刷 各地新华书店经销

2022年2月第1版 2024年1月第3次印刷

开本：787×1092 1/16 印张：19

字数：331千字 定价：56.00元

凡购本书，如有缺页、倒页、脱页，由本社图书营销中心调换

　　我国产业用纺织品行业伴随中国经济的快速发展，已成为纺织工业中极具前瞻性和战略机遇的新兴产业，推动着我国纺织工业及相关产业的发展。产业用纺织品技术含量高、应用范围广，对原料、生产工艺和产品质量均提出了更高的要求。有些产业用纺织品可以使用普通纤维，但更多的产品必须选择高性能纤维。产业用纺织品的生产技术更需要选择立体织造技术或一次成型技术，这方面的技术目前在我国尚不成熟。因此，亟须纺织院校和企业协同合作研究、开发。

　　随着我国工业化程度的提升，产业用纺织品的需求量将会越来越大。2020 年底，我国产业用纺织品加工纤维量为 1915.5 万吨，占整个纺织行业纤维加工总量的 33%。纺织产业的三大终端——服装用、装饰用及产业用，在我国产业用已经超过装饰用，产量排第二位。我们必须走在时代的前列，适应这些变化。如建筑和土工用纺织品的用量会越来越大；防护类纺织品在安全意识加强、监管法规体系的完善下会向更多领域扩展；医用纺织品会逐步实现进口替代；农用纺织品承担着植物保护、粮食自给的重任；需要过滤及分离用纺织品（如高温滤袋）还城市蓝天白云；隔层与绝缘用纺织品为锂电池、超级电容器提供保障；膜分离技术在食品加工、海水淡化、纯水及超纯水制备、医药、生物、环保等领域得到了较大规模的开发和应用；交通用纺织品也是非常有发展潜力的；此外，增强结构用纺织品也值得大力发掘，以后机器设备上高速运转的零部件材料大多会采用纺织复合材料，如传动辊、齿轮、弹簧等。

　　本书第一章讲述产业用纺织品的定义、产业用纺织品与服用纺织品的区别及产业用纺织品分类方法；第二章介绍产业用普通纤维和高技术纤维的结构及特性；第三章阐述产业用纺织品加工技术，涉及产业用纺织品的机织、针织、编织及非织造技术；第四章讲述纺织结构复合材料的构成及成型工艺，把涂层和层合织物归到这一章，因为按结构分类它们属于纺织结构复合材料。第五至第二十章分别对 16 类产业用纺织品从原材料选择原则、生产方法及产品用途等方面加以介绍。

　　本书可以作为纺织类院校相关专业学生的教材，也可以作为纺织相关行业技术人员的工具书，为纺织企业转轨提供有效的技术支持。

　　全书由成都纺织高等专科学校彭孝蓉老师编写，由于时间仓促以及作者的水平有限，教材中难免存在疏漏之处，欢迎读者指正。

彭孝蓉

2021 年 12 月

第一章　绪论

教学要求

1. 掌握产业用纺织品的定义。
2. 了解产业用纺织品的应用领域。
3. 掌握产业用纺织品的分类方法。

主要知识点

1. 产业用纺织品的定义。
2. 产业用纺织品的分类和功能。
3. 产业用纺织品的特点。

产业用纺织品也称技术纺织品（technical textiles）、高性能纺织品（high performance textiles）、高技术纺织品（high-tech textiles）。国际上先进国家服用、装饰用、产业用三大纺织品呈现“三分天下”之势，我国产业用纺织品约占纤维总加工量的33%，是纺织工业新的增长点。产业用纺织品利润高，随着我国工业化程度的提升，产业用纺织品的需求量将越来越多。服用纺织品出口受到世界各国的配额限制，产业用纺织品受限小。因此技术比较先进的纺织企业应抓紧开发产业用纺织品。

第一节　产业用纺织品概述

一、产业用纺织品的定义

与传统纺织品相比，产业用纺织品还是相对年轻的行业。根据已经颁布的国家标准《产业用纺织品分类》（GB/T 30558—2014），我国产业用纺织品有了明确定义：“产业用纺织品通常指区别于一般服装用纺织品和家用纺织品，经专门设计的具有工程结构特点、特定应用领域和特定功能的纺织品。产业用纺织品主要应用于工业、农牧渔业、土木工程、建筑、交通运输、医疗卫生、文体休闲、环境保护、新能源、航空航天、国防军工等领域。"

产业用纺织品的历史可以追溯到几千年以前，早在公元前 4000 年，古埃及人就曾使用由天然黏合剂黏合的亚麻来缝合伤口，这是最早的医疗用纺织品。现代产业用纺织品的历史始于从欧亚大陆驶向美洲大陆的帆船使用的帆布。20 世纪前半叶化学纤维的发明，彻底改变了产业用纺织品市场的格局。随着 50~60 年代高强高性能纤维的开发，产业用纤维和织物的应用领域不断扩大。从 80 年代开始，世界上工业发达国家摆脱了纺织品中服装用品一统天下的传统，产业用纺织品的比例不断上升。

二、产业用纺织品的外观形态

（1）纤维：通信用光纤、过滤材料、人工器官中的中空纤维等。

（2）线、带、绳：缝纫线、捆扎带、手术缝线等。

（3）片状形态：帆布、絮片、衬垫、毡毯等。

（4）三维形态：水龙带、人工骨、人工关节、三维编织预构件等。

三、产业用纺织品的加工方法

（1）传统加工方法：机织、针织、非织造及编织。

（2）需再经涂层、层压或复合处理，以增加其功能性。

（3）整体成型等特殊加工方法，如人工骨、人造血管等。

四、产业用纺织品与服用纺织品的区别

1. 应用领域

服用纺织品：应用于服装及家用装饰，个体消费者居多。

产业用纺织品：应用于非纺织行业，消费对象不是个体消费者。

2. 性能要求

服用纺织品：使用时出现问题不会出现非常严重的后果。

产业用纺织品：作用在条件苛刻的场合，耐用性要求高。若使用中出现问题，会出现灾难性后果，如汽车的安全气囊、宇航员的宇航服等。

3. 所用原材料

服用纺织品：纤维材料选择强调透湿、透气等舒适性，对美观及色泽方面设计要求高。

产业用纺织品：多选择具有特殊性能的纤维，加工难度大，价格贵。如高强度、高模量、耐高温及耐腐蚀纤维材料。注重功能，美观并不重要。

4. 测试方法

由于作用环境的特殊性，服用纺织品的实验方法通常不适用于产业用纺织品。

服用纺织品：品质评定带有很大的主观性。

产业用纺织品：建立测试手段和试验方法相对容易，从测试结果就可得知其性能的好坏，织物性能评定客观。

5. 使用寿命

产业用纺织品的寿命比服用纺织品长得多，如公路、铁路、体育场、会议中心及机场等，使用寿命设计要求 30 年以上，桥梁的设计使用寿命是 100 年以上。

6. 价格

产业用纺织品的价格比服用纺织品高，由于产品的使用寿命长以及在国民经济中的重要作用，价格因素显得不是很重要。

五、产业用纺织品的特点

（1）最终用途不是一般衣着和家饰。

（2）加工方法多种多样，有些还使用复合加工技术。

（3）产业用纺织品的分类方法很多，但以最终用途分类法为主。

（4）产品着重内在质量，不强调外观色彩、款式及流行。

（5）为了满足工程上的需要，某些产品要进行工程设计和结构设计。

第二节 产业用纺织品的分类

一、按原料分类

分为天然纤维、合成纤维、高性能纤维和无机纤维等。

二、按生产技术分类

分为机织加工法、针织加工法、编织加工法、非织造加工法、立体织造法以及复合加工法等。

三、按主要产品分类

如土工布、帆布、过滤布、手术服、帘子线、人造血管、人工皮肤等。

四、按最终用途分类

按最终用途分类是产业用纺织品最主要的分类方法。

美国和英国将产业用纺织品分为 12 个类别，日本分为 11 个类别。在中国国家标准《产业用纺织品分类》（GB/T 30558—2014）中，产业用纺织品以产品最终用途为主要依据被分为以下 16 大类，分别为农业用纺织品、建筑用纺织品、篷帆类纺织品、过滤与分离用纺织品、土工用纺织品、工业用毡毯（呢）纺织品、隔层与绝缘用纺织品、医疗与卫生用纺织品、包装用纺织品、安全与防护用纺织品、结构增强用纺织品、文体与休闲用纺织品、合成革（人造革）用纺织品、线绳（缆）带类纺织品、交通工具用纺织品、其他产业用纺织品类。每一类别的具体产品如下：

1. 农业用纺织品（agrotextiles）

温室用纺织品（textiles for greenhouse）；土壤稳定用纺织品（textiles for subsoil stabilization）；种床保护用纺织品（textiles for seed bed protection）；农作物培育用纺织品（textiles for cultivation of crops）；防虫、防鸟用纺织品（textiles against insects and birds）；农业用防雹、防霜用纺织品（scrims for protection from hail and frost）；农业用防雨织物（rainproof textiles）；防草织物（textiles for weed control）；农业用防风织物（windproof textiles）；农业用遮阳织物（shade fabrics）；畜牧业用纺织品（textiles for animal husbandry）；园艺用纺织品（horticultural textiles）；农业用覆盖织物（covering fabrics）；排水、灌溉用纺织品（drainage and irrigation textiles）；地膜（soil covering systems）；水产养殖用纺织品（textiles for aquaculture）；海洋渔业用纺织品（textiles for oceanic fishery）；其他农业用纺织品（other agrotextiles）。

2. 建筑用纺织品（building and construction textiles）

建筑用防水纺织品（waterproof textiles for buildings）；建筑用膜结构纺织品（membrane structural textiles for buildings）；加固、修复用纤维增强、抗裂纺织品（fiber-reinforced and crack-resistant textiles for reinforcing and repairing）；建筑用填充、衬垫纺织品（filler and liner textiles for buildings）；建筑用装饰纺织品（decoration textiles for buildings）；建筑用隔热、隔音（吸声）纺织品（heat insulating and sound barrier（sound absorbing）textiles for buildings）；建筑安全网（safety nets for buildings）；建筑用减震纺织品（textiles for shock absorption）；其他建筑用纺织品（other textiles for buildings）。

3. 篷帆类纺织品（canvas and tarp textiles）

帐篷布（textiles for tents）；仓储用布（canvas for storage）；机器防护罩（textiles for machine shield）；遮盖帆布（canvas for covering）；广告灯箱布、广告布帘（textiles for advertising lamp boxes and drapes）；鞋帽箱包用帆布（canvas for shoes，hats and suitcases）；遮阳篷布（awning fabrics）；液体储存囊袋（liquid storage bags）；其他篷帆类纺织品（other textiles for canvas and tarp）。

4. 过滤与分离用纺织品（filtration and separation textiles）

高温气体过滤和分离用纺织品（textiles for filtering and separating high temperature gases）；中低温气体过滤和分离用纺织品（textiles for filtering and separating low-middle temperature gases）；液体过滤和分离用纺织品（textiles for liquid filtering and separating）；产品收集用纺织品（textiles for product collection）；工业废水、废液处理用纺织品（textiles for treatment of industrial waste water and spent liquid）；食品工业过滤用纺织品（textiles for filtration in food industry）；香烟过滤嘴用纺织品（textiles for cigarette filters）；筛网类纺织品（screen mesh）；其他过滤用纺织品（other textiles for filtration and separation）。

5. 土工用纺织品（geotextiles）

土工布（geotextiles；GTX）；土工格栅（geogrid；GGR）；土工网（geonet；GNT）；土工

网垫（geomat；GMA）；土工隔室（geocell；GCE）；土工筋带（geostrip；GST）；土工隔垫（geospacer；GSP）；防渗土工膜（geosynthetic barrier；GBR）；土工复合材料（geocomposite；GCO）；其他土工用纺织品（other geotextiles）。

6. 工业用毡毯（呢）纺织品（industrial felt and blanket textiles）

纺织工业用毡毯（呢）（felts and blankets for textile industry）；造纸毛毯（造纸网）（paper making blankets）；过滤用毡毯（呢）（felts and blankets for filtration）；印刷业用毡毯（呢）（felts and blankets for printing industry）；电子工业用毡毯（呢）（felts and blankets for electric industry）；隔音毡毯（呢）（sound insulation felts and blankets，sound-proofing felts and blankets）；密封毡毯（呢）（sealing felts and blankets）；清污、吸油毡毯（呢）（felts and blankets for cleaning and oil absorption）；防弹、防暴毡毯（bulletproof and explosion-proof felts and blankets）；抛光毡（呢）（polishing felts and blankets）；其他工业用毡毯（呢）纺织品（other industrial for felts and blankets textiles）。

7. 隔离与绝缘用纺织品（isolation and insulation textiles）

电绝缘纺织品（textiles for electrical insulation）；电池隔膜（textiles for battery separators）；电容器隔膜（textiles for membranes of capacitor）；变压器隔膜（textiles for membranes of transformer）；电缆包布（cable wrapping clothes）；电磁屏蔽纺织品（electromagnetic shield textiles）；其他隔离与绝缘用纺织品（other textiles for isolation and insulation）。

8. 医疗与卫生用纺织品（medical and hygiene textiles）

医用缝合线（medical suture）；植入式医用纺织品（implantable medical textiles）；体外医用纺织品（medical textiles for extracorporeal applications）；手术室及急救室用纺织品（textiles for surgery and emergency room）；防护性医用纺织品（protective medical textiles）；医用敷料（medical dressing）；卫生用纺织品（hygiene textiles）；其他医疗与卫生用纺织品（other medical for medical and hygiene）。

9. 包装用纺织品（packaging textiles）

食品包装用纺织品（food packing textiles）；日用品包装用纺织品（commodity packing textiles）；储运包装用纺织品（packing textiles for storage and transportation）；危险品包装用纺织品（packing textiles dangerous products）；易碎品包装用纺织品（packing textiles for fragile products）；仪器、电子产品包装用纺织品（packing textiles for instruments，electronics）；粉末包装用纺织品（powder packing textiles）；礼品包装用纺织品（gift packing textiles）；填充包装用纺织品（packing textiles fillers）；购物袋（shopping bags）；其他包装用纺织品（other packing textiles）。

10. 安全与防护用纺织品（protective and safety textiles）

防弹、防暴纺织品（textiles for bulletproof and explosion proof）；防割、防刺纺织品（textiles for cutting and stabbing proof）；高温热防护用纺织品（textiles for heat resistance）；防电磁辐射纺织制品（textiles for anti-electromagnetic radiation）；防生化纺织品（textiles for biochemical protection）；防核沾染纺织品（textiles for anti-nuclear contamination）；防火阻燃纺织品

（textiles for fireproof）；防静电纺织品（textiles for anti-static application）；抗电击纺织品（textiles for anti-electric shock）；耐恶劣气候纺织品（textiles for weather resistant）；安全警示用纺织品（textiles for safety alert）；救援、救生装备（textiles for survival and rescue equipment）；其他安全防护用纺织品（other textiles for safety protection）。

11. 结构增强用纺织品（reinforcement textiles）

传输、传动、管类骨架材料（textile materials for reinforcing, transmission and tube framework materials）；增强橡胶用纺织材料（textile materials for reinforcing rubber）；增强轻质建筑材料用纺织材料（textile materials for lightweight builddding materials）；增强汽车、船舶和机器部件用纺织材料（textile materials for reinforcing automobile, and machine parts）；增强航空、航天部件预制件用纺织材料（textile materials for reinforcing aviation, aerospace materials）；增强风力发电叶片用纺织材料（textile materials for reinforcing aero-generate blades）；增强救生装备用纺织材料（textile materials for reinforcing lifesaving equipments）；其他结构增强用纺织品（other reinforcement materials）。

12. 文体与休闲用纺织品（sport and leisure）

运动防护用纺织品（protective textiles for sports）；运动场所设施用纺织品（textiles for sports complex facilities）；运动器材用纺织品（textiles for sports instruments）；户外休闲用纺织品（textiles for outdoor leisure）；美术、音乐器材用纺织品（textiles for fine arts and musical instruments）；伞、旗类用纺织品（textiles for umbrellas and flags）；其他文体与休闲用纺织品（other textiles for entertainment）。

13. 合成革（人造革）用纺织品（textiles for synthetic leather）

机织革基布（woven for synthetic leather）；针织革基布（knitted fabrics for synthetic leather）；非织造革基布（nonwovens for synthetic leather）；其他合成革（人造革）用基布类纺织品（other textiles for synthetic leather）

14. 线绳（缆）带纺织品（threads, ropes and belts）

工业用缝纫线（industrial sewing threads）；球拍弦线（racket threads）；安全带（safety belts）；传动带（driving belts）；水龙带（coveyer belts）；输送带（coveyer belts）降落伞用带（parachute belts）；吊钩带（drop hanger belts）；打包带（straps）；头盔带（helmet straps）；装卸用绳（ropes for handling）；消防用绳（fire fighting ropes）；海洋作业缆绳（cables for marine operations）；降落伞用绳（parachutes ropes）；渔业用线绳（fishing thread and ropes）；其他线绳（缆）带纺织品（other thread, rope and belt textiles）；

15. 交通工具用纺织品（transport textiles）；

交通工具内饰用纺织品（textiles for interior decorations of vehicles）；轮胎帘子布（cords fabrics for tire）；安全带和安全气囊（seat belts air bags）；车、船用篷布、帆布（cover textiles for vehicles）；交通工具填充用纺织品（textiles for vehicles filling）；交通工具过滤用纺织品（textiles for vehicles filtration）；其他交通工具用纺织品（other textiles for vehicles）。

16. 其他产业用纺织品（other industrial textiles）

衬布（lapping cloth）；擦拭布（wiping）；特种纤维及制品（special fibers and products）；其他产业用纺织品（other industrial textiles）。

☞ **参考文献**

［1］ S. 阿桑达. 产业用纺织品手册［M］. 徐朴，译. 北京：中国纺织出版社，2000.

［2］ 张玉惕. 产业用纺织品［M］. 北京：中国纺织出版社，2009.

［3］ 全国纺织品标准化技术委员会产业用纺织品分技术委员会. 产业用纺织品分类 GB/T 30558—2014［S］. 北京：中国标准出版社，2014.

第二章 产业用纤维材料

教学要求

1. 掌握产业用普通纤维的各自特性。
2. 掌握产业用高技术纤维的特性。
3. 掌握产业用无机纤维的特性。

主要知识点

1. 产业用天然纤维，如棉纤维、甲壳素纤维、海藻酸纤维；产业用人造纤维，如黏胶纤维、醋酯纤维；产业用常规合成纤维，如丙纶、涤纶、锦纶、腈纶等。

2. 产业用高技术纤维，高性能纤维如芳纶、超高分子量聚乙烯、PBO、PPS、聚酰亚胺等；新型可降解合成纤维，如PLA、PGA、PBAT。

3. 产业用无机纤维，玻璃纤维、碳纤维、金属纤维。

第一节 产业用普通纤维

虽然产业用纺织品较多选择高技术纤维，但天然纤维和常规化学纤维由于价格低以及某方面性能突出，仍然在产业用纺织品中占有较大比重。

一、天然纤维

（一）棉

棉纤维的结构中含94%以上的纤维素，其他成分还有果胶、脂蜡、无机物及灰分等，纤维素的结构如下：

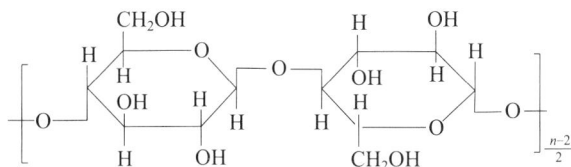

棉纤维里面含有大量的—OH，因此棉的吸湿性较好，强度为 $2.6\sim4.3cN/dtex$，断裂伸长率为 $3\%\sim7\%$，纤维的直径为 $15\sim20\mu m$，与皮肤的接触舒适，可用来做过滤材料、保暖絮片、医用卫生材料（面膜、湿巾纸、敷料等）。另外，棉纤维吸水后强力上升，这一特点可用于开发特殊的产业用纺织品。棉制品耐瞬时高温性较好，用于制作炼钢厂工人的工作服。

但棉纤维不耐无机酸、吸湿后易发霉、弹性变形差、耐日光性和耐气候性差，可通过一些化学处理进行改善。

（二）麻

麻类纤维有韧皮纤维及叶纤维之分，韧皮纤维有苎麻、亚麻、大麻、黄麻等，叶纤维有剑麻与蕉麻等。麻与棉都主要由纤维素构成，但麻的吸湿透湿性能比棉更好。由于麻的化学组成中含有木质素和半纤维素，纤维材料较挺硬，回潮率高因而吸胶性能很好，因此麻类纤维非常适合做涂层材料的底基。

苎麻常用于皮尺带、子弹袋、炮衣、抛轮布、服装鞋帽衬及书籍布；亚麻常用于水龙带、幕布、油画布、过滤布及贴墙布等；黄麻常用于粮食及白糖的包装袋、复合水泥袋；剑麻耐海水腐蚀，常用于舰艇、渔船、航海的缆绳。

近年来，轿车的车顶内衬材料，麻类纤维有取代玻璃纤维的趋势，因为在发生碰撞事故中，麻类纤维增强材料不会产生玻纤增强材料的锐利碎片。玻纤会引起皮肤及呼吸道过敏反应，而麻纤维不会。由于麻的吸湿性好使汽车内环境有更好的热舒适性。

（三）毛

羊毛是由蛋白质构成的纤维，蛋白质的一般结构如下：

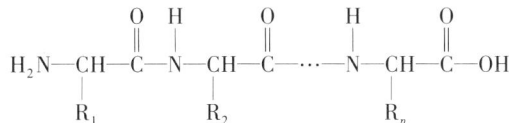

R：$10\sim20$ 种氨基酸。

氨基酸的通式是 β-折叠链结构，但构成羊毛纤维大分子链的氨基酸侧基较大，实际上氨基酸上的侧基促使羊毛纤维在空间的形态结构呈 α-螺旋链排列（由 β-折叠链构成的螺旋链）。相邻蛋白质大分子之间的胱氨酸交键使螺旋线紧密联系在一起，因此羊毛纤维的弹性极好。

羊毛纤维强力低，弹性好，且是保暖性最好的纤维原料，羊毛纤维表面镀铝可做太空宇航服的材料。将纯羊毛纱或羊毛与涤纶混纺纱用簇绒针对稀松底布进行穿刺栽植，可制成簇绒地毯，用于高档汽车铺地材料。羊毛由于价格昂贵很少用于产业用纺织品，除非是特殊要求的呢毡、垫料等。

（四）丝

蚕丝与羊毛一样也是蛋白质纤维，但蚕丝大分子上的侧基比羊毛小，因此纤维的堆砌密度更高。桑蚕丝强力比羊毛高，但弹性比羊毛差，且耐光性极差。蚕丝是天然丝肮蛋白，可以做手术缝合线，用于内脏器官、眼科和神经手术，能被身体缓慢吸收而不用拆线。桑蚕丝可制织筛网，规格有 4~62 孔/cm，主要用于粮食工业筛选，如标准粉和精白粉的筛选，也用于磨料工业的粗细砂筛选。蚕丝分子的一般结构如下：

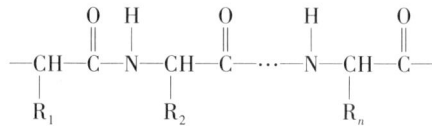

R：甘氨酸、丙氨酸、丝氨酸或络氨酸等。

二、再生纤维

（一）壳聚糖纤维

壳聚糖纤维是从虾蟹的壳里提取的，大分子中有—OH、—NH_2 等基团，亲水性是自然界中所有纤维里面最好的，公定回潮率为 17.5%。—NH_2 是碱性且带正电的，可将油脂分解排出，吸附和聚沉细菌病毒。壳聚糖分子结构类似人体骨骼胶原结构，可被人体的溶解酶分解而吸收，有消炎、抗菌、止血、镇痛、促进伤口愈合等功能。壳聚糖的化学结构有 α、β、γ 三种，大分子链以一正一反的形式排列为 α 型，大分子链都排列在同一个方向为 β 型，大分子链以两个正方向和一个反方向的形式组成为 γ 型。下面的壳聚糖分子是 α 型：

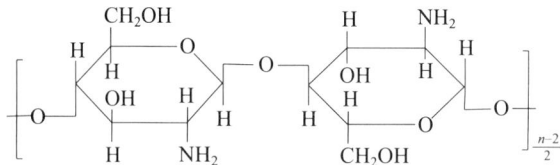

（二）海藻酸纤维

海藻酸纤维是以海藻植物（如海带、海草）中分离出的海藻酸为原料制成的纤维。通常由湿法纺丝制备，将海藻酸钠溶于水中（加甲醛、Na_2CO_3、HCl 等）形成黏稠溶液，然后通过喷丝孔挤出，凝固浴为氯化钙溶液，海藻酸纤维的成形过程是一个水溶性的海藻酸钠转变成不溶于水的海藻酸钙的过程。海藻酸钙失去了溶解性，同时大量的水分被包围在大分子之间，使初生的海藻酸钙纤维形成一种含水量极高的纤维状胶体。海藻酸钠的一般结构如下：

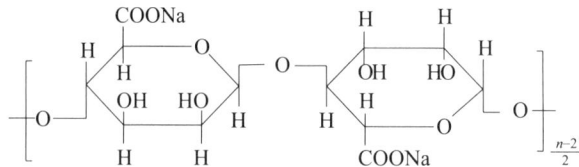

海藻酸纤维做人工敷料和绷带，不粘连伤口，而且氧气能透过海藻酸纤维的微孔，进入伤口内环境，加快伤口的愈合。海藻酸纤维在临床上有防止伤口感染的作用，有明显的抑菌和消肿效果。

（三）黏胶纤维

黏胶纤维是再生纤维素纤维，分子结构与棉麻纤维相同，但聚合物远低于棉麻。黏胶纤维可以由棉短绒、木材、甘蔗渣、芦苇及竹子为原料制作。黏胶纤维吸湿性好，用水刺法加工常用于做面膜、湿巾、医用敷料及涂层材料底基等；高强力黏胶长丝纤维可做轮胎帘子线；黏胶纤维大量地用于医用卫生材料，如医生和护士工作服、病员服、手术服、口罩、纱布、绷带及病人床上用品。

（四）醋酯纤维

醋酯纤维是由纤维素中的三个羟基（—OH），在合适的条件下同醋酸（HAc）发生酯化反应制备成醋酸酯，再溶解于丙酮等溶剂制成纺丝液，用干法纺丝制备。酯化率在 72%～92% 称二醋酯，酯化率大于 92% 称三醋酯。醋酯纤维是纤维素上的羟基被乙酰化的产物，吸湿性下降。醋酯纤维的一般结构如下：

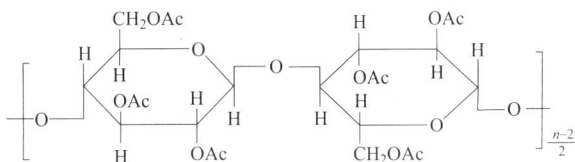

醋酯纤维常用作香烟过滤嘴、血液过滤及肾透析材料、化学工业净化及分离材料等。

三、化学纤维

（一）聚酯纤维

聚酯纤维含有酯键，在强碱下容易水解，如用作医用材料，可以用强碱或甲醇回收单体。聚酯纤维耐光性较好，可做船帆、帐篷等。聚酯纤维的用途很广，如工业传送带、过滤材料、工业缝纫线、建筑屋面材料等。

聚酯纤维三类：聚对苯二甲酸乙二酯（PET）、聚对苯二甲酸丙二酯（PPT）、聚对苯二甲酸丁二酯（PBT）。两个苯环之间的碳链越长，大分子的柔曲性越好，因此聚酯纤维的伸长弹性及耐磨性顺序为 PBT>PPT>PET。PET、PPT 及 PBT 聚酯纤维的一般结构分别如下：

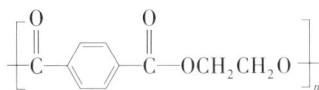

PET

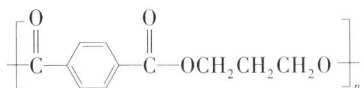

PPT

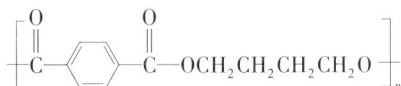

PBT

（二）聚酰胺纤维（PA）

聚酰胺纤维回潮率为 4.5%，因此涂层的效果好。聚酰胺纤维在国外称尼龙，我国称锦纶。锦纶弹性好，但耐光性差，常用于制造轮胎帘子线、传送带（纬纱）、降落伞、安全带和安全气囊、渔网等。最常用的锦纶是锦纶 6 和锦纶 66，它们的一般结构分别如下：

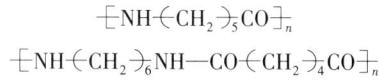

$$\left[\text{NH}\left(\text{CH}_2\right)_5\text{CO}\right]_n$$

$$\left[\text{NH}\left(\text{CH}_2\right)_6\text{NH—CO}\left(\text{CH}_2\right)_4\text{CO}\right]_n$$

（三）聚丙烯腈纤维（PAN）

聚丙烯腈纤维的耐光性最好，适合作户外织物，敞篷汽车的顶篷、遮蔽织物和一些户外用品；阻燃腈纶可替代石棉作水泥制品的增强材料。聚丙烯腈纤维的一般结构如下：

$$\left[\text{CH}_2\text{—CH} \atop \text{CN}\right]_n$$

（四）聚丙烯纤维（PP）

聚丙烯纤维的回潮率为零，但有独特的芯吸作用，超细丙纶用于制作运动员的内衣、医用材料；聚丙烯耐酸耐碱，适用于制作土工布；聚丙烯的熔点较低，适用于做非织造产业的热熔性黏结纤维，如热焊接；聚丙烯纤维是防护口罩和防护服的主要材料，如熔喷法过滤病毒材料；常用于制织人工血管及医用补片材料。聚丙烯纤维的一般结构如下：

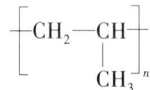

$$\left[\text{CH}_2\text{—CH} \atop \text{CH}_3\right]_n$$

（五）聚乙烯醇缩甲醛纤维（PVA）

聚乙烯醇缩甲醛纤维回潮率为 5.0%，与橡胶有良好的黏着性，常用于制作涂层材料底基，如屋面防水材料、帆布、帐篷、水龙带、绳索、渔网以及中低档油画布等。聚乙烯醇缩甲醛纤维的一般结构如下：

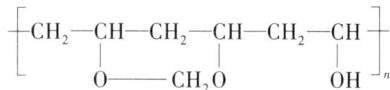

$$\left[\text{CH}_2\text{—CH—CH}_2\text{—CH—CH}_2\text{—CH} \atop \text{O——CH}_2\text{O} \qquad \text{OH}\right]_n$$

（六）聚氯乙烯纤维（PVC）

聚氯乙烯纤维具有难燃性，用于制作防火服、假发套、过滤织物、绝缘布、临时建筑用织物。聚氯乙烯既可以做纤维，也可以做胶，在涤纶织物表面涂层聚氯乙烯和氯化聚乙烯树脂可作建筑用纺织品。聚氯乙烯的一般结构如下：

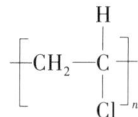

$$\left[\text{CH}_2\text{—}{\overset{\text{H}}{\underset{\text{Cl}}{\text{C}}}}\right]_n$$

（七）聚偏氯乙烯纤维（PVDC）

聚偏氯乙烯纤维常被制作成特殊的单丝，用于阻燃和防化场所。偏氯乙烯更多用于涂层或压膜材料，偏氯乙烯做防火织物比聚氯乙烯性能更好。聚偏氯乙烯的一般结构如下：

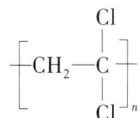

$$\left[\text{CH}_2\text{—}{\overset{\text{Cl}}{\underset{\text{Cl}}{\text{C}}}}\right]_n$$

（八）聚偏氟乙烯纤维（PVDF）

在涤纶织物涂层聚氯乙烯后，最外层还需要涂一层 PVDF。此材料具有极好的自洁性能，可使膜材长久保持靓丽的外观，并可延长膜材的使用寿命。生产纳米纤维的静电纺丝原料通常用 PVDF 树脂。聚偏氟乙烯的一般结构如下：

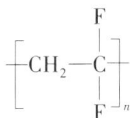

$$\left[CH_2 - \underset{\underset{F}{|}}{\overset{\overset{F}{|}}{C}} \right]_n$$

第二节 产业用高性能纤维

产业用纺织品除使用天然纤维、常规的化学纤维外，更大量采用高性能的有机纤维、无机纤维及金属纤维，其中玻璃纤维、芳纶及碳纤维是产业用纺织品用量最大的三种纤维。

一、有机纤维

（一）芳纶

芳纶是芳族聚酰胺的通称，有间位芳纶、对位芳纶和杂环芳纶（也称芳纶Ⅲ）。

间位芳纶的全称是聚间苯二甲酰间苯二胺纤维，又称芳纶 1313、Nomex（美国）、Conex（日本帝人）。间位芳纶主要作耐热材料，它在 220℃能长期使用，在 370℃以上才开始分解。它的极限氧指数为 28，属于难燃纤维。间位芳纶常用于高温烟道过滤（火电、冶金、化工等）、造纸工业中的干燥带。间位芳纶的一般结构如下：

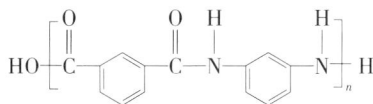

$$HO - \underset{O}{\overset{O}{C}} - \text{<苯环>} - \underset{O}{\overset{O}{C}} - \underset{H}{\overset{H}{N}} - \text{<苯环>} - \underset{H}{\overset{H}{N}} \Big]\, H$$

对位芳纶的全称是聚对苯二甲酰对苯二胺纤维，又称芳纶 1414、Kevlar（美国）、Technora（日本帝人）。芳环使对位芳纶大分子呈直链状，纤维堆砌密度高，氢键在大分子之间形成结合，受力时大分子之间不易移动。对位芳纶能耐 550℃的高温，而且尺寸稳定性好。对位芳纶除了耐高温，它还是高强高模材料，它的强度是优质钢材的 5~6 倍，模量是优质钢材的 2~3 倍，而重量仅是钢材的 1/5。对位芳纶是聚酰胺家族成员，吸水性较高，但吸水带来纤维力学性能下降。另外，酰胺基的耐光性不好。

由于芳纶与胶的吸附性好及耐高温，因此对位芳纶的一个主要用途是作轮胎帘子线，能延长轮胎的使用寿命，且轮胎的耐刺轧性能大幅提高。对位芳纶还用于光纤补强件、防弹衣、防弹头盔、防刺服。对位芳纶复合材料用于火箭、大飞机及航天器，可减轻重量，减少燃油。由于芳纶是有机纤维，而碳纤维和玻璃纤维是无机纤维，在无机纤维中添加有机纤维，会提高复合材料的韧性。

杂环芳纶（芳纶Ⅲ）由于价格昂贵，仅限于军工产品使用。

对位芳纶的一般结构如下：

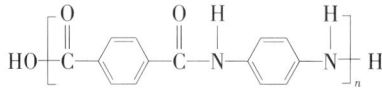

以芳纶短纤维和芳纶沉析纤维（芳纶浆粕）为原料，按照一定比例经过湿法造纸工艺，再经热压成型制得芳纶绝缘纸。芳纶绝缘纸的耐热性可以减小变压器的冷却空间，使变压器尺寸减小。它的难燃性提高了高速列车的安全性。图 2-1 所示为间位芳纶绝缘纸。

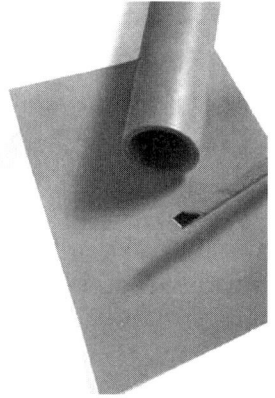

图 2-1　间位芳纶绝缘纸

（二）芳香族聚酯纤维（维克特纶 Vectran）

芳香族聚酯简称芳酯，它是由液晶态聚酯纺制而成的，生产过程复杂，成本高因而价格贵。主要用于耐光性要求较高的产品；芳酯不吸湿，可替代吸湿后性能下降的产品。芳香族聚酯的一般结构如下：

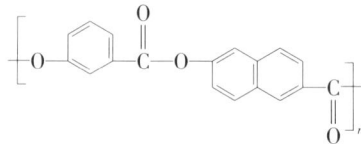

（三）PBI 纤维

PBI 纤维具有优异的耐热性和热稳定性，耐腐蚀性好，它的极限氧指数（LOI）是 58%，因而具有阻燃性，但力学性能一般。用于宇航服、消防服的制作材料；反渗透膜、平面膜和中空纤维膜，用于海水脱盐。PBI 纤维的一般结构如下：

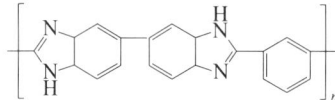

（四）PBO 纤维

PBO 纤维分子中苯环和苯并二噁唑是共平面的，其分子有很高的刚性，因此大分子可以实现紧密的堆砌。PBO 的拉伸强度和拉伸模量是对位芳纶的 2 倍，耐热温度比芳纶高 100℃，热分解温度达 650℃。极限氧指数达 68%，在空气中完全不燃烧，PBO 是取代芳纶的新材料。PBO 纤维的颜色呈金黄色，如图 2-2 所示。

PBO 也是聚酰胺家族的成员，它的缺点是耐光性差，吸湿性高，吸湿后性能下降。PBO

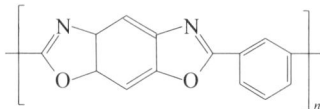

图 2-2　PBO 纤维

纤维的一般结构如下：

（五）碳氟纤维

碳氟纤维的种类很多，用得最多的是聚四氟乙烯（PTFE）。聚四氟乙烯的一般结构下：

$$\left[\begin{array}{cc} F & F \\ | & | \\ C\!-\!C \\ | & | \\ F & F \end{array}\right]_n$$

C—F 键的键能比 C—H 键高，大分子几乎没有侧基，没有支链，使氟纶链高度规整和对称，结晶度高达 90%～95%。氟纶的吸湿差，密度 2.1～2.3g/cm³；耐高低温（-196～260℃）；耐气候，耐腐蚀，耐酸、碱、王水、一切溶剂和氧化剂；高润滑，摩擦系数 μ 在固体材料中最低，耐强氧化剂；最难燃，极限氧指数（LOI 值）为 95%；材料纯惰性，没有任何毒性，不会引起肌体排斥；耐辐射性能较差。

聚四氟乙烯适用于高温下的腐蚀气体及液体管道及配件、过滤材料等；电线电缆的 C 级绝缘材料、空调电机的绝缘材料、高频和超高频通信设备和雷达的微波绝缘材料；医用内窥镜、钳导管、气管、人造血管、心脏膜等。聚四氟乙烯用得最多的是做防水透湿织物的膜压材料。

（六）聚苯硫醚（PPS）

聚苯硫醚的耐热性十分优异，熔点286℃，负荷变形温度为260℃，350℃以下的空气中长期稳定。此外，PPS 的阻燃性十分突出，它的用途与间位芳纶类似。PPS 的一般结构下：

$$\left[\!\!\left\langle\;\bigcirc\;\right\rangle\!\!-\!S\right]_n$$

（七）超高分子量聚乙烯（UHMWPE）

UHMWPE 纤维是指平均分子量在 100 万以上的聚乙烯所纺出的纤维，制造方法是冻胶纺丝+超倍拉伸，冻胶状态可使大分子链充分解缠，超倍拉伸可使折叠状的柔性大分子伸直，沿纤维轴高度取向和结晶。纤维强度相当于优质钢材的 15 倍左右，比碳纤维大 2 倍；密度 0.98g/cm³，纤维更轻；抗冲击强度大，消震性好，纤维增强材料用于防护板、防弹背心、防护用头盔、飞机结构部件、坦克的防弹片内衬及各种体育用品，但缺点是耐热性差、抗蠕变性差、抗辐射性差。超高分子量聚乙烯的一般结构下：

$$\left[CH_2\!-\!CH_2\right]_n$$

（八）聚醚醚酮（PEEK）纤维

聚醚醚酮比聚四氟乙烯、聚酰亚胺、聚苯硫醚的耐高温性更好，耐 310℃ 高温，具有高强度、高模量和高断裂韧性，极限氧指数 LOI 为 35%，有较好的阻燃性；蠕变量低，弹性模量高；由于耐高温性能好，可加工成飞机的内外部件及火箭发动机的许多零部件；它具有良好耐摩擦性能，可以替代金属（包括不锈钢、钛）制造发动机内罩、汽车轴承、密封件和刹车片等。PEEK 的一般结构下：

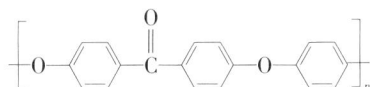

$$\left[O\!-\!\left\langle\bigcirc\right\rangle\!-\!\overset{\overset{\textstyle O}{\|}}{C}\!-\!\left\langle\bigcirc\right\rangle\!-\!O\!-\!\left\langle\bigcirc\right\rangle\right]_n$$

（九）聚酰亚胺（PI）

耐高低温（−269～500℃），相较于其他的纤维，聚酰亚胺最大的特点是受热以后不熔融；密度 1.28～1.43g/cm³，吸湿差；阻燃，LOI = 47%；力学性能优，能透过微波，常用于耐高温防护服及宾馆用阻燃窗饰。PI 的一般结构如下：

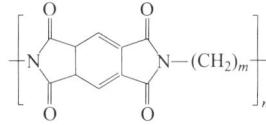

（十）蜜胺纤维（MF）

蜜胺纤维即三聚氰胺缩甲醛纤维，由于大分子单基含多个氮原子，在火焰下不燃烧，阻燃性优异；强度 2～4cN/dtex，力学性能一般；密度 1.4g/cm³。用于防火和隔热制品的填充材料、耐热过滤材料、电焊人员工作服、焊接保护装置、消防服、防火幕帘、石油化工行业防护服或装置。三聚氰胺的结构如下：

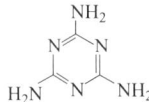

（十一）聚乳酸（PLA）、聚羟基乙酸（PGA）纤维

聚乳酸纤维是将淀粉发酵，得到葡萄糖、乳酸，先制得二聚乳酸，再开环聚合得到高分子量的聚乳酸。PLA 的结构如下：

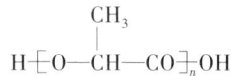

$$H \left[O-CH-CO \right] OH$$
$$\quad\quad \underset{CH_3}{|}$$

聚羟基乙酸 PGA 又称聚乙醇酸、聚乙交酯，它的结构如下：

$$H \left[O-CH_2-CO \right]_n OH$$

聚乳酸纤维由天然材料制作，是一种可完全生物降解的合成纤维，而且细菌不能在聚乳酸纤维上大量繁殖，具有较好的抗感染作用。PGA 的抗感染性比 PLA 差，但降解速度比 PLA 快。PLA 和 PGA 常共聚成 PLGA 用于手术缝合线，PLA、PGA 比例的不同，使 PLGA 具有不同的降解速度。如 PGA：PLA = 9：1，在人体内强度可保持 3～4 个星期，吸收周期为 2～3 个月，且不留任何痕迹，特别适合体内伤口的缝合。

PLA 除了与 PGA 共聚制造手术缝合线外，还用于骨支架材料、血管支架材料、组织工程材料、神经包埋材料等。PLA 用静电纺丝制作成纳米纤维，用于腹腔内手术的器官止血。

（十二）聚己二酸/对苯二甲酸丁二醇酯（聚对苯二甲酸—己二酸丁二醇酯）（PBAT）纤维

PBAT 是石油基生物降解塑料，还可堆肥。PBAT 以 1,4-丁二醇（BDO）、己二酸（AA）、对苯二甲酸（PTA）或对苯二甲酸二醇酯（DMT）为原料，通过直接酯化或酯交换法而制得。PBAT 和 PLA 常混合使用。PBAT 的结构如下：

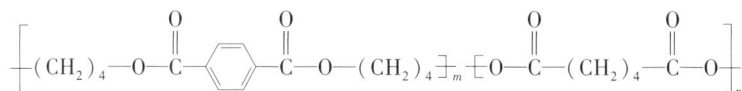

几种常用高性能纤维的性能比较见表2-1。

表2-1 几种常用高性能纤维的性能比较

纤维品种	强度/GPa	模量/GPa	密度/（g/cm³）	熔点/℃
对位芳纶	2.8	132	1.44	560
芳香族聚酯纤维	2.8	69	1.4	270
PBO纤维	5.5	280	1.59	650
UHMWPE纤维	3.4	160	0.98	140
碳纤维	3~8	200~300	1.8	—

二、无机纤维

（一）玻璃纤维（GF）

玻璃纤维（glass fiber）是由是二氧化硅和其他成分的金属氧化物所构成的材料，各成分的含量不同，玻璃纤维的性质也不同，一般情况是 SiO_2 含量多则化学稳定性高，碱金属氧化物多则化学稳定性低。玻璃纤维是一种是用量很大的产业用纤维。

以 E 玻璃纤维为例，它的主要成分为 SiO_2 和 CaO，还有 Al_2O_3、MgO、B_2O_3、Na_2O+K_2O。原料是硅土、石灰石、黏土、萤石（CaF_2）、硼酸和硫酸钠等，把这些混合原料加热到 1550~1600℃，呈完全熔融态，经铂铑合金拉丝板（纺丝板的孔数有 1600、2000）喷出再经拉细，制成的玻璃长丝直径在 5~24μm，再给这些纤维涂上黏合剂、润滑剂、抗静电剂等整理剂。

玻璃钢（glass fiber reinforced plastic，GFRP）就是玻璃纤维增强树脂（不饱和树脂、环氧树脂及酚醛树脂）的复合材料，质轻而硬，不导电，机械强度高，耐腐蚀。可以代替钢材制造机器零件和汽车、船舶外壳等。作为增强材料，玻璃纤维可以是长丝状、切断短纤维状、非织毡状、布状、带状及立体织物状态。

1. 玻璃纤维的分类

（1）按玻璃原料成分分类。

E 玻璃（electric glass）：电气工业用玻璃，又称无碱玻璃，含有 0.5% 以下的碱金属氧化物。化学稳定性好，电绝缘性好，强度好，用于电气工业及玻璃钢增强材料。

C 玻璃（chemical glass）：中碱玻璃，碱金属及硼氧化物含量在 11.5%~12.5%，可做乳胶布、方格布基材及窗纱基材，或要求不高的玻璃钢增强材料。

A 玻璃（alkali glass）：高碱玻璃，碱金属氧化物含量大于或等于 15%，采用碎的平板玻璃、碎瓶子玻璃等作原料拉制而成的玻璃纤维属此类，可作蓄电瓶隔离片、管道包扎布和毡片等防水、保温材料。

D 玻璃（dielectric glass）：高介电性能的特殊玻璃，用于高性能的印制电路基材。

S 玻璃（strength glass）：高强度玻璃，主要成分为 $SiO_2+Al_2O_3+MgO$ 三元系统，高温下具

有高力学性能的特殊玻璃，与芳纶、碳纤维并称三大复合材料，用于航空航天、国防军工、电机电器、压力容器、船舶、体育器材等。

M（modulus glass）玻璃：高弹性模量玻璃，所制成的增强塑料的弹性模量比无碱玻璃纤维制增强塑料的弹性模量高20%以上。

Z玻璃：水泥稳定性改进型玻璃。用于与水泥结合作为增强材料。

玻璃纤维制品中无碱应用最为广泛。

（2）按照单丝直径分类。根据直径范围，直径 $d>30\mu m$ 为粗纤维，$20 \leqslant d<30$ 为初级纤维，$10 \leqslant d<20$ 为中级纤维，$3 \leqslant d<10$ 为高级纤维，对于单丝直径小于 $4\mu m$ 的玻璃纤维又称超细纤维。

单丝直径不同，不仅纤维的性能有差异，而且影响纤维的生产工艺、产量和成本。一般 $5\sim10\mu m$ 的纤维作为纺织制品用，$10\sim14\mu m$ 的纤维一般做无捻粗纱、非织造布、短切纤维毡等较为适宜。

2. 玻璃纤维的性能

玻璃纤维的密度 $2.5\sim2.7g/cm^3$；抗拉强度很高，适合作增强材料；模量高，断裂伸长率 $3\%\sim4\%$，纤维耐疲劳性差，脆性大，给加工带来困难；软化温度 $550\sim750℃$；耐热性好，可耐 $1100\sim1400℃$ 的高温，高硅氧玻璃耐 $2000℃$ 以上的高温，可作钢铁和热电厂的除尘材料和过滤材料；电气绝缘性好，E玻璃是生产电路板的基材；耐腐蚀性好，吸声性好，吸湿性差，回潮率 $0.07\%\sim0.37\%$。

3. 玻璃纤维的制造过程

玻璃纤维拉丝制造过程一般有池窑拉丝、坩埚拉丝和陶土拉丝三大类。生产极细玻璃纤维，如 1.67tex（600 公支）纱，需要用全铂拉丝（整个坩埚全由铂铑合金制成，只有 50 个孔）。池窑拉丝适合拉制中粗系列玻璃纤维。整个玻纤行业，90%都是中粗纱制品。坩埚拉丝适合拉制中细纤维系列，在纺制玻纤细纱上池窑法不能替代坩埚法。陶土拉丝在国内属于禁止生产的落后工艺，现已几乎绝迹。

坩埚拉丝玻璃纤维的制造过程如图 2-3 所示，经 1500℃ 精炼后的玻璃球喂入熔矿桶，矿桶的温度为 1550~1600℃，在下部有铂铑合金拉丝板。熔融的玻璃被挤出来后，经过高速拉伸，拉伸倍数不同可制得 5~24μm 的玻璃长丝，后面再经过涂整理剂，经假捻作用提高丝束的抱合力，最后卷绕成有边平行筒子。

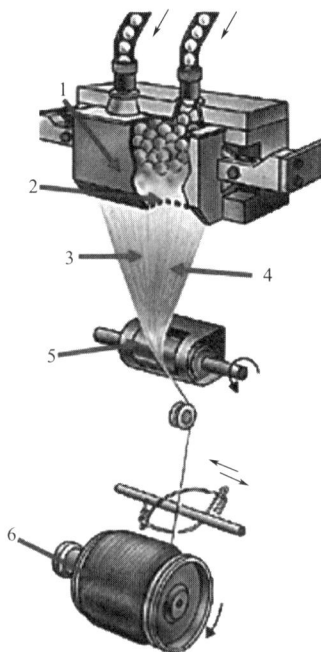

图 2-3 玻璃纤维的制造过程
1—熔矿桶 2—铂铑合金拉丝板
3,4—高速拉伸长丝
5—涂整理剂 6—卷绕

（二）碳纤维（CF）

碳纤维是由有机纤维或低分子烃气体原料在惰性气氛中经高温（1500℃）碳化而成的纤维状碳化合物，其碳含量在90%以上。只有在碳化过程中不熔融，不剧烈分解的有机纤维才能作为 CF 的原料，聚丙烯腈纤维必须经过预氧化处理后才能满足这个要求。碳纤维的一般结构如下：

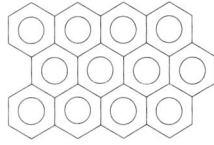

1. 碳纤维的分类

（1）按制造碳纤维的原丝分类。分为聚丙烯腈基、黏胶基、沥青基、木质素基。

（2）按碳纤维的性能分类。分为通用级和高性能级，高性能级又分为高强度、高模量、超高强、超高模、高强高模、中强中模等类别。

（3）按碳纤维使用功能分类。分为受力结构用碳纤维、耐焰碳纤维、吸附活性碳纤维、导电用碳纤维、润滑用碳纤维、耐磨用碳纤维等。

2. 碳纤维的性能

碳纤维密度为 $1.7 \sim 2.7 \mathrm{g/cm}^3$，比玻璃纤维小，具有较高的比强度和高模量，用碳纤维制成的树脂基复合材料，比模量比钢和铝合金高 5 倍，比强度高 3 倍以上。碳纤维单丝极细，复丝的不匀率低。导电性能优，耐热性好，尺寸稳定性好。不易发生蠕变，具有极高的静疲劳强度。热膨胀系数小，热冲击性强，热传导率大。耐化学药品腐蚀性好。石墨纤维制品具有自滑性。轴向剪切模量低，抗氧化性差，断裂伸长小，耐冲击性差。

3. 碳纤维的生产过程

聚丙烯腈原丝→预氧化（250～350℃，O_2，张力）→碳化（1000～1500℃，保护气体，张力）→石墨化（2000～3000℃，保护气体，张力）→表面处理→上浆→卷绕

聚丙烯腈基（PAN）和沥青基碳纤维的制造过程如图 2-4 所示。

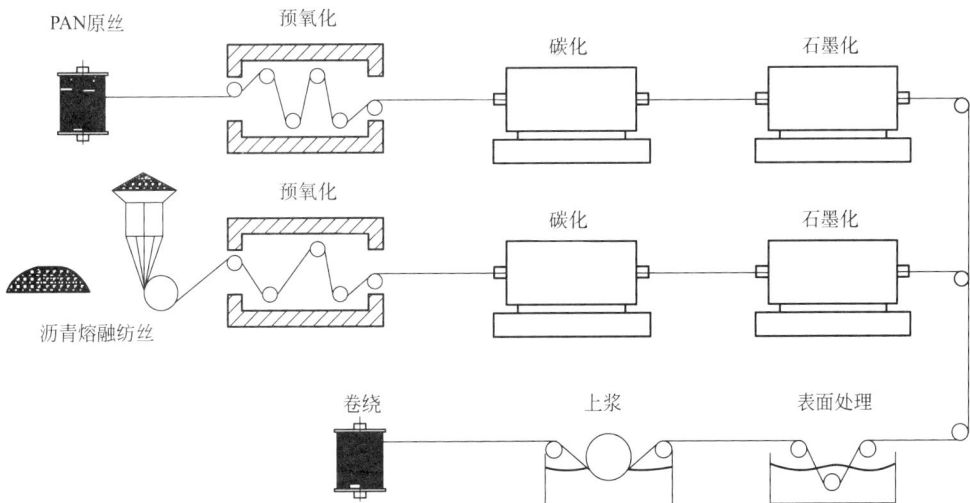

图 2-4　碳纤维的制造过程

4. 碳纤维的应用

（1）增强材料。碳纤维作为增强材料加入树脂、金属、陶瓷、混凝土等材料中，构成复合材料。做增强材料的碳纤维可以是短纤维、长丝、织物、毡、席、带、纸及其他材料。

（2）土木建筑。碳纤维具有密度小、强度高、耐久性好、抗腐蚀能力强、可耐酸碱等化学品腐蚀、柔韧性佳、应变能力强的特点。用碳纤维管制作的桁梁构架屋顶，比钢材轻 50% 左右，施工效率和抗震性能得到大幅度提高。碳纤维布常用于做工业与民用建筑物、铁路公路桥梁、隧道、烟囱、塔结构等的加固补强材料，施工工艺简便。由于中国具有巨大的土木建筑市场，碳纤维加固建筑结构的应用将大展身手。

（3）航空航天。碳纤维是火箭、人造卫星、太空船、导弹、喷射引擎和舰船等尖端武器装备必不可少的战略基础材料，用于民航机、战斗机、直升机的机身、机尾、舵和升降梯等。国产 DF-17、DF-31 等导弹的固体火箭发动机壳体采用的是我国 T800 级、T1000 级碳纤维，导弹威力增强的同时射程突破 1 万公里。

碳纤维是大型民用飞机、高速列车等现代交通工具实现"轻量化"的完美材料，新一代大型民用客机空客 A380 和波音 787 使用了约 50% 的碳纤维复合材料，这使飞机飞得更快，油耗更低，同时能增加客舱湿度，让乘客更舒适。

（4）汽车材料。汽车制造采用碳纤维材料可以使汽车的轻量化取得突破性进展，大量减少油耗。如汽车骨架、螺旋桨芯轴、车轮、车胎、缓冲器、弹簧片及引擎盖等。碳纤维做成的方向盘，机械强度和抗冲击性更高。

（5）体育用品。碳纤维运用在运动休闲领域中，如球杆、钓鱼竿、网球拍、羽毛球拍、自行车、滑雪杖、滑雪板、帆板桅杆、航海船体等，全世界 40% 的球棒都是由碳纤维制成的。

（6）风力发电机叶片。当风力发电机功率超过 3MW，叶片长度超过 40m 时，传统玻璃纤维复合材料的性能已经趋于极限，采用碳纤维复合材料制造叶片是必要的选择。只有碳纤维才能既减轻叶片的重量，又能满足强度和刚度的要求。

全球碳纤维应用领域分类见表 2-2，可以看出，航空航天领域是高附加值产业。

表 2-2 全球碳纤维应用领域的分类

碳纤维应用领域	按产量分类/%	按金额分类/%
风电叶片	23	12
航空航天	23	49
体育休闲	15	13
汽车	12	8
混配模型	8	5
压力容器	7	5

续表

碳纤维应用领域	按产量分类/%	按金额分类/%
建筑	4	3
碳碳复材	3	2
电子电气	1	1
电缆芯	1	1
船舶	1	1
其他	2	1

（三）玄武岩纤维

玄武岩是地球陆壳的重要组成物质，主要成分是 SiO_2（45%~50%）、Al_2O_3、FeO、CaO、MgO，颜色常见多为黑色、黑褐或暗绿色。玄武岩石料在1450~1500℃熔融后，通过铂铑合金拉丝漏板高速拉制而成。玄武岩纤维组成类似于玻璃纤维，其性能介于高强度S 玻璃纤维和无碱 E 玻璃纤维之间，纯天然玄武岩纤维的颜色一般为褐色，有些似金色，如图2-5 所示。

玄武岩纤维与碳纤维、芳纶、超高分子量聚乙烯（UHMWPE）等高技术纤维相比，除了具有高技术纤维高强度、高模量的特点外，还具有耐高温性佳、抗氧化、抗辐射、绝热隔音、过滤性好、抗压缩强度和剪切强度高、适应于各种环境下使用等优异性能，且性价比好。

玄武岩纤维做耐热材料，替代石棉；做过滤材料，替代玻纤；航空航天材料，复合材料的增强材料，与硅酸盐有天然相容性，极适合作沥青和混凝土的增强材料（机场跑道及高层建筑用）；还可以做消防服、隔热服、电焊工作服、装甲车乘用人服装。

图 2-5　玄武岩纤维

三、金属纤维

金属纤维包含由金属加工制成的纤维，也包含外涂金属的塑料纤维（金属化纤维）。前者由粗金属丝牵伸拉细而制成，也可以在金属细丝外涂覆塑料；后者是将金属真空蒸发再涂覆在塑料薄膜表面，再将薄膜切割成丝。

（一）不锈钢纤维

不锈钢纤维（stainless steel fiber）是用不锈钢基材经多次集束拉拔、退火、固溶处理等一套特殊工艺制成 1~12μm 的纤维，经牵切纺制成条子，再经牵伸加捻成纱线，如图2-6 所示。不锈钢纤维具有高导电、高导热、高强度、防电磁波、吸隔音、过滤、耐摩擦、耐高温、耐切割、耐腐蚀等性能，环保且可重复利用性，目前广泛应用于石油、化工、化纤、电子、纺织、军事、航空、高分子材料、环境保护等工业领域。不锈钢纤维可由针刺法加工成毡，用于做过滤材料或消音材料，如图 2-7 所示。不锈钢纱线用织带机做成带子，用于高温生产环境中吊装货物。

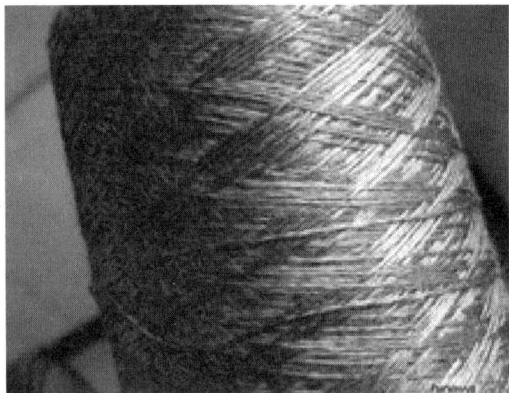

图 2-6　不锈钢纱线

图 2-7　不锈钢纤维毡

（二）铜纤维

铜纤维是采用纯铜材料经过特殊的机械切削加工工艺制成的细丝，直径 $20\sim180\mu m$，长度 $1\sim180mm$，广泛应用于军工、医药、电子、环保及其他各行业。

思考题

1. 概述棉麻毛丝天然纤维在产品用纺织品的应用领域。

2. 壳聚糖纤维有什么特点？用于做哪些产品？

3. 海藻酸纤维有什么特点？用于做哪些产品？

4. 比较 PET、PPT 及 PBT 纤维的弹性大小。

5. 丙纶有何特点？试述丙纶纤维的用途。

6. 什么是 E 玻璃？主要用来做什么材料？

7. 碳纤维的生产方法有哪些？

8. 能降解的合成纤维有哪些？

9. 下列纤维中，哪些是高强高模纤维？哪些是耐高温纤维？哪些既耐高温又高强高模？哪些是阻燃纤维？

（1）间位芳纶；（2）对位芳纶；（3）PBO；（4）聚苯硫醚；

（5）超高分子聚乙烯；（6）蜜胺纤维；（7）聚四氟乙烯；

（8）聚酰亚胺；（9）玻璃纤维；（10）碳纤维；（11）玄武岩纤维。

参考文献

［1］S. 阿桑达. 产业用纺织品手册［M］. 徐朴，译. 北京：中国纺织出版社，2000.

［2］张玉惕. 产业用纺织品［M］. 北京：中国纺织出版社.

［3］晏雄. 产业用纺织品［M］. 上海：东华大学出版社，2013.

［4］言宏元. 非织造工艺学［M］. 北京：中国纺织出版社，2010.

第三章　产业用纺织品加工技术

教学要求

1. 掌握产业用纺织品机织生产技术。
2. 掌握产业用纺织品针织生产技术。
3. 掌握产业用纺织品编织生产技术。
4. 掌握产业用纺织品非织造生产技术。
5. 立体织物上机实训。

主要知识点

1. 产业用机织物，平面二向织物、平面三向织物、三维立体织物、圆盘织物。
2. 产业用针织物，双向纬编织物、多轴向纬编织物，多轴向经编织物；间隔织物。
3. 产业用编织物，平面编织、圆形编织、立体编织。
4. 非织造布生产原理，成网方式，加固方法。

第一节　产业用机织物生产技术

产业用机织物有平面机织物和三维立体机织物。平面机织物又分平面二向机织物和平面三向机织物，前者由纵向经纱和横向纬纱以 90°交叉织成，后者由三组纱线互以 60°交织而成。三维立体机织物的基础组织包括正交、角联锁和多层接结 3 种，由这 3 种组织变化组合，又可衍生出各种复杂组织结构的三维机织物。

一、平面二向机织物

产业用平面二向织物的形成原理与服用织物相似，但因所用原料特殊，需对纺织工艺和设备进行改造。二维机织物基础组织可分为平纹、斜纹和缎纹，由这 3 种基础组织变化组合，又可衍生出多种多样的复杂组织。产业用平面二向织物主要用平纹和斜纹，组织如图 3-1 所示。平面二向织物加工主要介绍玻璃纤维和金属丝织物的织造。

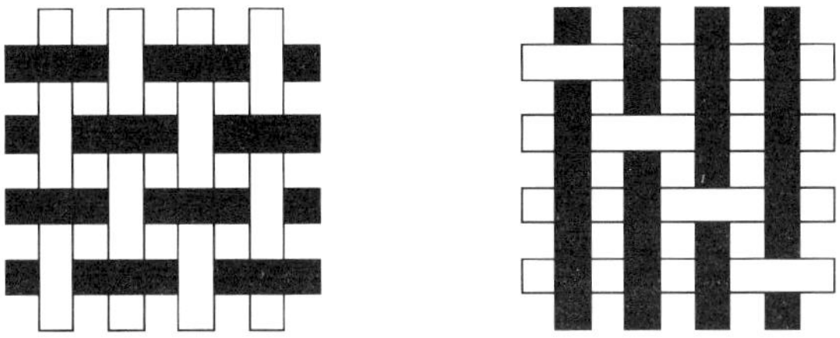

(a) 平纹组织   (b) 斜纹组织

图 3-1 平面二向织物

（一）玻璃纤维织物的织造

玻璃纤维优点是绝缘性好、耐热性强、抗腐蚀性好、机械强度高，但缺点是脆性、耐磨性较差。玻璃纤维机织物生产流程为拉丝、退并、织布、后处理四个主要工序。

经过拉丝制得的玻璃纤维长丝纱线是含有许多单丝的被称为复丝的纱线。退并是将复丝进行加捻并改变卷装形式，以适合下道工序整经。这道工序会给玻璃纤维长丝加上一定的捻度，低捻为 50 捻/m 以下，普捻为 51~110 捻/m，高捻为 111 捻/m 以上。退并的生产设备分为有罗拉系列和无罗拉系列两类机器。

国内玻纤行业的整经方式一般采用管纱轴向退绕，很少采用管纱径向退绕方式，管纱卷装有 4kg 和 8kg 两种，发展趋势为大卷装。浆纱时不进行并轴，上完浆以后再并轴，更有利于玻璃复丝纱表面包覆层的形成。

综丝和钢箱需要使用不锈钢或镀铬材料，以减少摩擦。玻璃纤维弹性差、伸长小，织造过程采用电子送经、电子卷取，实现积极送经卷取，稳定经纱张力。

织布可以用有梭、剑杆或喷气织机。用挠性剑杆织机进行织造时，纬纱可不经上浆工序，因为开放式的纱头被引纬夹子安全地握持，然后送入织口，没有一根细丝被遗漏，但剑杆织机引纬速度低，仅 220~230r/min。使用喷气织机织造，引纬速度可达 720r/min 以上，但纬丝必须进行上浆。虽然喷气引纬没有机械的元素，纤维的磨损可最小化，但由于玻璃长丝的捻度低，纱头呈开放式，对织造不利，因此上浆对喷气引纬尤其重要。

织布完成后还有闷烧和预脱浆，闷烧是用天然气烧掉玻纤拉制过程中所涂敷的拉丝浸润剂，预脱浆是清除纱支在浆纱过程中所涂敷的浆料。最后还需要在坯布表面浸渍一层偶联剂。

玻璃纤维织物用于难燃、电绝缘、高温过滤、增强塑料等，玻璃纤维广泛用于建筑、电工、电子、军工、航空、航天等多个领域，电子工业的印刷电路板很多是由玻璃纤维织物涂环氧树脂制造的。

（二）金属丝织物的织造

金属丝纤维种类有钢材、铝、铜、黄铜、镍及铂金等，金属丝织物的组织多为平纹。金属丝的退绕参考玻璃纤维长丝织造。

高密度筛网、防虫网、精密过滤用的织物，网目数为 98.5~197 孔/cm。由于金属丝的伸长弹性差，送经和卷取机构要求高，送经多采用积极式送经，摆动式经纱张力补偿装置，有些需要配二次打纬机构，织机的转速为 45~75r/min。经向和纬向金属丝要经过齿轮轧压，如图 3-2 所示，使其形成波浪形弯曲。最后织成的金属丝网如图 3-3 所示。织幅为 183cm 的织机，织机转速在 35r/min 以下，有些甚至需要 4.9~7.3m 的超阔幅织机。网目数越高，织幅越宽，织机转速越低。

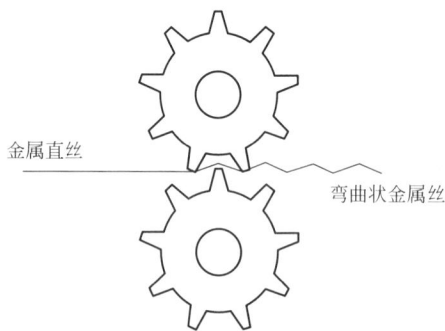

图 3-2　金属丝弯曲

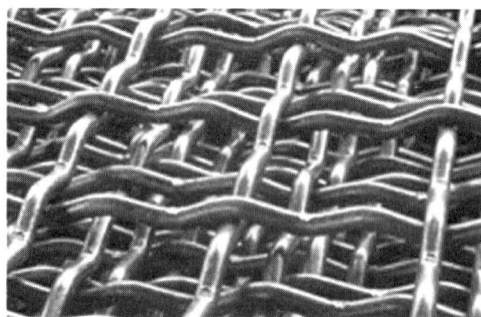

图 3-3　金属丝网

（三）平面二向多梭口织造技术

多梭口织造技术可分为纬向多梭口织造和经向多梭口织造。

1. 纬向多梭口织造

纬向多梭口织造是经纱随着载纬器的运动位置不同而呈波浪形开口，多梭口在整个织造幅宽上依次出现，多个载纬器携带纬纱引入梭口。

（1）圆型织机。圆型织机就是典型的纬向多梭口织机，在圆周上的梭子必须是偶数，目前有 4 梭、6 梭、8 梭、10 梭、12 梭、16 梭及 20 梭。因受经、纬纱密度的限制，目前这种织机主要生产塑料编织袋，原料是聚丙烯、聚乙烯。圆形织机梭子越多，织的袋子越宽越紧密。

图 3-4 所示为 6 把梭的圆型织机，围绕在圆周的所有经纱分为若干区，每个区的经纱随

图 3-4　圆型织机

船形梭的运动依次向前逐渐开启梭口，即经纱在一个圆周形成的梭口有一定相位差的。在经纱提升的同时，纬纱梭子在交叉开口中做圆周运动穿过经纱编织成筒布。这种织造方式通过多把梭子把多根纬纱同时织入，引纬如图3-5所示。圆形织机的梭子称为梭船，船形梭上的张紧杆带动前端的滚轮，借梭子圆周运动把扁丝带入并推向织口，没有打纬机构。圆型织机制织纬密大的织物有一定困难。

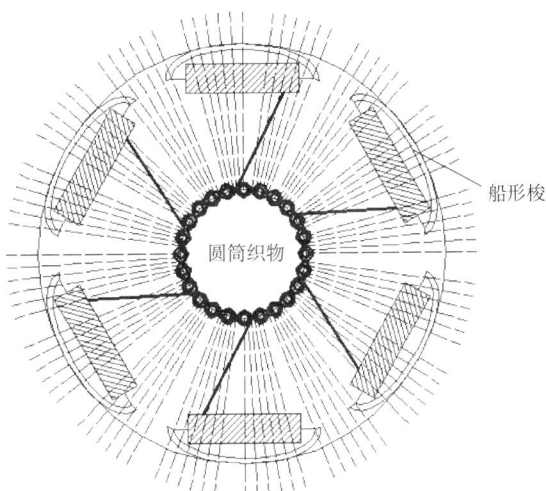

图3-5　船形梭引纬示意图

（2）平面纬向多梭口织机。平面纬向多梭口织机用于制织超阔幅织物，幅宽最大可达26m，多用于产业用纺织品。将织机分成多梭口的主要目的是减少梭口开启及闭合时间，因为较小的打纬与引纬机构可运动得更快些。在幅宽方向，按一定间隔依次连续开口，多个载纬器依次通过有一定相位差的梭口，同时将几根纬纱引入梭口，开口时期长度取决于梭子飞过梭口的时间。如图3-6所示，一~五表示织物经向纱线分成5个区，1~5表示5个载纬器。载纬器1穿过第五区的最末一根纱线，该区马上发生打纬、卷取和送经运动，接着重新开口，当载纬器2到达第五区的第一根纱线位置时，第五区梭口完全开启，载纬器2携带纬纱穿过第五区。无论何时，一个梭子离开梭口，另一个梭子就会进入梭口，穿行于经纱中的梭子总数是保持不变的。其他载纬器及分区的开口引纬打纬运动与上述类似。

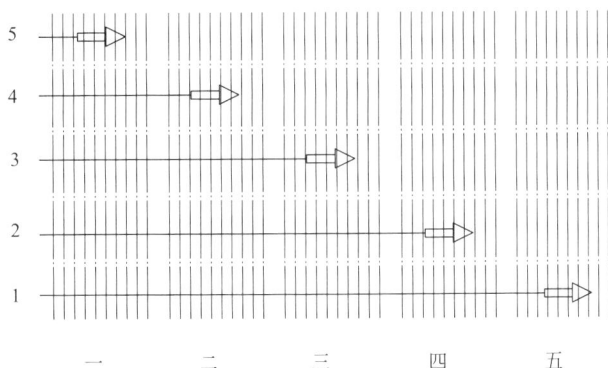

图3-6　平面纬向多梭口引纬示意图

每一梭口宽度至少应为20~30cm，但相邻两梭口的结合处，织物中经纱有产生条纹的可能。避免这种情况最有效的方法是使每一梭口宽度比织物的幅宽稍宽。平面纬向多梭口织机的入纬率比单梭口织机高，但织造过程难以修补纬向织疵，多只载纬器之间的张力差异也难以控制，只能用于简单组织织造。

2. 经向多梭口织造

经向多梭口织造是在经纱方向形成多个平行的梭口，且多梭口横贯整个织造幅宽，从织机的一侧到另一侧可以同时引入多根纬纱。可以织制经纬纱密度较高的服饰类织物，具有入纬率高（大于5000根/min）、能耗低等优点，可大批量生产平纹、二上一下、三上一下、二上二下斜纹等简单组织织物。

瑞士苏尔寿—鲁蒂公司推出的M8300织机就是经向多梭口织机，织造运动是依靠织造滚筒（或织造转子）来完成的。经纱由滚筒底部织轴引导到转动的织造转子上，每根经纱穿过经纱定位器中的一只小孔（图3-7），定位器的作用如同传统织机的综框，经纱是否被开口片顶起取决于定位器的横向运动，需要上升的经纱被移动到开口片的作用位置，旋转过来的开口片能将其顶起；留在梭口底部的经纱被定位杆移动到开口片之间，不与开口片作用。相同运动规律的经纱可以穿在同一个定位器上。被开口片顶起的经纱构成梭口的上层经纱，未被顶起的经纱穿过开口片之间的孔隙，在张力下构成底层经纱。经纱定位杆的数量决定于织物组织和经纱密度，如织制二上一下斜纹，需使用9根定位杆。经纱定位杆的横向运动由凸轮控制，其横向动程很小（不大于5mm），有利于实现高速。

如图3-8所示，在织造转子的圆周上均匀安装有12组开口片和筘齿片，开口片和筘齿片分别组成梳齿状，开口片在前，筘齿片在后。在织造转子回转过程中，开口片顶起经纱，形成梭口，开口片中部的凹槽构成纬纱飞行的通道；筘齿片的作用是打纬，使经纱与纬纱交织形成织物。

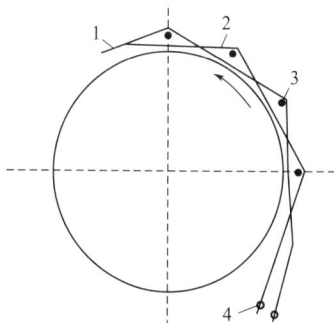

图3-7　经向多梭口的形成

1—织物　2—经纱　3—纬纱　4—经纱定位器

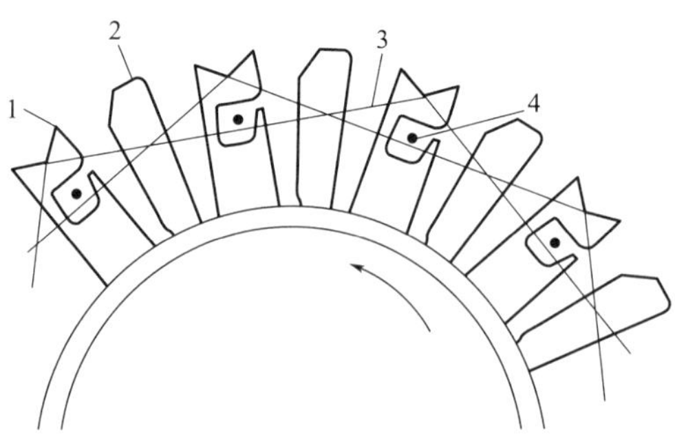

图3-8　织造转子

1—开口片　2—筘齿片　3—经纱　4—纬纱

引纬采用喷气引纬方式，共有四个喷嘴，可以同时引4根纬纱。开口片的凹槽起到限制气流扩散的作用，并由辅助喷嘴向凹槽补充气流，以保持引纬气流的速度。当纬纱已经运动到另一侧，经纱逐渐退出开口片，凹槽内的纬纱被底层经纱托出，并被随后的筘齿片推向织口，形成织物。每次织机可以同时形成4个梭口，同时引入4根纬纱。织机滚筒转一周，可以引入12根纬纱，该织机的入纬率最高可达5000根/min，生产率是传统织机的4~5倍（国外的喷气织机能达到1000根/min），用于平纹和斜纹等简单组织织造，成本可下降30%。

M8300型多梭口织机的纬纱飞行速度比喷气织机低，纬纱负荷小，因此对纬纱的强度要求要小于喷气织机，扩大了能够织制的纬纱范围。

二、平面三向机织物

平面三向机织物由三组纱线互呈60°交织而成，如图3-9所示。这三组纱线分别是左向经纱1、右向经纱2以及纬纱3。由三组纱线构成的织物具有力学性质的各向同性，不管织物在哪个方向受力，其变形都呈现出相当均匀的等同应变，克服了二向织物在经纬45°斜向上存在的抗剪切和抗拉抻差异较大的现象。

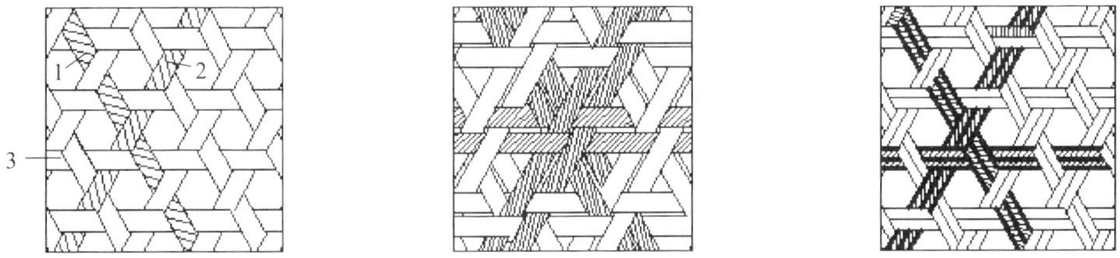

(a) 基础组织的平面三向织物　　(b) 双平纹组织的平面三向织物　　(c) 基础方平组织的平面三向织物

图3-9　平面三向织物

平面三向织机如图3-10所示，三向织物形成如图3-11所示。机架上安装了一个圆形的大转盘，上面装着八个经轴1、八只伺服电动机及八套送经装置。经纱2从经轴1上引出后，绕过活动后梁3，通过张力辊及停经架4，然后通过分纱筘5（呈圆环形）和张力调节环或弹性管6，穿过梳形导纱器7、综片8，在织口9处与纬纱10交织成平面三向织物后，绕过全幅边撑11、导布辊12、卷取糙面辊13、导布辊14、机前全幅边撑15后卷到卷布辊16上。制织时，将上部的轴回转，使两个系统的纱线保持一定的交叉角。开口运动由钩针状的综框进行，引纬由剑杆式引纬机构完成。如果改变纱的交叉角度和纬纱的交错状态，能得到各种各样的变化组织。

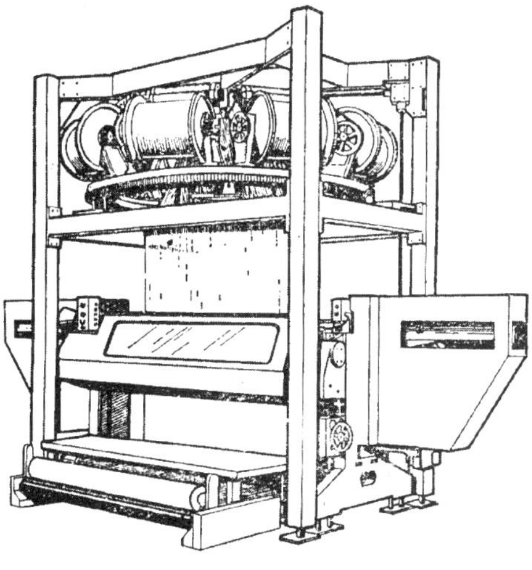

图3-10　平面三向织机

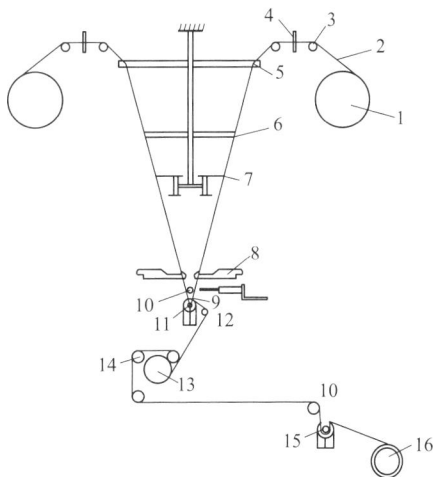

图3-11　平面三向织物形成示意图

平面三向织物的用途有帘帷、毯子、蚊帐、内衣、游泳衣、鞋面布、家具布、充气气球、飞机用织物、燃料袋、救生圈、降落伞、船帆等。

三、圆盘织物

将纱线排在圆周方向和径向，用平纹组织织造，就得到圆盘织物，圆盘织物分中心有孔和中心无孔，又分为有边和无边，如图 3-12 所示。但这种织造方式产生的问题是圆心附近的交织点多，离圆心越远，交织点越少。

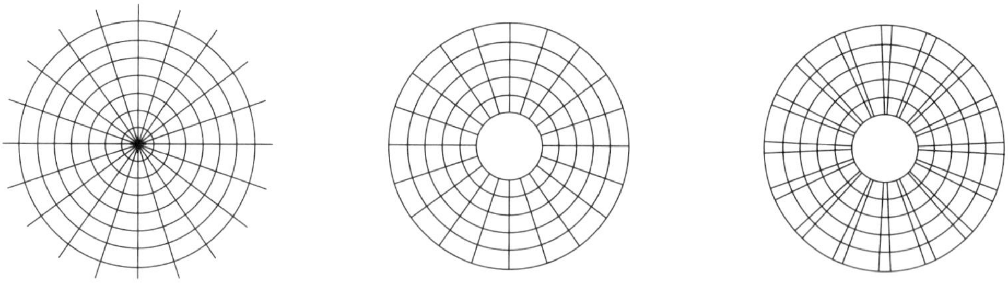

图 3-12　圆盘织物

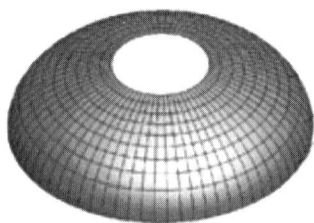

圆盘织物的变形就是半球织物，可用来做头盔或盖罩。图 3-13 所示为用圆盘织物制作的雷达天线罩。

图 3-13　用圆盘织物制作的雷达天线罩

四、三维立体机织物

三维立体机织物也称 3D 织物，由两组、三组或多组纱线交织而成，根据交织规律的不同，分为正交、角联锁和多层接结三种基本组织。有些三维织物可以在传统织机上完成织造，更多地需要多综眼综丝织机、多织口织造。高性能纤维立体机织物具有比强度高、比模量高、抗冲击性好、可设计性强等优点，广泛应用于航空航天、军事、汽车、建筑、医疗等领域。

（一）正交立体织物

正交组织织物由经纱、纬纱和捆绑纱（Z 向纱）三组纱线相互垂直交织而成，如图 3-14 所示。正交织物又有整体正交、层间正交及圆柱体正交三种形式。

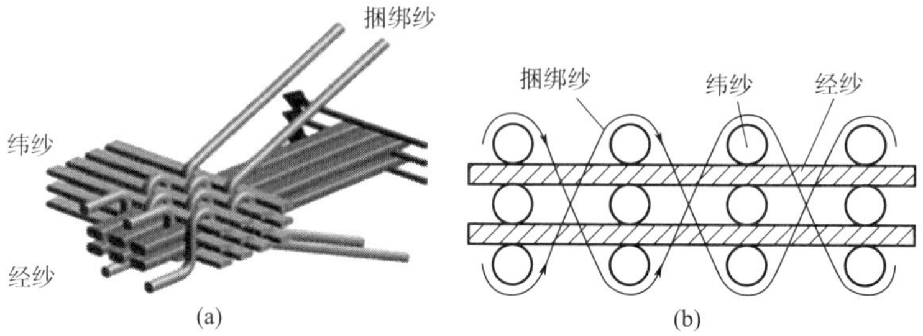

图 3-14　正交织物的织造过程

正交织物的织造过程如图 3-14 所示，X 向经纱按层排列，Y 向纬纱分层喂入且将每层经纱隔开，捆绑纱（Z 向纱）位于经纱的顶部和底部。在一个交织过程中，位于经纱顶部的捆绑纱转移到经纱的底部，而位于经纱底部的捆绑纱转移到经纱顶部，下一个交织过程重复相同的工作。捆绑纱以机织物交织规律将经纱层和织造过程喂入的纬纱层捆绑成多层立体织物，纬纱必须比经纱多一层才能完成捆绑任务。正交组织结构简单，经纱和纬纱在立体织物中基本上呈直线状，与树脂复合后有优良的承载能力。

将所有经纱和纬纱都一起捆绑，称为整体正交，如图 3-15（a）所示；变换捆绑纱的节距和长度，得到层间正交，如图 3-15（b）所示；在圆周方向捆绑，构成圆柱体正交，如图 3-15（c）所示。

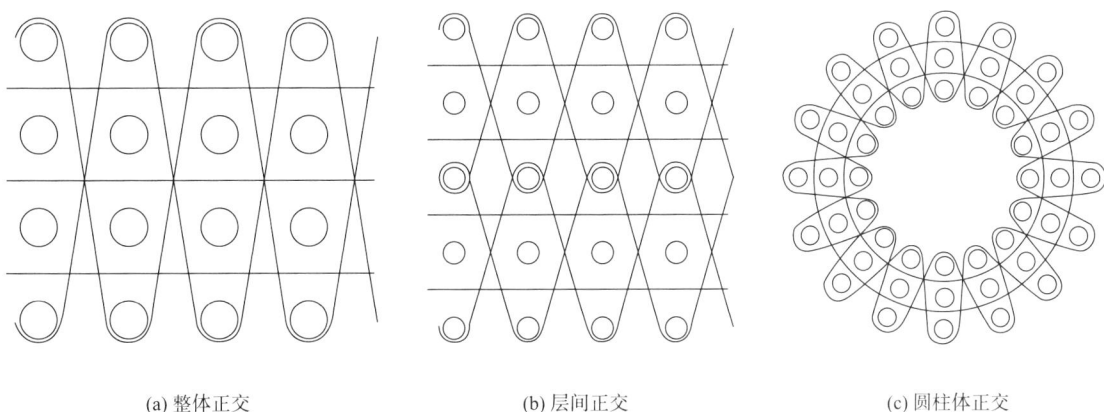

(a) 整体正交　　　　　　　　(b) 层间正交　　　　　　　　(c) 圆柱体正交

图 3-15　正交立体织物的几种形式

以图 3-15（a）所示的三层经纱、四层纬纱整体正交织物为例，说明织机的配置情况，第 1 列和第 2 列使用单排综眼综丝，第 3 列使用多排综眼综丝，综眼之间的距离是 100mm，如图 3-16（a）（b）所示。这里用的是五排综眼，但只有中间三排穿纱。经纱层用①~③表示，纬纱层用 I~IV 表示，捆绑纱用一、二表示。第三列综框用于固定经纱层的位置，不提综。捆绑纱按平纹织造方式分穿在第 1 列综框和第 2 列综框上。第一次交织，第 1 列综框提综 400mm，第 2 列综框下降 400mm，在①~③经纱层之间、第①排经纱的上方及第③排经纱的下方共形成四个梭口，引入 I~IV 层纬纱，完成一次交织过程。第二次交织，第 2 列综框提框 400mm，第 1 列综框下降 400mm，重复上述运动。第 1 列综框和第 2 列综框按平纹织造方式循环提综，可完成整体正交织物的织造过程。

层间正交立体织物的织造，捆绑纱也需要穿在多综眼综丝上，其他与整体正交织物织造过程相似。圆柱体正交的引纬运动参考圆型多梭口织机。整体正交立体织物结构如图 3-17 所示。

正交组织还可以在上述三种形式的基础上变化，得到变化正交组织，如图 3-18 所示，相似于平面机织物中的重平组织和方平组织。

(a)

(b)

(c)

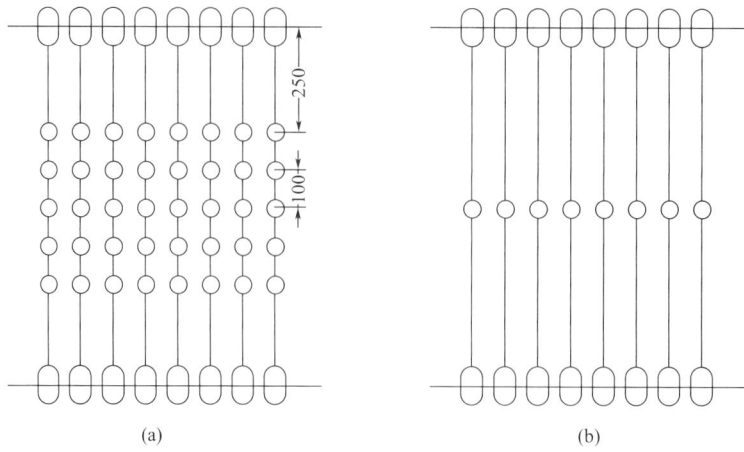

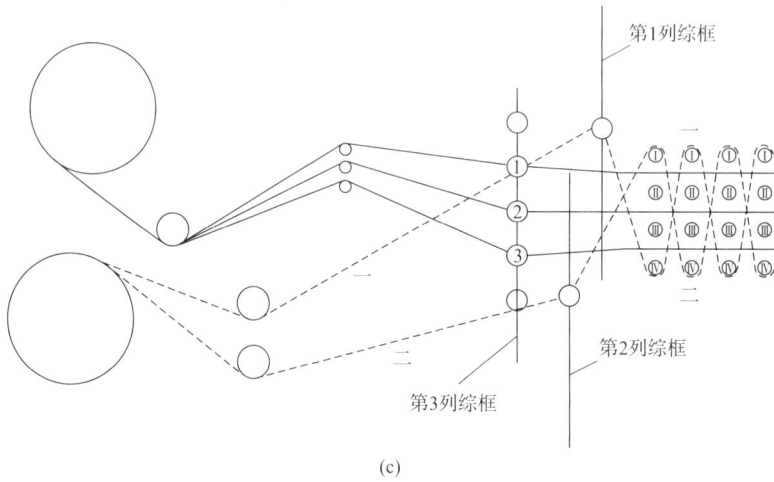

图 3-16　整体正交立体织物的织机配置

图 3-17　整体正交立体织物结构

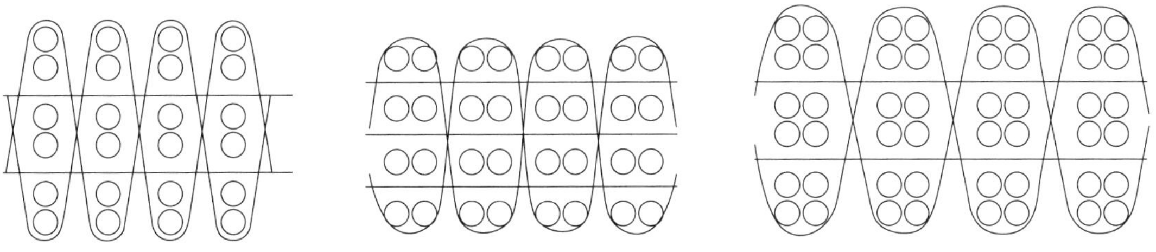

(a)　　　　　　　　　　　(b)　　　　　　　　　　　(c)

图 3-18　变化正交组织

还有一种准整体正交立体织物，如图 3-19 所示，这种织物每一层单独成布，再由捆绑纱把几层织物捆起来。正交结构单元与准正交结构单元还能构成组合织物，如图 3-20 所示。

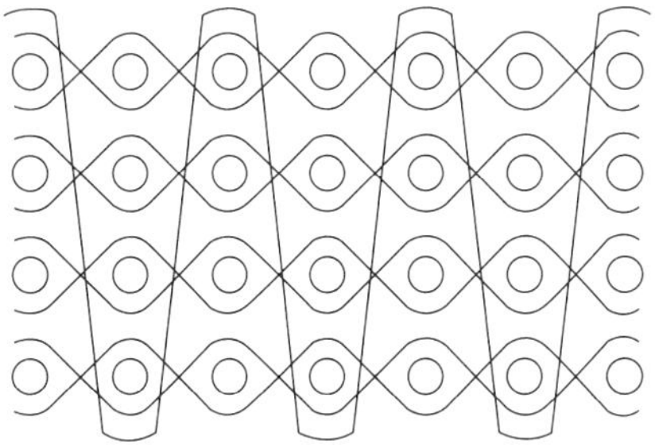

图 3-19　准整体正交立体组织

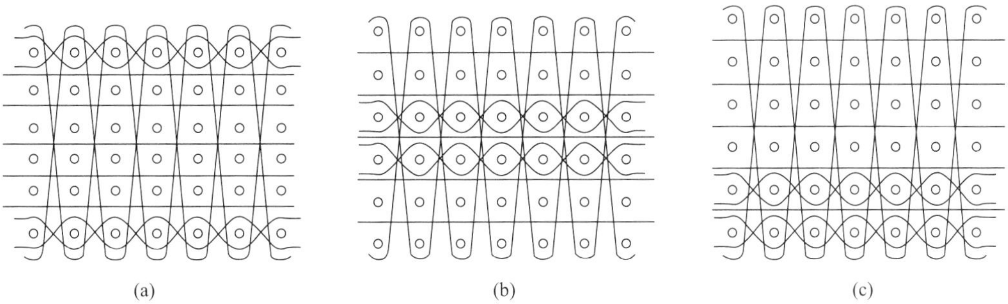

(a)　　　　　　　　　　　(b)　　　　　　　　　　　(c)

图 3-20　正交与准正交复合织物

（二）角联锁立体织物

在织造过程中，如果经纱（或纬纱）上下移动，与不同层的纬纱（或经纱）存在交织，则构成角联锁组织。

图 3-21（a）所示为经纱层和纬纱交织的初始排列状态，共有四列纱线；图 3-21（b）为第一织造动程，第一列和第三列的纱线上升，引入纬纱层，完成第一次交织过程；图 3-21（c）为第二织造动程，第一列和第三列的纱线下降，第二列和第四列的纱线上升，引入纬纱层，完成第二次交织过程。重复图 3-21（b）和图 3-21（c），织机实现连续织造。

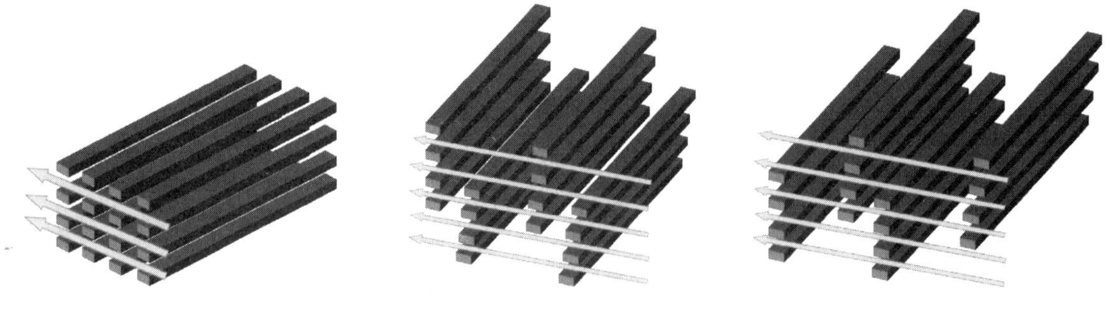

(a)   (b)   (c)

图 3-21　角联锁织物织造过程示意图

角联锁织物有整体角联锁和层间角联锁两种主要类型，另外还有带衬垫纱的角联锁织物和带喷射口的角联锁织物等变化组织。

1. 整体角联锁组织

整体角联锁织物的经纱（或纬纱）均通过织物的整个厚度方向，使织物成为一个牢固的整体结构。图 3-22 所示为纬纱为五层，经纱为 10 层的角联锁组织。选用五排综眼的综丝，经纱 1~5 穿入综框 Ⅰ，在织物结构中由上往下；经纱 6~10 穿入综框 Ⅱ，由下往上（图中用虚线表示）。该织物提综时向上移动一个高度（100mm 或 200mm），可形成 5 个梭口，分层引入 5 根纬纱。综框 Ⅰ 和综框 Ⅱ 分别提综一次，可完成一个交织循环。

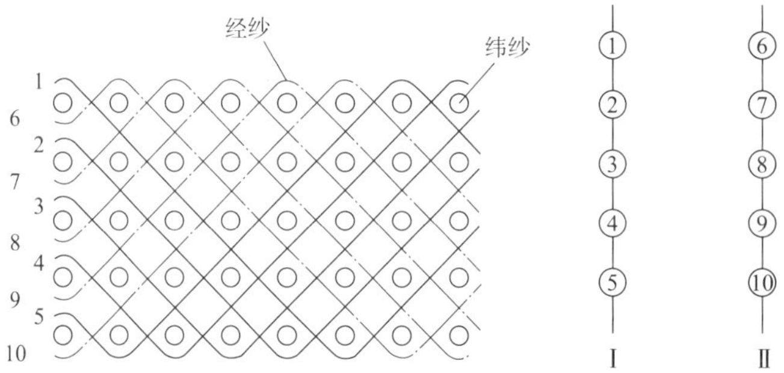

(a) 经向截面图   (b) 提综示意图

图 3-22　整体角联锁组织

2. 层间角联锁组织

分层角联锁组织中各根经纱（或纬纱）均没有贯穿织物组织的总层数，而是在 k（$k<$ 总层数）层之间分层接结，最后将织物接结成一个整体。图 3-23 所示为两种不同层间角联锁组织。

3. 带衬垫纱的角联锁织物

衬垫纱分为衬经纱和衬纬纱，它们不参与交织，只是排列在织物的经（或纬）方向，起到增加织物厚度和密度的作用。图 3-24 所示为带衬经纱的角联锁织物，图 3-25 所示为带衬纬纱的角联锁织物。

(a)

(b)

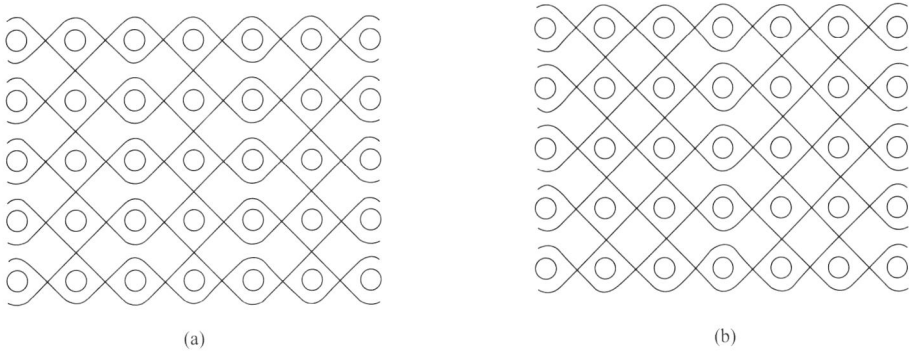

图 3-23　层间角联锁组织

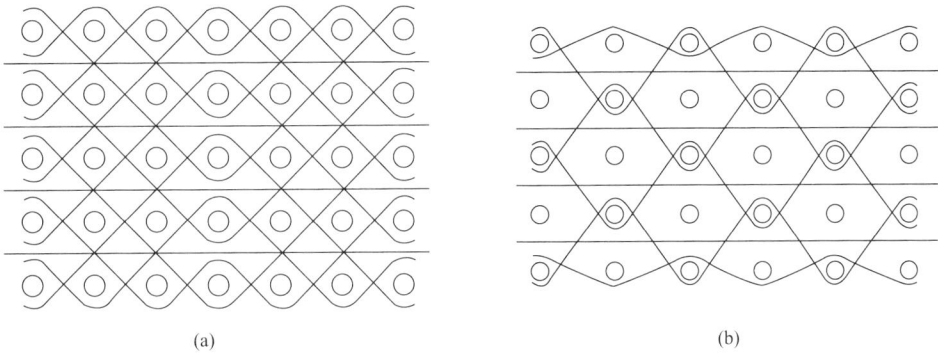

(a)

(b)

图 3-24　带衬经纱的角联锁织物

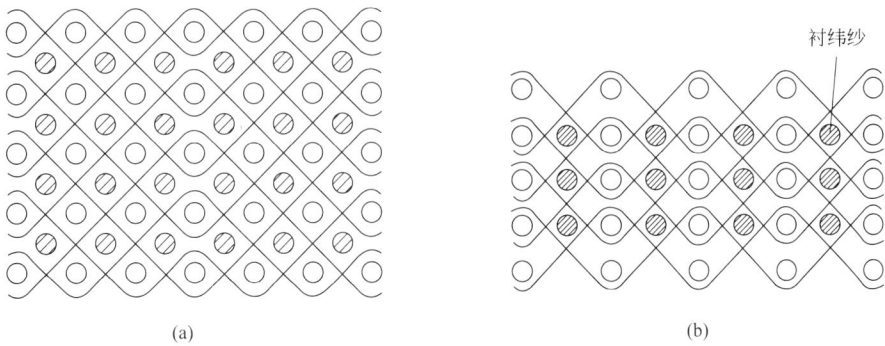

衬纬纱

(a)

(b)

图 3-25　带衬纬纱的角联锁织物

4. 带喷射口的角联锁织物

改变经纬纱的交织结构，可得到带喷射口的角联锁织物，如图 3-26 所示。

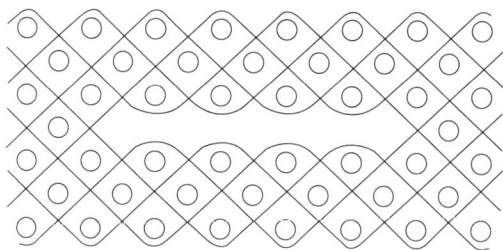

图 3-26　带喷射口的角联锁织物

（三）多层接结及三向交织织物

1. 多层接结织物

多层接结组织包括自身接结和接结纱接结，如图 3-27 所示。

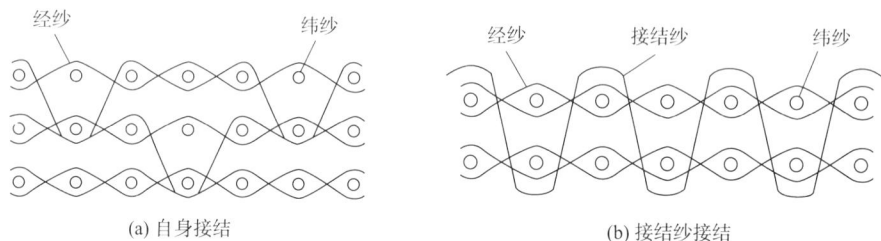

(a) 自身接结　　　　　　　　　　　　(b) 接结纱接结

图 3-27　多层接结组织

2. 三向交织织物

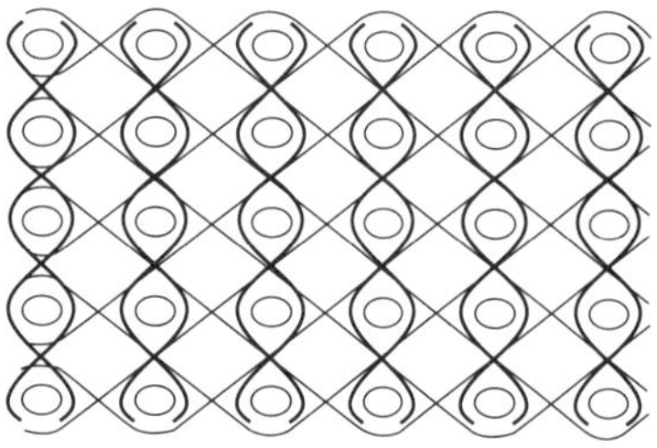

图 3-28　三向交织平纹织物

三向交织平纹织物如图 3-28 所示，如果改变纱线间的交织规律，还可得到三向斜纹等组织。而增加交织的纱线方向数，可得到多向交织的织物结构。

三维织物可以在专用的立体织机上织造，也可以对传统织机加以改进进行织造。三维机织物的织造工艺参数主要包括纱线品种、线密度、经纬密、织缩率、织物紧度（即纱线覆盖系数）、织物厚度、多孔织物的孔径形状及尺寸等。这些因素直接或间接地影响复合材料的性能。

五、变截面三维织物

用碳纤维制作飞机的桨叶、大型风力发电机叶片、齿轮以及建筑物拱梁等，需要在织造过程中根据截面的变化调整引纬行程，得到变截面的三维织物。变截面三维织物可由下面几种方法获得。

（一）按截面形状交织

根据截面的变化，把符合截面形状的区域内的纤维织进织物结构中，而截面形状以外的纤维则不进行交织，等全部截面形状区域织造完成后，将没有织进织物结构中的纤维剪除，得到正交三维变截面立体织物，如图 3-29 所示。缺点是剪掉多余的经纬纱，织物的空间形态遭到削弱，整体力学性能下降。

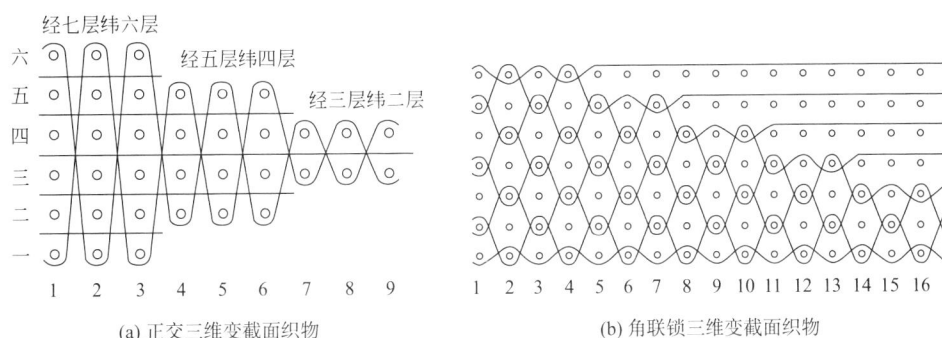

(a) 正交三维变截面织物　　　　(b) 角联锁三维变截面织物

图 3-29　三维变截面织物

（二）逐步增加纬纱线密度或增加纬向垫纱数量

如图 3-30 所示，逐步增粗纬纱或增加纬纱垫纱数量，可得到三维变截面织物。

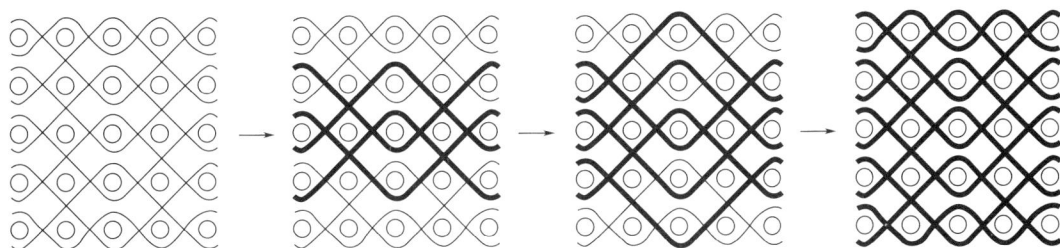

图 3-30　逐步增加纬纱线密度实现变截面

（三）截面连续变化的完整变截面织物

如图 3-31 所示，这种变截面织物，没有纱线的剪除，也没有纬纱线密度的增减，完全是由织造形成的完整变截面织物，常被用于航空部件的制造。

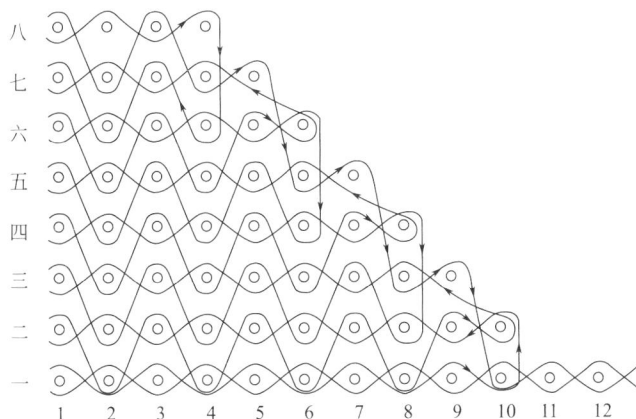

图 3-31　截面连续变化的完整变截面织物

六、空心立体织物

空心立体织物是在织物内形成一些孔洞形态的织物，图3-32所示为不同类型的空心立体织物。

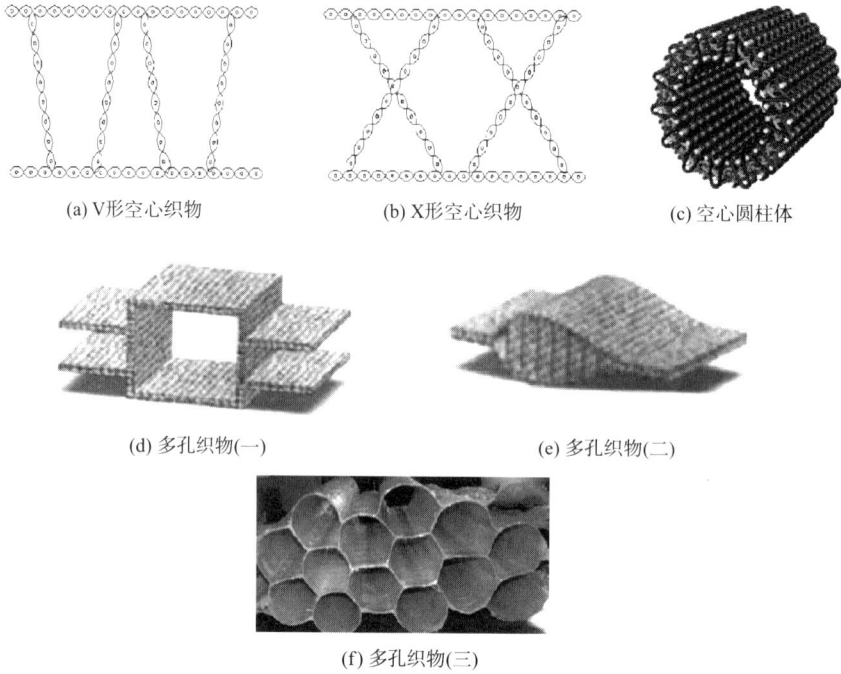

(a) V形空心织物   (b) X形空心织物   (c) 空心圆柱体

(d) 多孔织物(一)   (e) 多孔织物(二)

(f) 多孔织物(三)

图3-32　空心立体织物

七、机织物型材

图3-33所示为立体机织物型材。

(a) 工字钢   (b) U形钢   (c) 角钢

图3-33　机织物型材

第二节　产业用针织物生产技术

与机织物相比，针织物加工的工艺流程短、产量高、成本低。针织物的最大特点是存在相互串套的线圈，由于线圈相互串套，因而针织物复合材料抗冲击性好，具有很高的弹性，适于复杂结构的成型。针织物包括经编与纬编，它既可以是平面针织物，也可以是多层多轴向针织物（立体针织物）。

一、平面针织物

平面针织物包括平面纬编组织和平面经编组织，如图 3-34 所示。

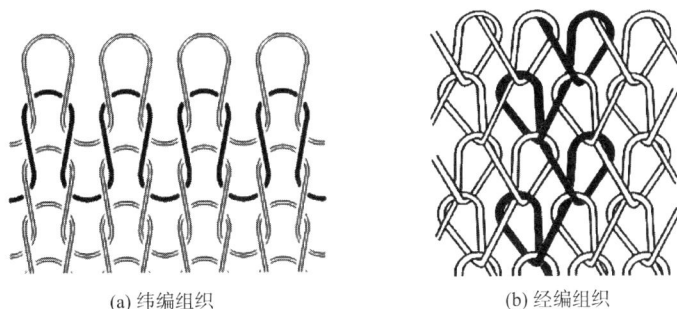

(a) 纬编组织　　　　　　　　(b) 经编组织

图 3-34　平面针织物

二、多层多轴向针织物

多层多轴向针织物是根据材料实际应用中的受力情况，在经向、纬向、斜向铺设伸直的强度较高的增强纤维（衬经、衬纬及斜向衬纱），再利用针织线圈将这些纱线层缝合，衬垫纱在织物中是平直状态而不像机织物中的波浪状，所以纱线的拉伸强度可以充分利用。当多组衬纱采用碳纤维时，织造后用树脂固化成碳纤维复合材料，可替代传统的金属材料。如用玻璃纤维做衬纱，可用作 T 字梁、工字梁等结构材料。

（一）多轴向衬纱经编织物

针织物作为柔性复合材料的增强结构，是利用了其变形大的特点，但变形大也造成尺寸稳定性差、刚性不够。但若在针织物的经纬向或斜向加入增强纤维，则可得到尺寸稳定的针织物。

1. 衬经衬纬经编织物

经编织物的线圈和延展线之间在经向和纬向都衬入不参与成圈的纱线，可提高针织物的尺寸稳定性，衬经衬纬经编织物如图 3-35 所示。

2. 多轴向多层衬垫纱经编织物

经编织物的线圈和延展线之间不仅在经向和纬向衬入纱线，还在左斜 45° 及右斜 45° 的方向也衬入纱线构成立体织物。由于衬入的增强纤维或纱线不参加织造，处于伸直状态，力学性能能充分利用，且提高了刚度，织物尺寸稳定性提高的同时且拥有更好的抗撕裂强力。多轴向多层衬垫纱经编织物如图 3-36 所示，多轴向经编织造过程如图 3-37 所示。

图 3-35　衬经衬纬经编织物

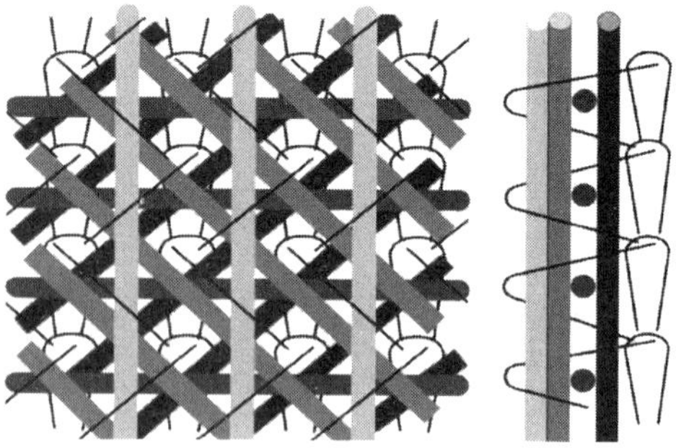

图 3-36　多轴向多层衬垫纱经编织物

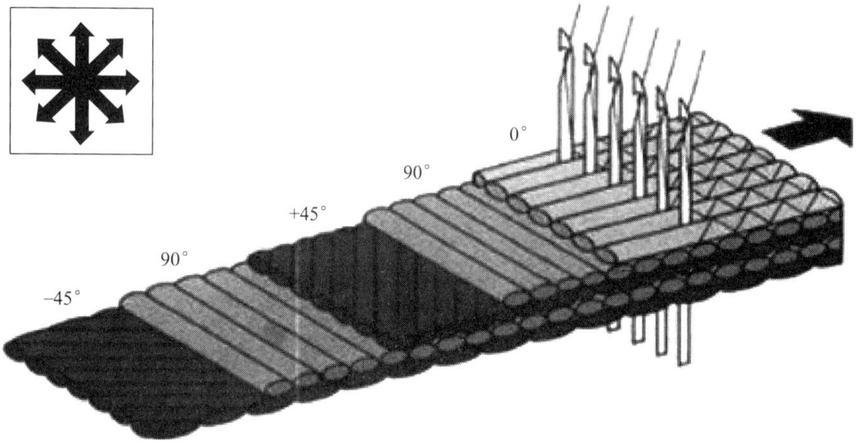

图 3-37　多轴向经编织物织造过程

（二）多轴向衬纱纬编织物

在纬编线圈和延展线之间衬入纱线，就构成双轴向衬纱纬编织物或多轴向衬纱纬编织物。多轴向衬纱纬编织物的可成型性比多轴向衬纱经编织物更好，更易造型。纬编衬纱织物与经编衬纱织物相比，优点是设备价格便宜。而且衬经、衬纬纱层可多达 5 层，织物具有极好的模压成型性能，这是机织物或经编多轴向织物做不到的。

1. 纬编衬经衬纬织物

在纬编线圈和延展线之间在经向和纬向衬入增强纤维或纱线，构成双轴向衬纱纬编织物，再在斜向衬入纱线构成多轴向衬纱纬编织物。图 3-38（a）所示为纬编平纹捆绑双轴向织物，图 3-38（b）所示为纬编罗纹捆绑多层双轴向织物，图 3-38（c）所示为纬编罗纹捆绑多轴向衬纱织物。

图 3-39 所示为纬编罗纹捆绑 2 层经纱和 2 层纬纱的结构图和实物图。针织纱形成 1+1 罗纹地组织，经纱和纬纱以平直的方式衬入地组织中。经纱衬在地组织的线圈纵行之内，纬纱衬在地组织线圈和经纱之间，这样形成 2 层纬纱和 2 层经纱。承受拉力过程中，在伸长较小

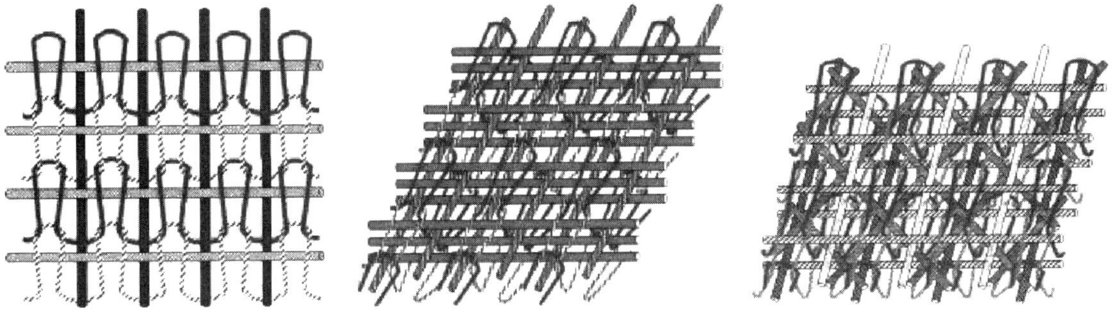

(a) 纬编平纹捆绑双轴向织物　　　　(b) 纬编罗纹捆绑多层双轴向织物　　　　(c) 纬编罗纹捆绑多轴向衬纱织物

图 3-38　纬编衬经衬纬织物

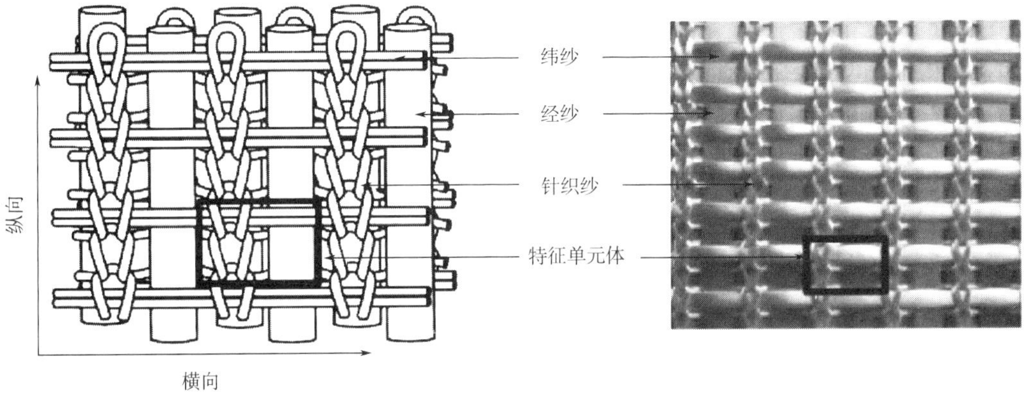

纬纱

经纱

针织纱

特征单元体

经向

横向

(a) 结构示意图　　　　　　　　　　　　　　　　　　(b) 实物照片

图 3-39　纬编罗纹捆绑 2 层经纱和 2 层纬纱

时先由其中的经纱和纬纱承担较高负荷直至断裂；在伸长较大时再由针织结构体承担较低负荷，直至针织结构体破坏。

2. 双轴向纬编织物

纬编织物的延伸性是所有织物中最好的，受力时沿一个方向延伸，经向受力织物沿经向延伸，纬向受力沿纬向延伸，织物不能沿经向和纬向都同时延伸。把经向和纬向的纬编组织在成圈时交织在一起，那么受力膨胀时织物可沿经纬方向都扩张。双轴向纬编织物纤维材料用的是聚乳酸纤维（PLA），此设计用于模仿非线性心肌层的机械性质，如图 3-40 所示。

三、间隔织物

间隔织物是上下层织物之间用纱线（间隔纱）连接起来构成的立体织物，如图 3-41 所示。间隔纱通常采用抗弯曲刚度较高的纤维，才能够将两个表面层撑起隔开，两织物之间可储存较多的空气，具有较好的保暖性、透气性和透湿性。间隔织物可用来做消防人员的服装，外层织物和间隔纱用阻燃性好的纤维，内层织物用亲水性好的纤维。

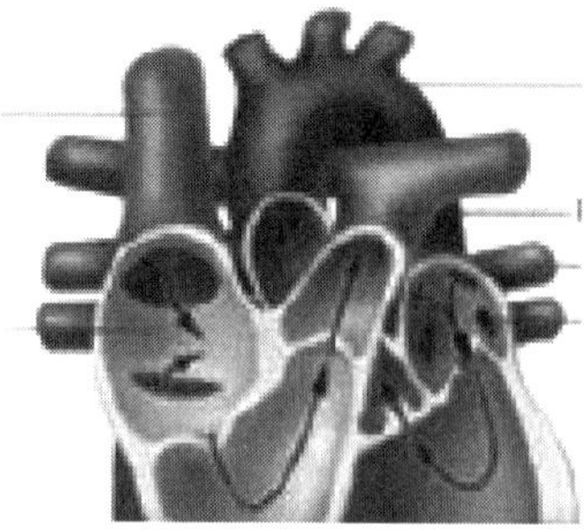

(a) 心肌层

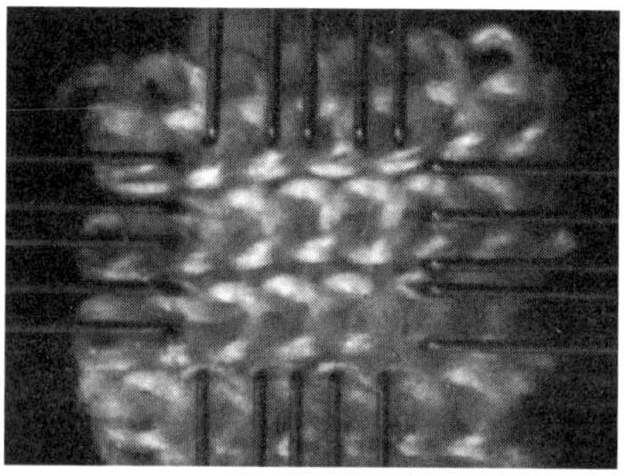

(b) 双轴拉伸试验

图 3-40 双轴向纬编织物

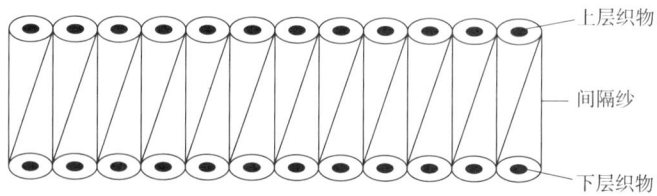

上层织物

间隔纱

下层织物

图 3-41 间隔织物结构示意图

1. 经编间隔织物

经编间隔织物的生产方法有两种，一种是在双针床经编机上直接生产间隔织物，生产过程如图 3-42（a）所示；另一种是用两层织物（机织物、针织物、编织物或非织造布）喂入

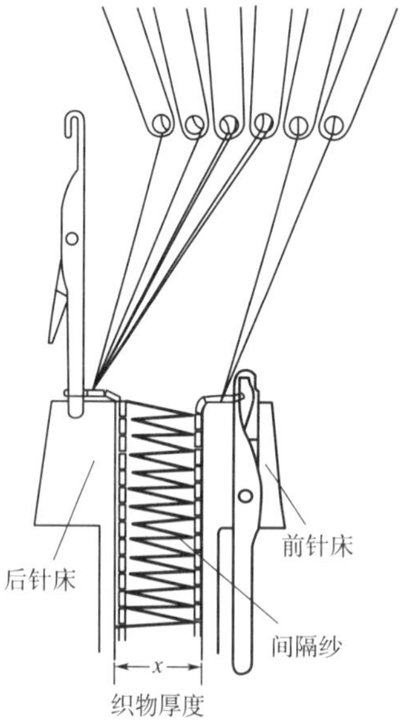

后针床　前针床　间隔纱　织物厚度　x

织物1　织物2　沉降片　导纱针　槽针

(a) 双针床经编机编织间隔织物

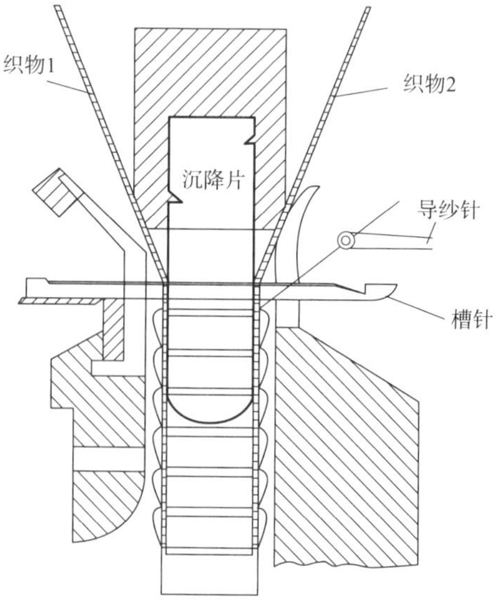

(b) 缝编机生产间隔织物

图 3-42 间隔织物生产方法

缝编机毛圈成圈机构，用经编线圈及延展线把两层织物固定起来，就得到间隔织物，生产过程如图3-42（b）所示。后一种生产方式是把机织物、非织造布等其他织物用类似缝纫的方法编成间隔织物，由于纤维体积含量较低及刺针在穿刺织物时带来的纱线损伤，最后制品的复合材料强度不及双针床经编机直接生产的间隔织物。经编间隔织物用于鞋材、箱包材料、床垫、内衣与文胸、运动休闲服装、浴室用品、座椅、沙发用材料、特种座椅材料、大型垫类、人造草坪等。

2. 纬编间隔织物

圆纬机上生产的间隔织物与经编类似。如图3-43所示，制织双罗纹组织时，用一根连接纱将正反面连接起来，连接纱就是间隔纱。两层织物的间隔高度由圆机上针筒和针盘的相对高度决定，可在1.5~5.5mm范围内变化，变化范围小于经编间隔织物。

横机间隔织物的层间厚度为5~25mm，变化范围小于经编间隔织物但大于圆纬机生产的间隔织物。横机间隔织物的编织如图3-44所示，这类间隔织物可用于绷带和矫形器的生产，矫形器是支撑关节和肌腱的支架。

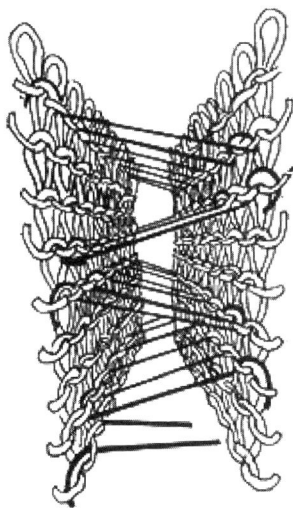

图3-43　圆纬机间隔织物

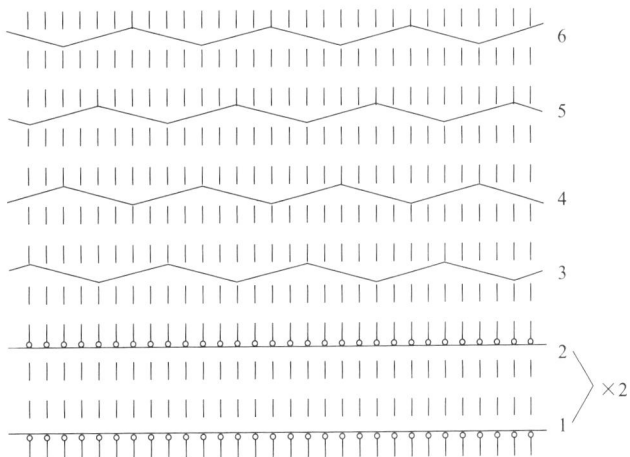

图3-44　横机间隔织物编织图

四、针织物型材

图3-45（a）所示为经编间隔织物实物图，图3-45（b）所示为纬编间隔织物实物图，图3-45（c）为纬编双轴向多层衬纱织物的半圆曲面成形物。图3-45（d）为一种用纬编线圈将金属铜丝织成的圆管，在每根圆管之间还用金属铜丝与相邻圆管连接。这个产品用来做空气加热器，与现在使用的铜金属管加热器相比，该产品对空气分子加热更细致。

(a) 经编间隔织物

(b) 纬编间隔织物

(c) 纬编双轴向多层衬纱织物的半圆曲面成形物

(d) 空气加热器

图 3-45　针织物型材

第三节　产业用纺织品编织技术

　　编织技术历史悠久，简单的草帽辫就是编织物的一种。编织物比机织物和针织物的产品少，生产效率也低。但编织是复合增强材料加工的一种主要方法。由于复合材料发展的需要，才使这门古老的纺织技术得到了迅速的发展。

　　编织的组织结构是由纱线进行对角线交叉而形成，没有经纱和纬纱的概念。编织的种类很多，按编织形状分，有圆形编织和方形编织；按编织物厚度分，有二维编织和三维编织。

一、二维编织

1. 平面形编织

平面形编织是将纱线制成带状或条状。最简单的平面形编织是小姑娘的辫子，沿织物成形方向取向的三根纱线在两个固定的点循环转圈使纱线倾斜交叉而成。另外，平面形编织所需要的纱线（或载纱器）的数量一定是奇数。图 3-46（a）是用 7 根纱线编织的带子，图 3-46（b）所示是 7 根纱线的编织机。

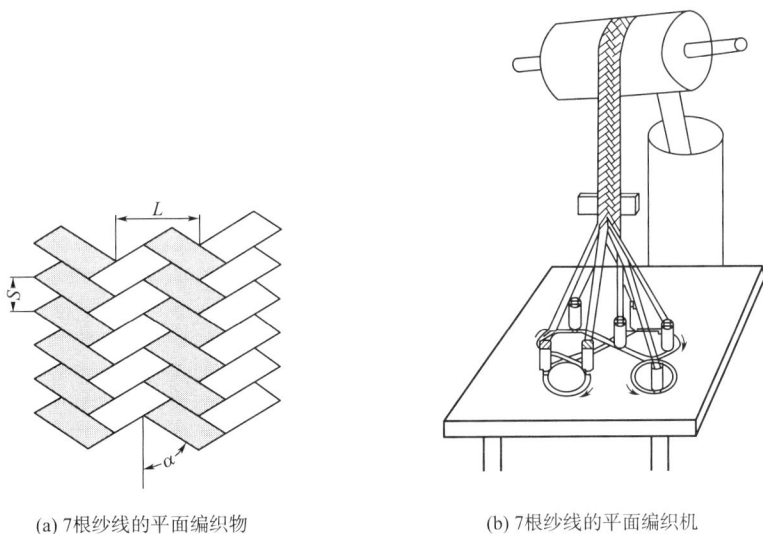

(a) 7根纱线的平面编织物　　　　　(b) 7根纱线的平面编织机

图 3-46　平面编织

2. 圆形编织

圆形编织机必须有两组且是偶数的编织纱，携带这两组纱的载纱器运动轨道如图 3-47 所示，一组纱在轨道的内外交替转移且绕机器中心做顺时针转动，另一组也在轨道的内外交替转移且做逆时针转动。顺时针和逆时针路径使两组纱线交叉，产生了圆柱形编织物。图 3-48 所示为 2×16 根纱线的圆形编织机。

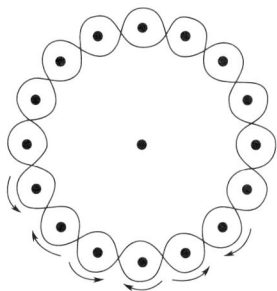

图 3-47　圆形编织机载纱器的运动轨道　　　　　图 3-48　圆形编织机

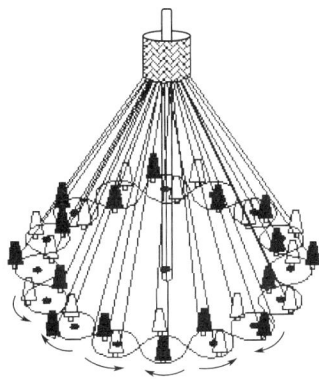

圆形编织可以制作中空织物，也可以是编织纱绕中央"纱芯"回转做成"纱芯"加"外套"的实心圆柱体。载纱器的数量、筒管的路线、芯纱和编织纱的线密度等改变，可以适应不同截面的编织，如锥形、喷嘴喇叭口形等。因为编织成型时拉紧纱线的作用没有机织物强，因此抗剪切强度较低。

圆形编织机还广泛用于金属丝的圆形编织，如电线、电缆绝缘层的外包纱、金属防波导管、耐压橡胶管的加强层、水暖橡胶管的加强层等。

二、三维立体编织

三维编织方法有多种，如二步法、四步法、多步法、多层角锁编织等，但常用的主要是二步法和四步法。

（一）四步编织法

四步法，又称纵横步进编织法，编织纱沿织物成型方向排列，在编织过程中每根编织纱按一定的规律同时运行，从而相互交织形成一个不分层的三维整体结构。如果在编织过程中加入轴纱系统，则可以提高复合材料轴向的力学性能。

四步编织法按其横截面的形状来分有两大类，第一类的横截面为矩形与矩形组合形状（如工字形等），第二类的横截面为圆形（如圆管状、锥管状等）。

1. 矩形横截面立体编织物四步编织法

图3-49表示了矩形横截面立体编织物的四步编织法示意图，图中许多个载纱器4沿轨道5以一定规律反复运动，载纱器4的运动就带动从其退绕出来的纱线3的运动，编织过程如图3-50（a）所示，重复四步完成一个循环。每完成一个循环之后，有一个打紧棒在纱线3之间摆动，把相互编织的纱线打向编织物1的编织口2，同时编织物向

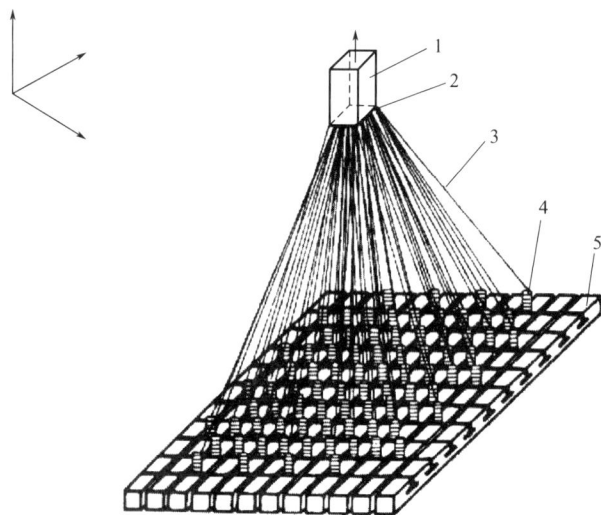

图3-49　矩形横截面立体织物四步编织法

1—三维编织物　2—编织口　3—纱线　4—载纱器　5—轨道

上运动一个距离。载纱器 4 以上述的运动规律进行下一个循环，这样不断反复进行载纱器运动、打紧运动、编织物输出运动，就可连续编织出立体编织物。四步编织法产品结构如图 3-50（b）所示。

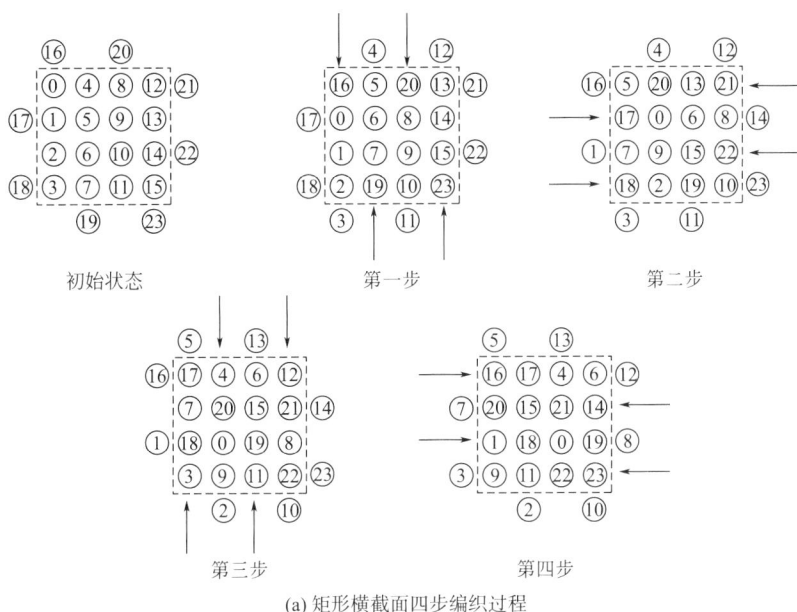

(a) 矩形横截面四步编织过程

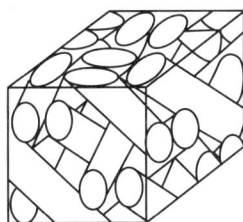

(b) 锥形横截面四步编织法产品结构

图 3-50　四步编织过程及产品结构

2. 管状立体编织物四步编织法

圆形横截面立体编织物的四步编织法与矩形横截面类似，其中不同的是载纱器分布在直径从小到大的若干圆周上，其导轨可使载纱器在周向和径向运动，另外，立体编织物内部有芯棒，纱线的张力使编织成的立体织物紧套在其芯棒上，如果芯棒为圆柱体，编织成的立体织物为圆管状，如果芯棒为圆锥体，编织成的立体织物为锥管状。

（二）二步编织法

二步编织法是三维编织中运动部件最少的一种编织方式。在二步法编织中，纱线系统有轴向纱和编织纱两种。轴向纱的排列决定了编织物的截面形状，它构成纱线的主体部分。在编织过程中，编织纱按一定的规律在轴向纱之间运动，不仅它们之间相互交织，而且也将轴向纱捆绑成一个整体。

由于二步编织法中轴向纱的比例较大，且轴向纱在编织过程中保持伸直状态，因此二步法编织复合材料在轴向具有优良的力学性能。另外，二步编织法中只有编织纱运动，而且编织纱所占比例较小，故运动的纱线较少，便于实现编织的自动化。

二步编织法同样分为矩形组合横截面立体编织物的二步编织法和管状立体编织物的二步编织法。

1. 矩形或矩形组合横截面立体编织物的二步编织法

以截面为矩形的立体织物为例，如图 3-51（a）所示，轴纱配置成矩形 7 行 11 列，编织纱在轴纱的外围，每两根轴纱之间必须有编织纱通过。第一步，编织纱沿同一对角线运动，穿过轴纱阵列到达另一边位置；第二步，编织纱沿另一对角线方向运动，完成一个循环后由打紧装置将编织纱打向编织口，反复循环就得到所需要的预制件长度。轴纱沿成型方向排列成工字、T 形、H 形等形状，可以得到相应形状的立体织物。二步法矩形编织产品结构如图 3-51（b）所示。

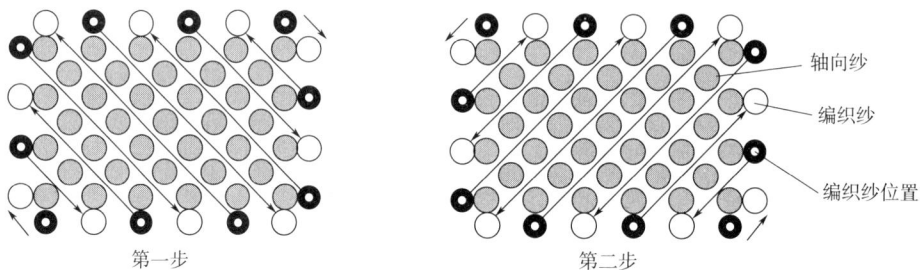

| 第一步 | 第二步 |

轴向纱

编织纱

编织纱位置

(a) 矩形横截面二步法编织过程

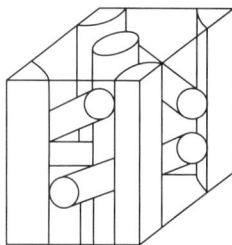

(b) 矩形横截面二步法编织产品结构

图 3-51　二步法编织过程及产品结构

2. 管状立体编织物的二步编织法

该编织法也将所有纱线分成轴纱和编织纱两组，轴纱沿圆柱体轴向平行排列，编织纱位于圆柱体的最外层及最内层。如图 3-52 所示，轴纱沿径向排列 3 层，奇数层与偶数层的轴纱排列位置错开一定角度。第一步，编织纱以对角线穿过轴纱，内层的编织纱位置换到外层，外层换到内层。第二步，编织纱以相反的方向穿过轴纱运动，完成一个循环后由打紧装置将编织纱打向编织口。编织纱束紧轴纱，稳定立体编织物的形状。

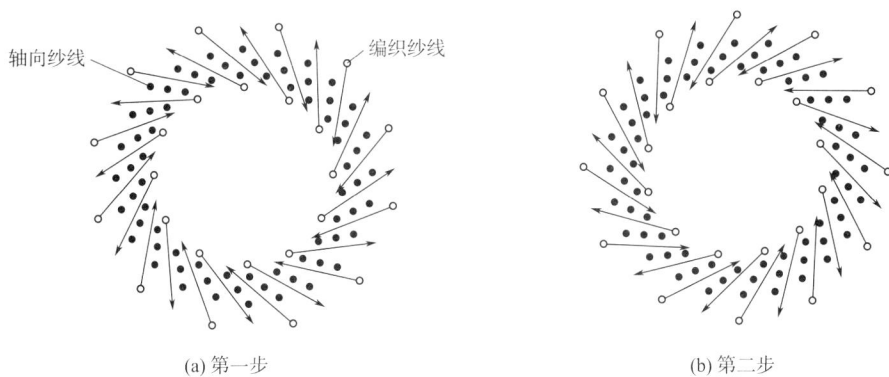

(a) 第一步　　　　　　　　　　　　　　　(b) 第二步

图 3-52　管状立体织物二步编织法

三、编织物型材

图 3-53 所示为各种形状的编织物型材。

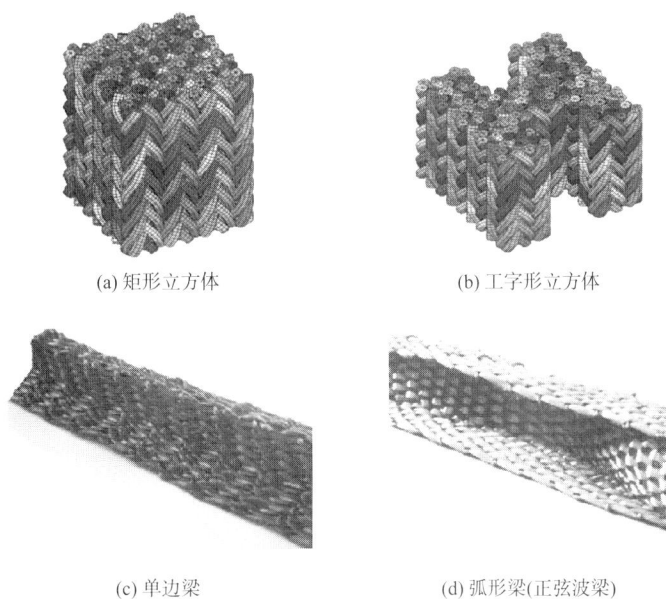

(a) 矩形立方体　　　　　　　　　　　　(b) 工字形立方体

(c) 单边梁　　　　　　　　　　　　(d) 弧形梁(正弦波梁)

图 3-53　编织物型材

第四节　产业用纺织品非织造技术

非织造布与传统纺织品中的机织物、针织物不同，机织物和针织物都是以纤维集合体（纱线或长丝）为基本材料，经过交织或编织而形成一种有规则的几何结构。非织造布是由纤维直接构成的纤网状结构物，为了达到结构稳定，纤网必须通过机械固结、热黏合或施加化学黏合剂等作用，使纤维与纤维缠绕、纤维在交叉点黏结等。

非织造技术生产方法多种多样，在产业用纺织品领域应用广泛。在土木工程、过滤材料等产业用纺织品领域，非织造技术比传统纺织技术的产品更有效。

一、非织造技术生产原理

非织造技术的基本原理包括四个过程，即纤维/原料准备→成网→加固→后整理。非织造技术的成网方法和加固方式见表3-1，机械加固、化学黏合加固及热黏合加固的产品微观结构如图3-54所示。

表3-1 非织造技术的成网方法和加固方式

成网方法		加固方式	
干法成网	梳理成网 气流成网	机械加固	针刺法、缝编法、水刺法
		化学黏合	浸渍法、喷洒法、泡沫法
		热黏合	热风黏合、热轧黏合
聚合物直接成网	纺丝成网	自身黏合、机械加固、化学黏合、热黏合	
	熔喷成网	自身黏合、热黏合	
	膜裂成网	机械加固、热黏合	
湿法成网	斜网法	机械加固、化学黏合、热黏合	
	圆网法		

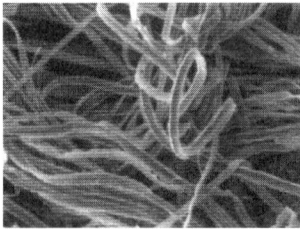

(a) 机械加固　　　　　　　　(b) 化学黏合加固　　　　　　　(c) 热黏合加固

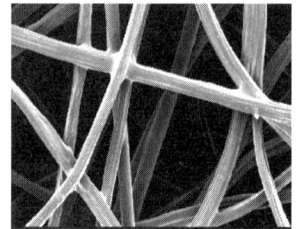

图3-54 非织造加固方式

二、成网方法

非织造生产的成网方式见表3-1。其中的气流成网需要先将纤维进行开松后再由气流输送成网，通常将梳理成网和气流成网称为干法成网。纤维原料长度与成网方式的关系见表3-2。

表 3-2　纤维原料长度与成网方式的关系

成网方法	纤维长度/mm	纤网定向度
梳理成网	15~203	沿梳理机输出方向排列为主
气流成网	6~20	三维杂乱排列
湿法成网	4~20	三维杂乱排列
纺丝成网	连续长丝	由铺网决定
熔喷成网	10~20	三维杂乱排列
浆粕气流成网	1~15	三维杂乱排列

（一）干法成网

干法成网是将短纤维在干燥状态下经过开松梳理设备制成薄网，再经过机械铺网或气流成网机制成纤网。干法成网的纤网均匀度好、产品品种多、应用范围广，在非织造布生产中仍占重要地位。

1. 干法成网工艺流程

2~4 台带称量装置的自动开包机→混棉帘子→粗开松机→大仓混棉机→精开松机→输棉风机→自动喂棉箱→ { 带高速杂乱罗拉的非织造专用梳理成网机（杂乱辊式成网）
非织造专用梳理成网机→交叉铺网机→纤维网牵伸机（杂乱牵伸式成网）

2. 非织造专用梳理机

非织造专用梳理机是在罗拉梳毛机基础上改造而来的，双棉箱喂入代替了原梳毛机的称重式喂入，双道夫输出系统代替了原单道夫输出。图 3-55 所示为带高速杂乱罗拉的非织造专用梳理机。

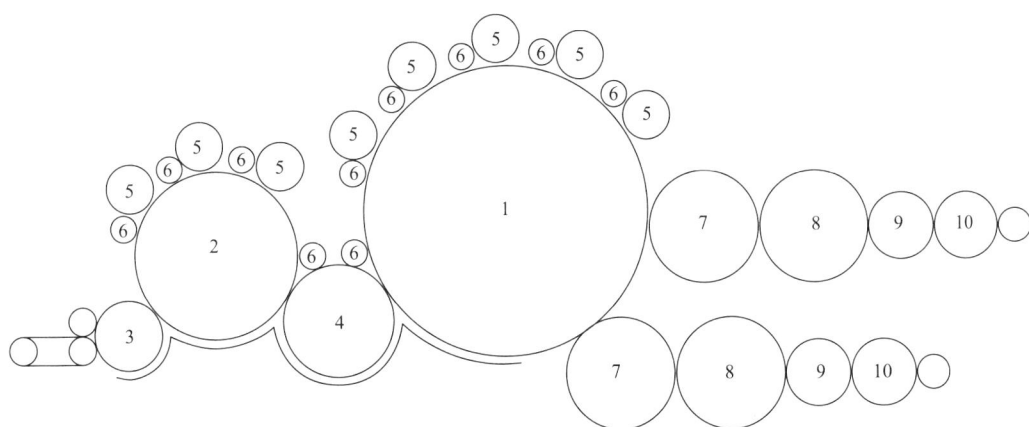

图 3-55　带高速杂乱罗拉的非织造专用梳理机

1—大锡林　2—胸锡林　3—刺辊　4—运输辊　5—工作辊　6—剥毛辊　7—杂乱罗拉

8—道夫　9—第一凝聚罗拉　10—第二凝聚罗拉

3. 机械铺网

从道夫剥下的纤网较轻，通常只有 $8 \sim 30 \text{g/m}^2$。除极少数产品将梳理机输出的薄网直接进行加固外，更多的是把梳理机输出的薄网通过一定方法叠成一定厚度的纤网，再进行加固。

铺网方式有平行铺叠、交叉铺叠及垂直式铺叠等。铺网的作用为：

（1）增加纤网厚度，即单位面积质量。

（2）增加纤网宽度。

（3）调节纤网纵、横向强力比。

（4）通过纤维层的混合，改善纤网均匀性（CV 值）。

（5）获得不同规格、不同色彩的纤维分层排列的纤网结构。

图 3-56 为四种不同的机械铺网方式，（a）为平行铺网，纤网的均匀度好，但最终产品纵、横向强力差异为（$10 \sim 15$）：1；（b）为交叉铺网，纤网中纤维排列方向为横向交叉，这种方式后面通常配置纤维网牵伸机；（c）和（d）都是垂直铺网方式，纤维在纤网中呈纵向竖立状，因此产品弹性更好，常用于生产汽车座椅。

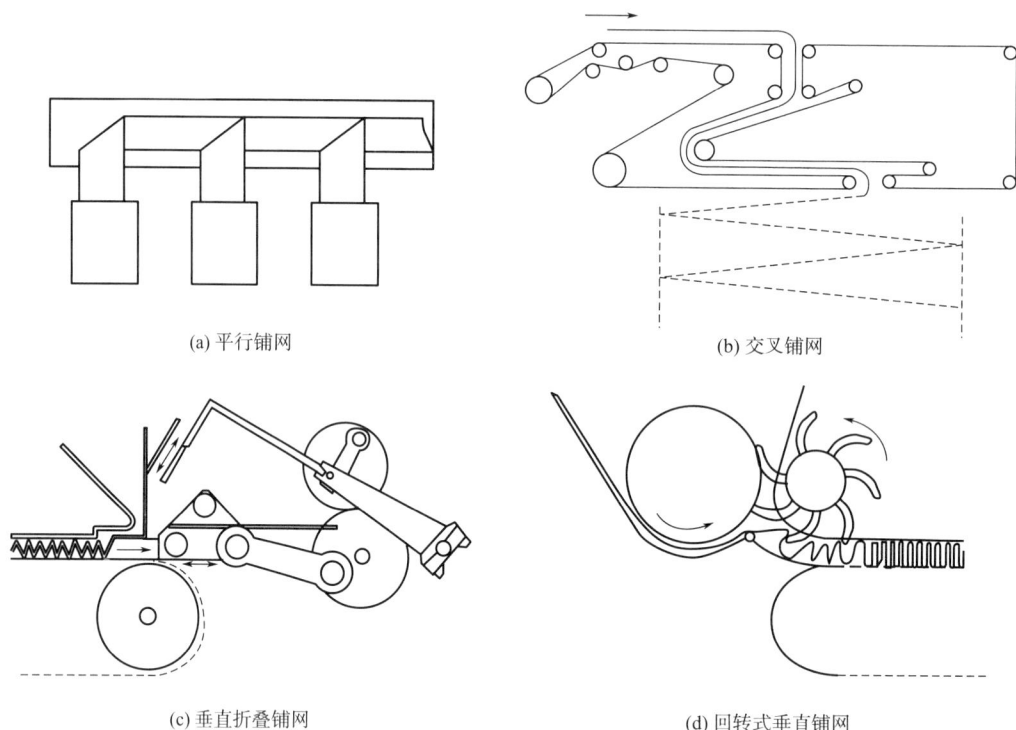

(a) 平行铺网   (b) 交叉铺网

(c) 垂直折叠铺网   (d) 回转式垂直铺网

图 3-56　机械铺网

棉纺或毛纺系统梳理机输出的薄网，纤维沿纵向（机器输出方向）排列定向度太高，这种网称为平行网，最后造成非织造布纵横强力差异大，对于某些用途的产品可能极大地影响其寿命。在锡林后面加装空气流输送纤维，可以形成纤维杂乱排列的均匀纤网，但该种生产方式适合加工重量较大、厚度较厚的产品，生产薄型纤网均匀度不好。目前常采用杂乱辊式成网和杂乱牵伸式成网两种方式让沿纵向排列的纤维往横向移动。

4. 杂乱辊式成网

杂乱辊式成网是在非织造梳理机的锡林和道夫之间插入高速旋转的杂乱罗拉，在道夫后面还要加装两个凝聚罗拉，可改善纤网纵横向强力差异大的缺点。杂乱罗拉上纤维向道夫转移时，头部速度变慢而尾部速度仍很快，发生牵伸运动的反运动（即凝聚），快速的尾部推动头部发生偏移，使纵向定向度下降。第一凝聚罗拉线速低于道夫线速，第二凝聚罗拉线速低于第一凝聚罗拉，这两个凝聚罗拉也使纵向定向度降低。杂乱辊式成网适用于医用卫生材料生产线。

5. 杂乱牵伸式成网

杂乱牵伸式成网是在非织造梳理机后面增加交叉铺网机和纤维网牵伸机（图3-57），不但需要多配置两台设备，而且限制了生产线速度提高。梳理机输出的薄网经过交叉铺网机后[图3-57（b）]，沿纵向排列的纤维变为横向交叉。经过纤维网牵伸机多极小倍数的牵伸，横向交叉的纤维又沿纵向再移动一些，使定向度降低。杂乱牵伸式成网由于纵横向强力差异更小，因此常配置在合成革基布生产线上。纤维网牵伸机如图3-57所示。

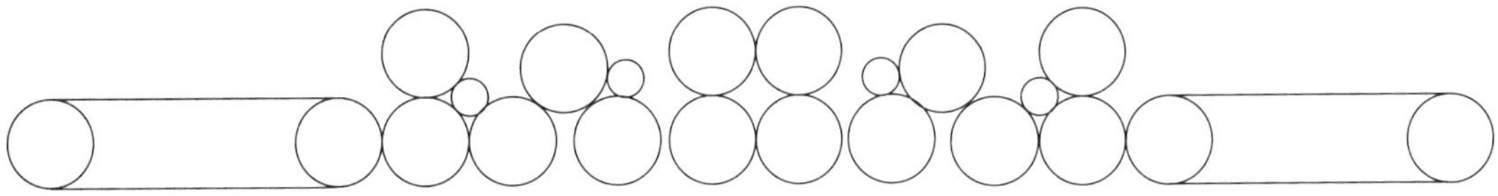

图3-57 纤维网牵伸机

干法成网方法与非织造布的纵横向强力比值见表3-3。

表3-3 干法成网方法与非织造布的纵横向强力比值

成网方法	非织造布纵、横向强力比	特性及产品用途
平行成网	（10~12）：1	均匀度好，但纵、横向强力差异大
凝聚成网	（5~6）：1	均匀度稍差，纵、横向强力差异减小
杂乱成网	（3~4）：1	用于纵、横向强力要求一致的产品
杂乱牵伸式成网	（3~4）：1	用于纵、横向强力要求一致的产品
气流成网	（1.1~1.5）：1	用于纵、横向强力要求一致的厚型产品

6. 气流成网

如图3-58所示，梳理机混料被分梳成单纤维状态，在锡林的离心力和外加气流作用下，纤维从锯齿上脱落，分散的单纤维随气流通过渐扩型或文丘利管的输棉风道后，形成杂乱排列的均匀纤网。气流成网制得的纤网，纤维成三维分布，纵、横向强力差异小，基本显示各向同性。气流成网存在的问题是不适于加工细长纤维，因为成网均匀度差只能加工定积重量

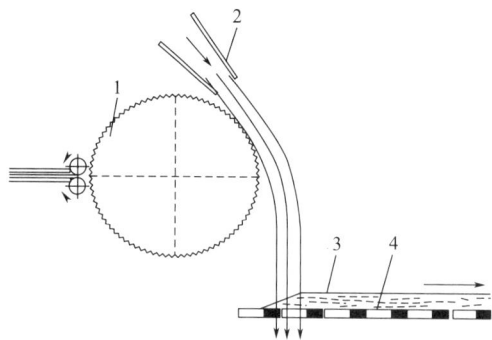

图 3-58 气流成网

1—锡林 2—压入气流风道

3—凝聚后的纤网 4—成网帘

（单位面积质量）较大的纤网。

图 3-59 所示为五种气流成网方式，即自由飘落式、压入式、抽吸式、循环封闭式及压与吸结合式。自由飘落式用于粗、短纤维，例如麻纤维、矿物纤维、金属纤维等原料成网；压入式由离心力和吹入气流使纤维从锡林上分离，然后输送成网；抽吸式由离心力和吸入气流使纤维从锡林上分离，然后输送成网；循环封闭式用一台风机完成纤维的剥离、输送、成网，在风道中可加置湿度调节器，这对产生静电现象比较严重的合成纤维较合适。压与吸结合式用吹和吸两台风机，按需要分别调节气流，配合着工作，易控制纤网的均匀度。压与吸结合式用得最多，其次是循环封闭式。

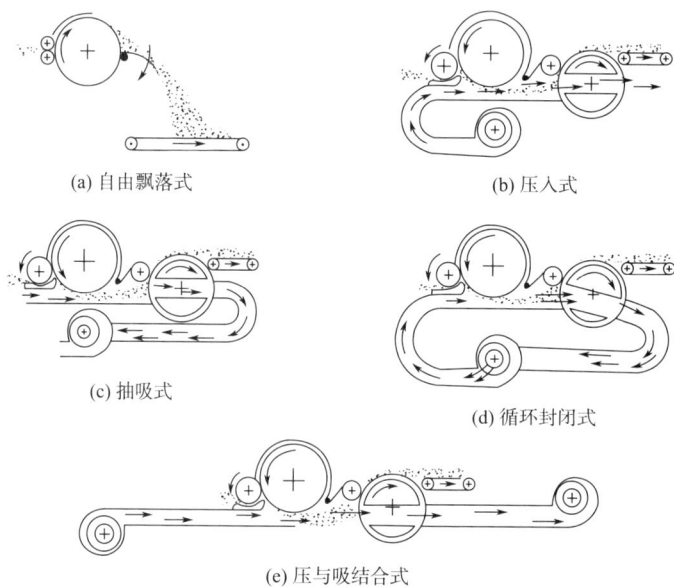

(a) 自由飘落式

(b) 压入式

(c) 抽吸式

(d) 循环封闭式

(e) 压与吸结合式

图 3-59 五种气流成网方式

（二）聚合物直接成网

聚合物直接成网是化纤纺丝技术的延伸，主要有纺丝直接成网、熔喷成网、双组分成网以及组合式成网。

1. 纺丝直接成网

纺丝直接成网是化纤纺丝技术的延伸。最早称纺粘法（spunbond），将树脂熔融后由喷丝孔挤出，再将长丝直接铺叠成网，通过纤维自身黏合或热轧黏合成布。后来长丝直接铺叠成网后还可以通过针刺、水刺、化学黏合、热黏合等加固成布，因此再称纺粘法（spunbond）不确切，现在称纺丝成网（spun-laid）。纺丝成网工艺流程短，产量高；产品力学性能好、强度大、断裂伸长大；产品厚度范围 8.5~2000g/m²，适用面广。缺点是成网均匀度不及干法梳理成网工艺，产品变换的灵活性差。纺丝成网生产工艺流程如图 3-60 所示。

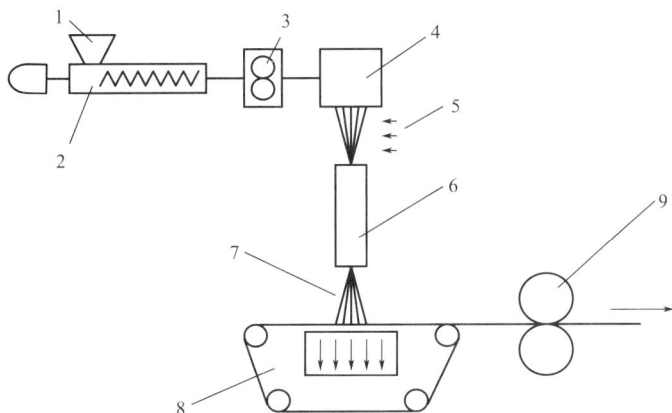

图 3-60 纺丝成网示意图

1—料斗 2—螺杆挤出机 3—计量泵 4—纺丝箱 5—冷却风
6—拉伸装置 7—分丝 8—成网装置 9—热轧加固

纺粘法的喷丝板孔数多，产品幅宽方向须大于 1000/m，孔数增加，有利于成网均匀度和产量提高，纺粘法用喷丝板如图 3-61 所示。喷丝过程如图 3-62 所示。

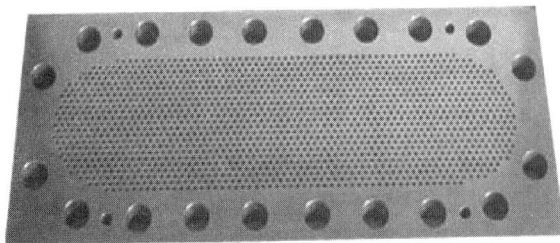

图 3-61 纺粘法用喷丝板

图 3-62 喷丝过程

纺粘法多数采用气流拉伸，又分正压拉伸和负压拉伸，如图3-63所示。拉伸气流从上方喷吹形成正压拉伸，气流速度达到3000~4000m/min。负压拉伸是风机在拉伸管道下方抽吸形成拉伸气流。

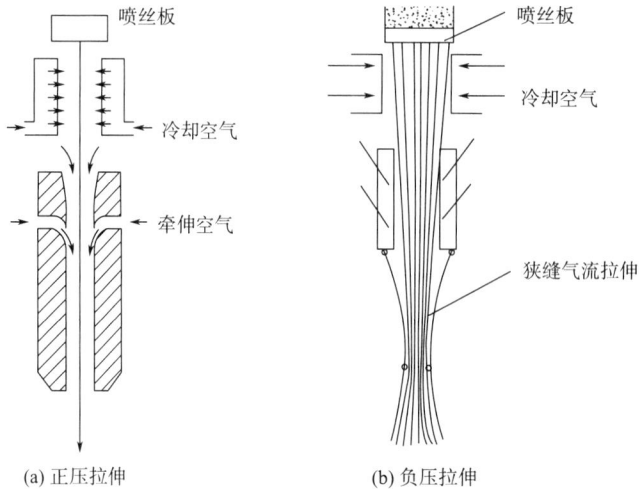

(a) 正压拉伸　　　　　　　　(b) 负压拉伸

图3-63　气流拉伸

在纺粘生产线上，使用高熔融指数>700的树脂，以高于6000m/min的纺丝速度纺丝，能生产出0.22dtex甚至更细的纤维，即在纺粘系统制造出与熔喷布相近的产品。由于不用热气流牵伸，产品的能耗大幅降低，而产品的强度又可以达到纺粘法的水平，能部分代替熔喷产品来使用。

2. 熔喷成网

熔喷成网是用高速热空气（速度为550m/s）对挤出细丝（喷丝孔孔径为0.3mm）进行喷吹及拉伸，通过高速热气流对细丝进行进一步原纤化处理，从而形成直径更细的细纤维。实质是由聚合物一步制成超细纤维网（普通熔喷工艺直径1~5μm），工艺过程如图3-64所示。

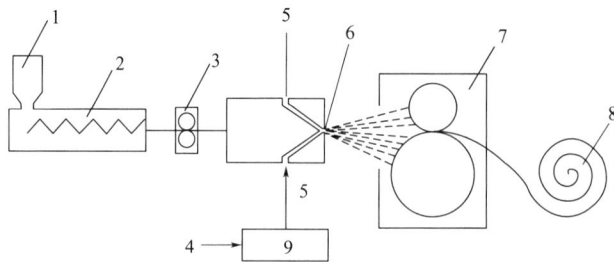

图3-64　熔喷成网示意图

1—料斗　2—螺杆挤出机　3—计量泵　4—过滤后空气　5—高速热空气　6—模头

7—接收装置　8—卷绕　9—空气加热器

　　埃克森公司的熔喷模头是单排喷丝板，牵伸热气流从喷丝板两侧成一定角度吹出，如图 3-65（a）所示。喷丝孔是在上下模体上各自加工成半圆形的凹槽，然后上下模体贴合而形成，如图 3-65（b）所示。该生产线利用纤维自身的余热互相黏结成布，不需要固结纤网的设备。熔喷生产原料主要是聚丙烯，树脂的熔融指数在 800~1800。熔喷法是目前制造精细过滤材料及高阻隔性能材料的重要工艺，也是制造纳米材料的一种方法。另外，熔喷法也可以加工聚酯、聚酰胺、PE、PLA 等原料。

(a) 工艺过程　　　　　　　　　　　　　　　　　(b) 喷丝孔

图 3-65　埃克森公司的熔喷模头

　　美国希尔思（Hills）公司的熔喷技术使用了孔距较密的喷丝板，最小孔径为 0.125mm，喷丝孔两端的压差增大，熔喷纤维平均直径在 1.5μm 以下的占 82.4%。Hills 公司的双组分熔喷设备用于生产橘瓣型双组分纤维，纤维直径在 25~400nm，具有很好的过滤和阻隔性能，已用于血液过滤。

　　由于单排喷丝板的熔喷工艺产量难以提高，美国双轴公司（Biax）开发了在同一喷丝板上分布多排喷丝孔及与喷丝孔同心的牵伸气流孔的熔喷工艺，如图 3-66 所示。该方法的生产

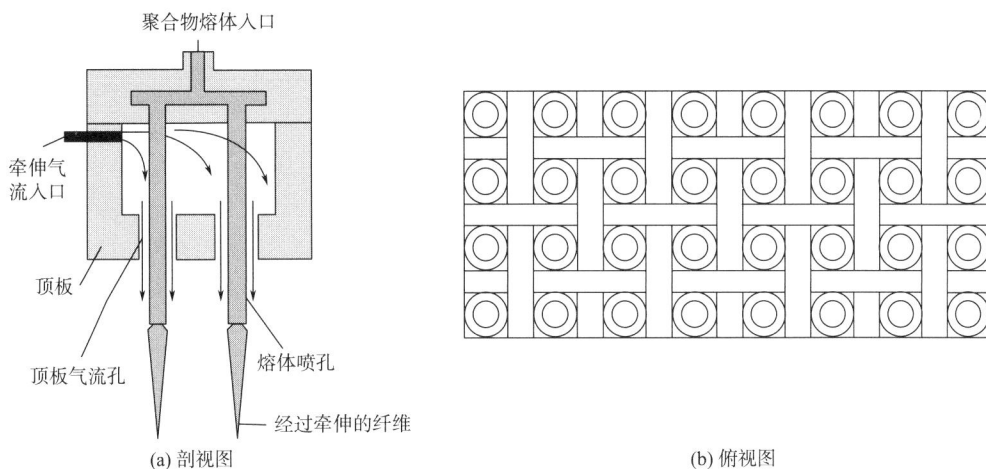

(a) 剖视图　　　　　　　　　　　　　　　　　(b) 俯视图

图 3-66　Biax 公司的熔喷头

效率是传统技术的 5 倍，同时也降低了产品的能耗。Biax 公司还开发了纤维素熔喷非织造布生产技术，纺丝液为纤维素/NMMO 溶液。纤维素熔喷非织造布具有生物降解性、耐高温、抗静电、易染色等特点，可用于医疗、卫生、过滤、擦拭、电池隔膜、用即弃内衣等。

3. 双组分成网

双组分成网是采用两种不同性能的原料纤维所形成的纤网，既可以用来生产熔喷法非织造布，也可以用来生产纺粘法非织造布及纺粘/熔喷复合（SMS）非织造布。双组分成网需要配备两套高分子原料处理、输送、计量装置等，使用双组分纺丝箱、双组分喷丝板。图 3-67 所示为双组分纺粘成网示意图。用双组分纤维制造的纺粘布，由于可用较低的热轧温度固结，产品既有良好的手感，又有足够的强力。裂片型双组分纺粘纤网采用水刺开纤和固结工艺，是制造超细纤维的重要方法，是生产高档人造革基布的重要材料。双组分成网可以得到多种截面结构的纤维，见表 3-4。

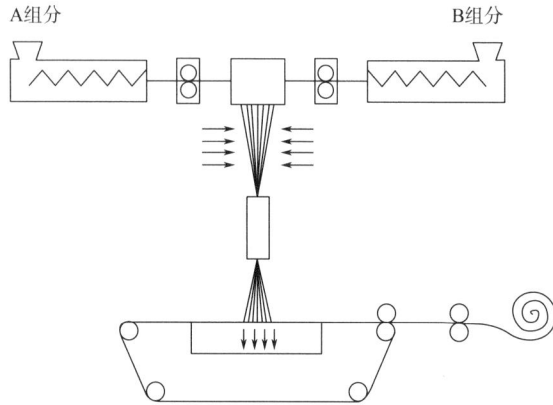

图 3-67　双组分纺粘成网示意图

表 3-4　双组分成网制备的多种截面结构的纤维

类型	示例			
皮芯型	同心皮芯型 50/50	同心皮芯型 20/80	偏心皮芯型	三叶皮芯型

类型	示例			
并列型	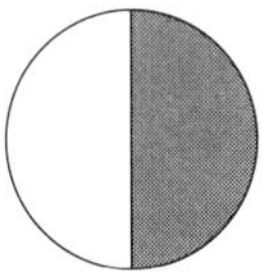	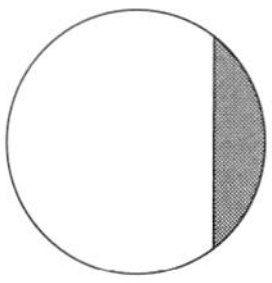		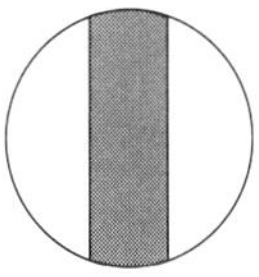
尖端型	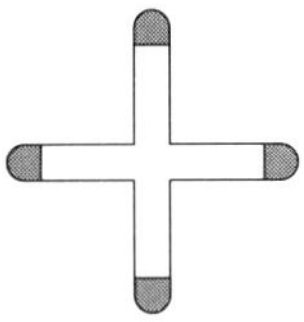 十字型	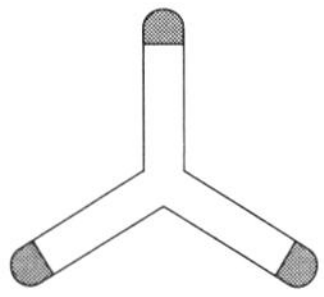 三叶型		
超细纤维	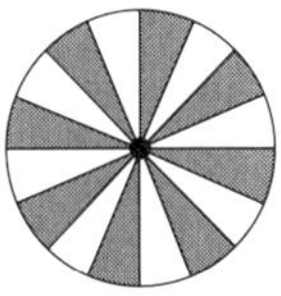 裂片型	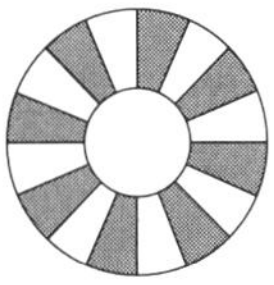 中空裂片型	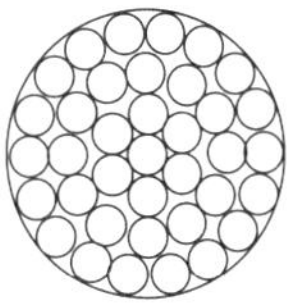 海岛型	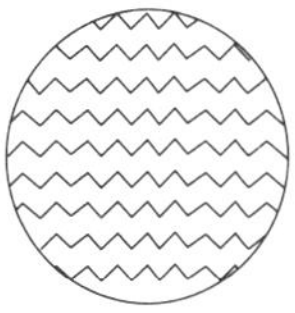 带状型
混合型	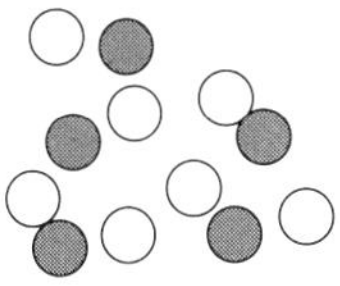 有颜色的	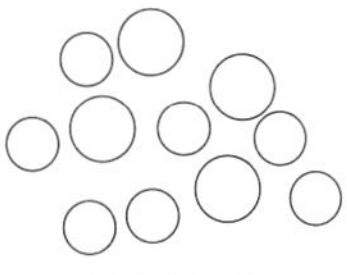 纤度不同	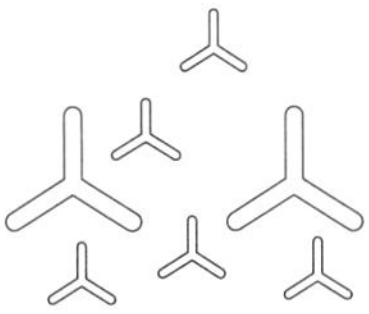 纤度不同	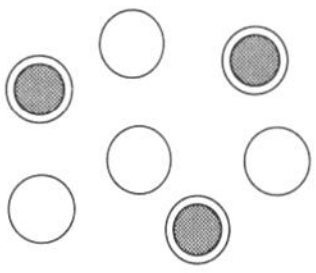 复丝和单丝

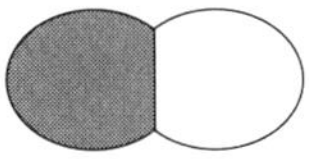

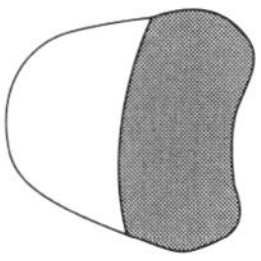

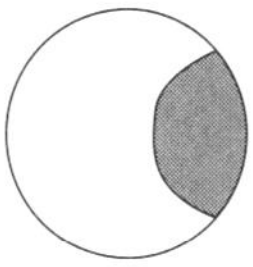

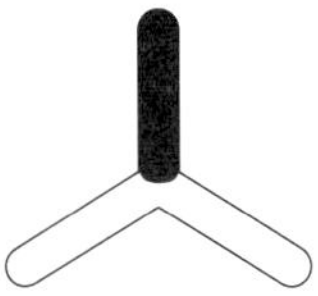

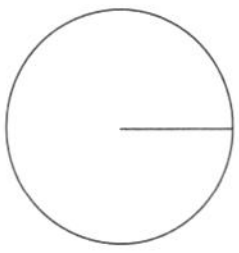

　　皮芯型双组分纤维用于热黏合加固，由于皮层材料比芯层熔点低，可以在较低的温度和压力下实现有效的黏合。而芯层具有较高熔点和强力，因此皮芯型双组分纤维非织造布比普通产品强力提高 10%~25%。皮层采用柔软的 PE，产品具有较好的手感。皮芯型双组分结构用于制造功能性纤维，只需将添加剂加在皮层中，如金属离子，只添加在皮层中，通过皮层来体现，可减少添加剂的用量。皮层与芯层的比例可以是 50/50、20/80、10/90 等，可根据需要选择配比，从而达到降低产品成本的目的。

　　并列型双组分纤维的两个组分通常均为相同的聚合物，如 PP/PP、PET/PET、PA/PA，因而材料具有较好的黏合性能。通过优化聚合物或工艺条件，使两种材料产生不同的热收缩性，纤维在收缩应力的作用下会发生永久性的三维自卷曲，提高了产品的蓬松度和弹性。

裂片型属于剥离型，在机械外力的作用下可被分离成独立的超细纤维。用水刺法可以完成橘瓣的剥离，如果是中空裂片型则更易于被剥离。海岛型复合纤维将海成分溶除就得到超细旦纤维。

4. 纺粘熔喷组合成网

纺丝成网产品强力高但纤维粗，熔喷成网纤维细但强力低，两者结合可取长补短满足产品的使用性能要求，工艺有 SM、SMS、SMMS、SMMMS、SSMMS，S 为纺粘（spunbond），M 为熔喷（meltblow）。SMS 和 SMMS 就是防护服及防护口罩的原料布。纺粘法纤维直径 18～22μm，熔喷法纤维直径 1～5μm，但病毒的尺寸是几十纳米至几百纳米，要使熔喷布能过滤病毒，需对熔喷纤维做驻极整理。驻极电荷后能极大地提高过滤病毒的滤效。

SMS 复合成网可以在线复合，也可以离线复合。图 3-68 所示为 SMS 在线复合生产线示意图，设备投资费用高。离线复合是用纺粘和熔喷设备分别得到纤网后，再送至复合设备上进行复合，但因为纺粘布受到两次热熔固结，因此蓬松性较差。

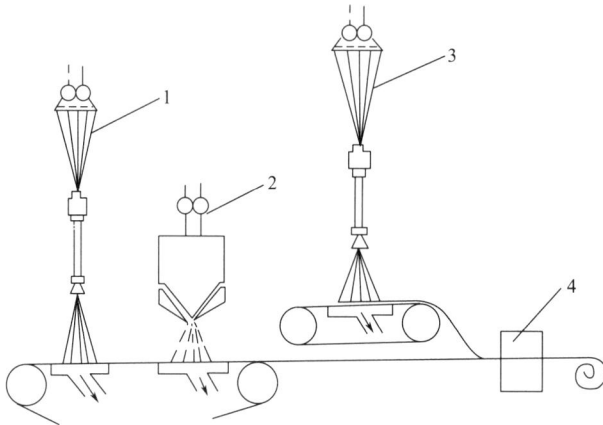

图 3-68　SMS 在线复合生产线示意图

1—纺丝成网设备（1）　　2—熔喷成网设备　　3—纺丝成网设备（2）　　4—SMS 复合设备

5. 静电纺丝成网

如图 3-69 所示，将聚合物溶液放置于强静电场中，调整适应的温度与湿度，当电压升高到一定值时，液滴在纺丝喷头上会被拉伸成泰勒锥并形成极细射流，高速飞向收集器，经溶剂蒸发后，获得超细纤维，直径最小可达到 1nm。静电纺丝法根据聚合物原料的形态分为溶液静电纺丝法和熔体静电纺丝法。

静电纺丝技术是目前制备纳米纤维最常用的方法之一，纳米纤维可应用于环保、能源、生物医药、传感器、个体防护等领域。

（三）湿法成网

湿法成网是由水槽悬浮的纤维沉集而制成的纤维网，经固网等一系列加工可制成一种纸状非织造布。湿法成网比传统造纸使用的纤维原料长，长度一般为 4mm，最高可达 30mm；

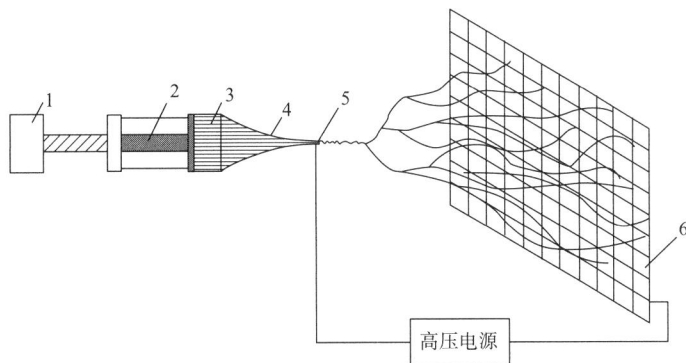

图 3-69　静电纺丝成网

1—计量泵　2—活塞　3—纺丝液　4—纺丝管　5—泰勒锥　6—收集屏

而造纸所用纤维为 1~4mm，纸张依靠纤维之间的氢键结合，没有湿强力。但湿法成网依靠外加黏合剂加固，具有一定的湿强力。湿法成网生产速度快，均匀度好，纤维在纤网中呈三维分布，产品各向同性显著。但湿法生产过程耗水、耗电、耗气量都大，有轻度环境污染，且设备投资大。图 3-70 所示为湿法斜网法成网生产过程示意图。

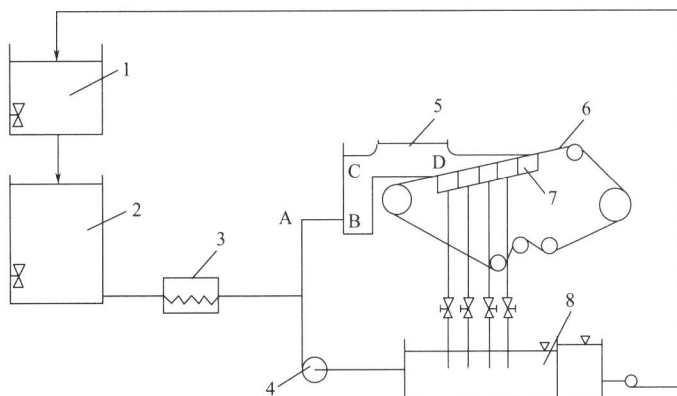

图 3-70　湿法斜网法成网

1—混料桶　2—搅拌桶　3—计量泵　4—轴流泵　5—料桶　6—网帘　7—集水箱　8—净水箱

在湿法成网区中间设立一个导纱板和纱线（或织物、塑料薄膜等）退绕装置。如图 3-71 所示，纤维悬浮浆 1 由管道输入至成网区 2，纱线 3 由退绕装置退解下来，并由导纱板引入成网区的中间。纱线铺置在由导纱板隔开的前区纤维沉积层之上，并随成网帘进入后区而被后区纤维沉积层所覆盖，从而形成中间夹有纱线的增强型湿法非织造布。

还有一种改进型湿法成网工艺，可以将两层具有不同性能的湿法纤网并铺在一起，形成一种复合材料。例如，将一层具有较好屏蔽性和强度的湿法纤网与一层具有抗菌性、吸收性的湿法纤网并铺成双面复合材料，可以满足医疗卫生的特殊用途。并网式需要两套悬浮浆制备系统，如图 3-72 所示。

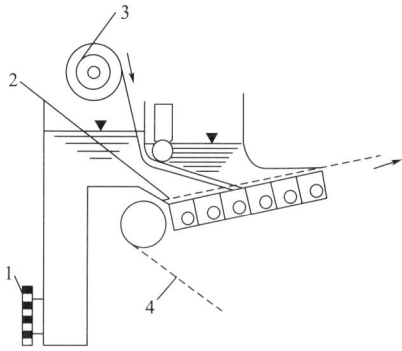

图 3-71　增强型湿法非织造布成网

1—纤维悬浮浆　2—成网区　3—纱线经轴　4—成网帘

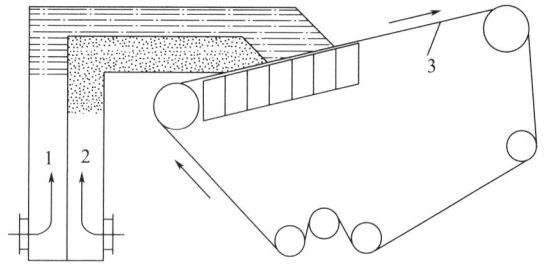

图 3-72　双层并网型湿法成网

1—纤维悬浮浆 A　2—纤维悬浮浆 B　3—成网帘

（四）浆粕气流成网

浆粕气流成网法又称干法造纸，是用气流成网技术加工木浆纤维，再通过多种不同的固结方法形成非织造布，产品称为膨化芯材或无尘纸。所用木浆纤维原料来源于树木的浆粕，长度与湿法成网相同，由于纤维短不用梳理机，用浆粕锤磨机粉碎，气流输送加成型头成网。由于成网方法是气流成网，因此产品高度膨松，浆粕纤维及添加的超级吸水颗粒（superabsorbent polymer particles，SAP）材料又赋予它超强的吸水性，用途主要是婴儿纸尿裤、妇女卫生巾、擦布、高档桌布、成人失禁用品、保湿及过滤材料等。用木浆纤维作主要原料，具有生物降解的优点。

传统纸制品的湿强力及耐磨性很差，浆粕气流成网产品遇湿可以保持50%的强力。改善湿强力的方法之一是在纤网中添加黏合剂，如纸杯生产方法。另一个提高湿强力的方法是在纤网中加入棉纤维、人造纤维或卷曲合成纤维。

图 3-73 所示为浆粕气流成网生产线，用于生产尿布及成人失禁用品。首先将浆粕及纤维开松，再通过成型头（图 3-74）将浆粕及纤维均匀混合成网，然后黏结加固。乳胶的加入是采用喷洒或泡沫的方式，乳胶的成分主要是聚丁二烯。

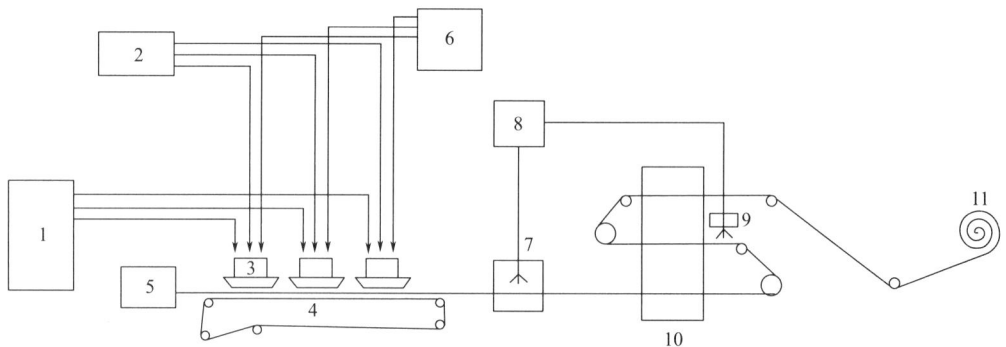

图 3-73　浆粕气流成网生产线

1—浆粕锤磨机　2—纤维开松　3—成型头　4—传送带　5—退绕机　6—SAP 添加　7—喷胶

8—乳胶配制　9—反面喷胶　10—烘烤　11—卷绕

图 3-74 成型头

1—气流喂入口 2—成型头搅拌器 3—回流口 4—外壳 5—圆孔筛 6—成形网 7—真空箱

浆粕气流成网（air laid）常与梳理成网（card）、纺粘成网（spunbond）、熔喷成网（meltblow）复合成网，在加固方式上可以用水刺加固、化学加固、热加固或复合加固。

浆粕气流成网产品复合化，生产线大型化，复合成网方式有以下几种：

（1）梳理成网+浆粕气流成网（CA）。

（2）梳理成网+浆粕气流成网+梳理成网（CAC）。

（3）梳理成网+梳理成网+浆粕气流成网+梳理成网（CCAC）。

（4）纺丝直接成网（或纺粘材料）+浆粕气流成网+梳理成网（SAC）。

（5）纺丝直接成网（或纺粘材料）+浆粕气流成网+纺丝直接成网（或纺粘材料）（SAS）。

（6）纺丝直接成网（或纺粘材料）+浆粕气流成网+浆粕气流成网+纺丝直接成网（或纺粘材料）（SAAS）。

（7）浆粕气流成网+纺丝直接成网（或纺粘材料）+浆粕气流成网（ASA）。

（8）纺丝直接成网（或纺粘材料）+熔喷成网（或熔喷材料）+浆粕气流成网+纺丝直接成网（或纺粘材料）（SMAS）。

图 3-75 所示为 CAC 生产线示意图，图 3-76 所示为 SMAS 生产线示意图，SMAS 产品采用水刺法固结，具有较高的强力，还有很好的阻隔、屏蔽、吸收性能，可做医用手术衣、手术围裙、面罩和防护服等。

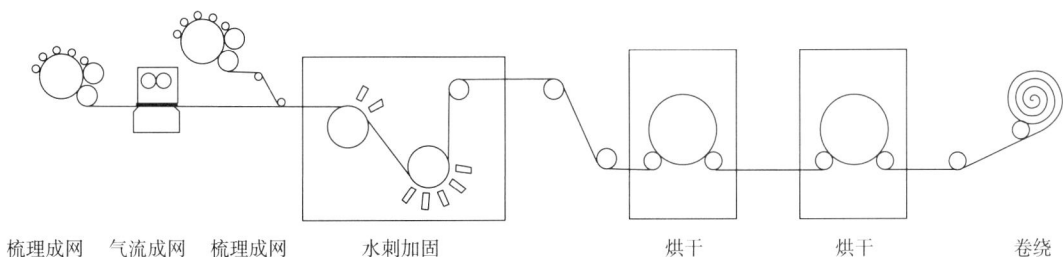

梳理成网　气流成网　梳理成网　　　水刺加固　　　　　　烘干　　　　　烘干　　　　卷绕

图 3-75 CAC 生产线

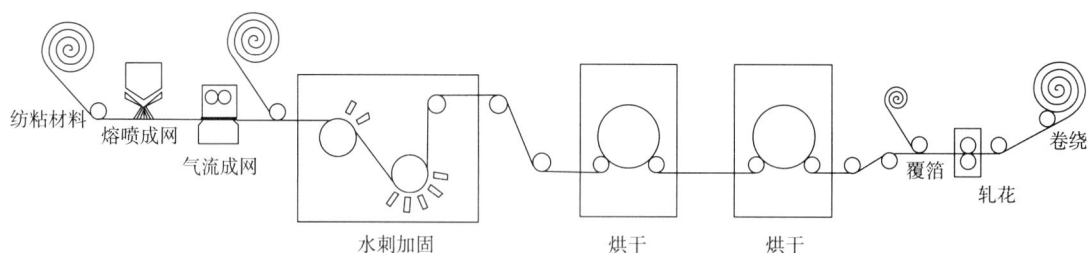

图 3-76　SMAS 生产线

三、加固方法

（一）针刺加固

针刺加固原理是用三角形截面（或其他形状）且棱边带倒钩的刺针对纤网进行反复穿刺，钩刺穿过纤网时，将纤网表面和局部里层纤维强迫刺入纤网内部。刺针退出纤网时，刺入的纤维束脱离倒钩而留在纤网中，这样许多纤维束纠缠住纤网使其不能再恢复原来的蓬松状态。刺针的形状如图 3-77 所示，针刺加固原理如图 3-78 所示。

(a)　　　(b)　　　(c)　　　(d)

图 3-77　刺针的形状

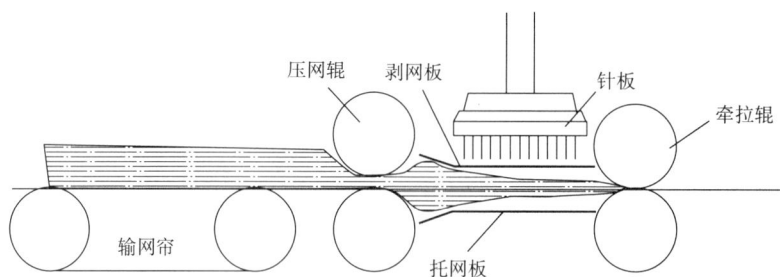

图 3-78　针刺加固原理

（二）水刺加固

用许多极细的高压水流对纤网进行连续喷射，使纤网中纤维运动、位移和互相缠结从而达到加固纤网的目的。与针刺相比较，水刺加固是柔性缠结，不损伤纤维，产品手感柔软，吸湿性、透气性、悬垂性好，产品更接近传统纺织品。水刺加固原理如图3-79所示。

图3-79　水刺加固原理

1—水刺头　2—水针　3—纤网　4—输送网帘　5—滚筒　6—脱水面板　7—密封件　8—真空抽吸水

（三）化学黏合

化学黏合是指采用化学黏合剂的乳液或溶液，通过浸渍、喷洒、泡沫、印花、涂刮等方法将黏合剂施加到纤网中，并通过热处理将纤网黏合加固形成非织造材料的方法。

图3-80所示为化学黏合浸渍法生产线示意图。将黏合剂制作成泡沫状再加到纤网上，这种生产方式更节省水、节能，图3-81所示为典型的泡沫法化学涂胶生产线。

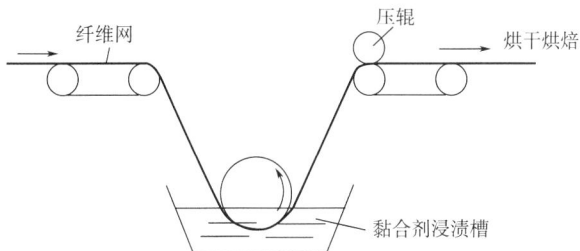

图3-80　化学黏合浸渍法生产线示意图

化学黏合是非织造生产方式中最早出现、应用最广泛的纤网加固方法，其非织造材料中黏合剂的附着量一般为纤维的5%～300%，黏合剂的性能以及用量都对非织造产品的外观与性能起着重要作用。常用化学黏合剂是聚丙烯酸酯类、聚醋酸乙烯酯类、丁苯橡胶、

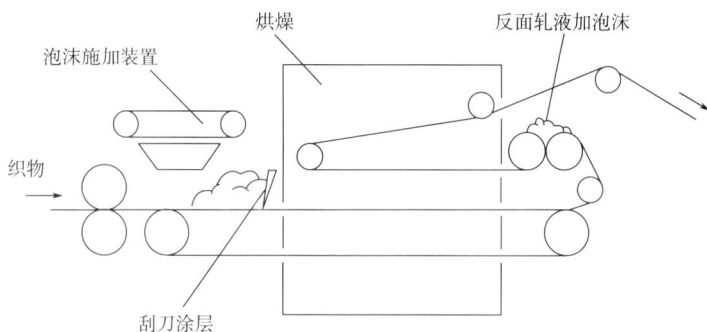

图 3-81　泡沫涂层生产线

聚四氟乙烯、氯丁橡胶、聚氯乙烯和聚氨酯。但化学黏合存在对环境的污染，逐渐被热黏合取代。

（四）热黏合

热黏合是在纤网中均匀混入热熔纤维，通过加热使热熔纤维软化熔融，与主体纤维在交叉点形成黏合点，从而达到加固纤网的目的。热黏合方式有热风黏合和热轧黏合两种。

1. 热黏合纤维

热黏合加固技术须考虑纤维的热学性质，凡采用熔体纺丝的纤维都可以作为热黏合纤维，如 PET、PA、PP、PLA 等，生产上一般选择低熔点的合成纤维。考虑到低熔点纤维在受热时剧烈收缩，人们发明了皮芯式双组分纤维（参见本章双组分成网），将低熔点纤维作皮层（sheath），芯层（core）选用熔点较高的纤维。PP 代表聚丙烯，PE 代表聚乙烯，PET 代表聚酯，PA6 代表锦纶 6，现在市面上有下列三种双组分纤维。

（1）芯层是 PP，熔点 160~170℃，皮层 PE，熔点 110~130℃。

（2）芯层 PET，熔点 255℃，皮层 PE，熔点 110~130℃。或皮层用低熔点的 COPET，PET 与 COPET 结合可提高非织造布的刚性。

（3）芯层 PET，熔点 255℃，皮层 PA6，熔点 215℃。PA6 柔软性较好，浸胶性好。可用 PET 瓶料做芯层，降低成本。

2. 热风黏合

热风黏合是采用热空气对输送网帘上的纤维网进行喷吹，或热空气穿过网眼滚筒上的纤网。将加热后的空气吹入烘箱，纤网同时输入，热空气使纤网中的热熔纤维或热熔粉末受热熔融，熔体发生流动凝结在纤维交叉点上，冷却后纤网得到黏合加固。热风黏合加固可以用热空气穿透纤网，或热风喷射式，如图 3-82 所示。热风黏合所用烘箱应有足够长度，短纤维网中必须混入双组分纤维，或用撒粉装置在进烘房之前对纤网施加热熔粉末。图 3-83 所示为带撒粉装置的纤网热风加固生产线。热风黏合适合加工保暖棉等厚型产品。

热风黏合除了加工短纤维梳理成网的产品外，还可以把纺丝成网直接制成保暖材料。采用双组分喷头，芯层用 PET、PP，皮层用 COPET 或 PE。

(a) 热风穿透式　　　　　　　　　　　　　　(b) 热风喷射式

图 3-82　热风加固两种方式

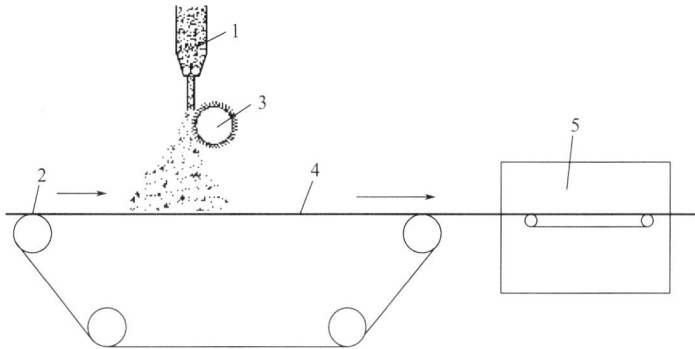

图 3-83　带撒粉装置的热风黏合加固生产线示意图

1—黏合剂粉末　2—未撒粉的纤网　3—旋转刷　4—撒粉后的纤网　5—热风烘箱

3. 热轧黏合

利用一对加热辊对纤网进行加热，同时加以一定的压力使纤网得到热黏合加固，如图 3-84 所示。通常压辊是被加热的，如果上压辊是花辊，得到的是点黏合加固；如果上压辊是光辊，得到面黏合效果。加热方式过去用的油加热，现在有用电加热或电磁感应加热，或超声波黏合。热轧法生产的非织布结实、稳定、蓬松度低。

热轧黏合适合加工薄型或中厚型产品，另外，熔体纺丝纤维的接头部位都可以用热轧方式黏合，如医用防护口罩布边及口罩耳戴都是通过热轧焊接的，如图 3-85 所示。

图 3-84　热轧加固

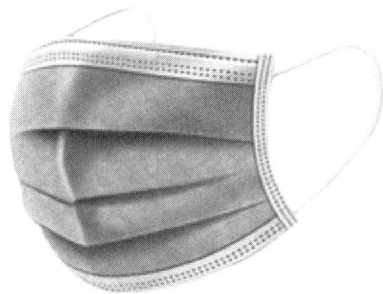

图 3-85　医用口罩边缘热轧加固

第五节　产业用簇绒织物生产技术

簇绒地毯花色、品种丰富，适用性广，且生产效率高。簇绒地毯主要用于高档宾馆客房、走廊、大厅及高档汽车用地毯等。

簇绒生产需要簇绒纱和底布，簇绒纱线一般由粗梳毛纺生产的纯毛纱、毛锦混纺纱或涤毛纱等；底布为机织或针织生产的稀松织物。簇绒生产过程有两个工序，第一步是圈绒（或割绒），在底布上刺上毛圈，或用簇绒刀割断毛圈；第二步是背胶，将一层次底布用胶黏附在毛圈的背面。

簇绒单元如图3-86所示，簇绒织物的生产原理是用簇绒针（图3-87）上下往复运动将绒纱栽植在机织布或非织造织物的底布上并在底布上留下绒圈。一个簇绒单元由纱线、簇绒针、底布以及圈绒钩（需要割断纱线则由簇绒刀代替圈绒钩）构成。

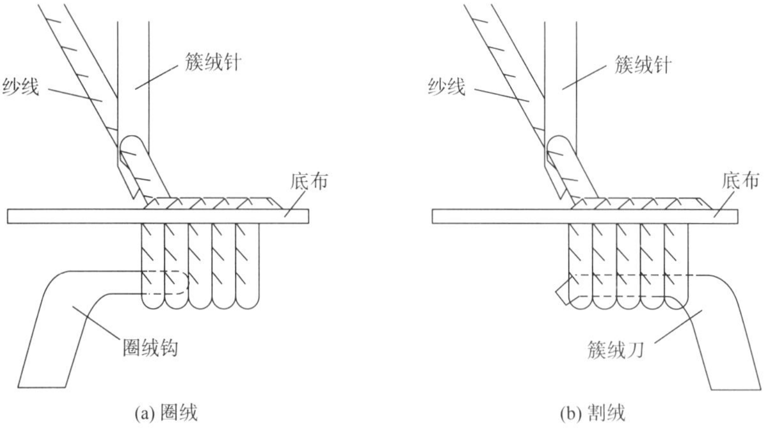

图 3-86　簇绒单元

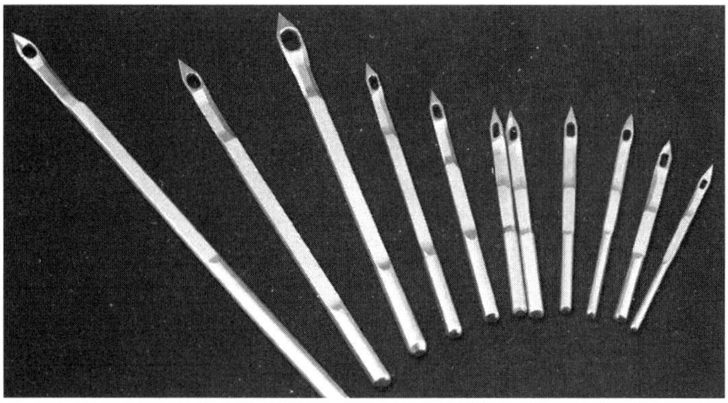

图 3-87　簇绒针

圈绒生产过程如图 3-88 所示，（a）簇绒针下降喂纱线，圈绒钩放掉上一个绒圈；（b）簇绒针将纱线植入基布，圈绒钩即将向前钩绒圈；（c）簇绒针提升，即将下一行程，圈绒钩钩住纱圈形成圈绒。纱圈在圈绒钩上形成，圈绒钩是对着织物移动方向的，使纱圈形成后能移出圈绒钩。如果是割绒则由簇绒刀代替圈绒钩，簇绒刀的安放位置与圈绒钩相反，簇绒刀用于将纱圈切断。

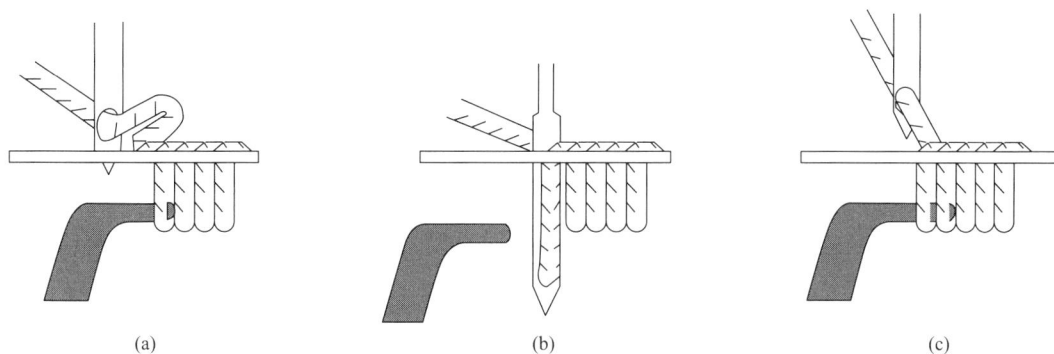

| (a) | (b) | (c) |

图 3-88　簇绒生产过程图示

在生产簇绒地毯时，绒纱是栽植和依附在织物之上的，这个织物叫底布。经过簇绒工序后必须经过背面涂层，将胶和一层次底布粘在整个簇绒织物的背面，如图 3-89 所示。背胶的作用是保护穿过底布的绒纱在底布背面的根部不被其他物体直接磨损，还对绒纱起固定作用，不致在使用中发生滑移、滑脱现象。次底布直接与地面接触，在用材方面要注意能与地面保持有一定的摩擦阻力和防止霉变、腐烂等变质现象。底布常用聚丙烯纱线机织物，次底布也是机织布，常用黄麻纤维纱线或原纤化聚丙烯纱线织成。

图 3-89　簇绒地毯构成

第六节　立体织物上机实训

一、用平面织机制织多孔立体织物

图 3-90 所示的多孔织物，实质上是多层接结织物，它是由八层平面织物形成的接结织

物，用平面织机可以完成此立体织物的织造。织造示意图如图 3-90（a）所示，上机图如图 3-90（b）所示。

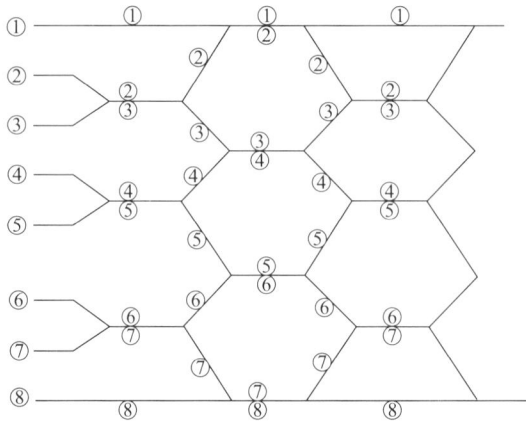

(a) 八层多孔织物织造示意图

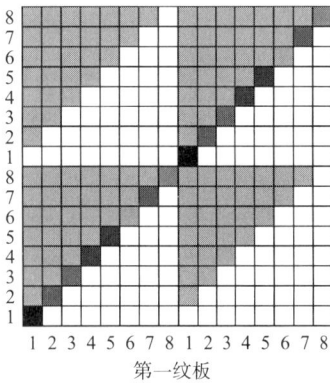

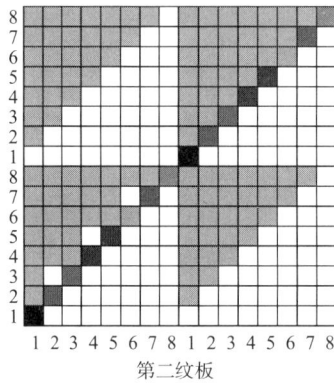

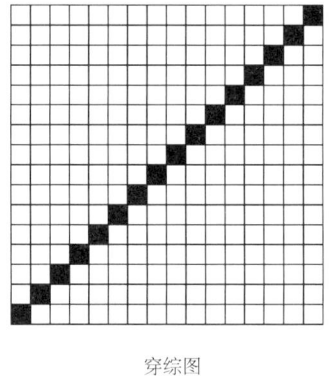

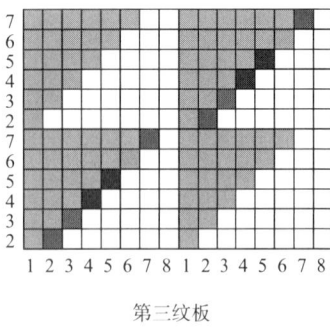

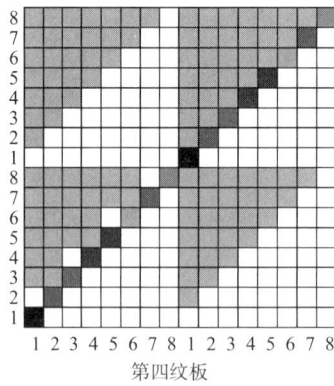

第一纹板

第二纹板

穿综图

第三纹板

第四纹板

(b) 八层多孔织物上机图

图 3-90　多孔织物

图 3-90（a）中的①~⑧分别代表 1~8 层织物。采用 16 片综顺穿，每筘 16 入。第一阶

段用第一纹板，八层织物分层织造。第二阶段用第二纹板图，织①和⑧层，另外②层和③层接结、④层和⑤层接结、⑥层和⑦层接结，因此纹板图上第 2 列、第 4 列、第 6 列的经组织点分别取消。第三阶段用第三纹板图，只织②~⑦层，而且这几层分层织造。第四阶段用第四纹板，①层和②层、③层和④层、⑤层和⑥层、⑦层和⑧层分别接结，因此纹板图上第 1、3、5、7 列的经组织点分别取消。

　　织造过程使用双轴送经，②~⑦层使用一个经轴，因为这几层是中间层织物，需要上下运动形成网孔，耗用纱线量大；第①层和第⑧层织物的经纱用一个经轴。织造过程循环调用四个纹板图可织出八层织物形成的多孔立体板材，孔的间距和孔的高度通过织物长度控制。八层多孔织物是 16 片综框平面织机所能织造的最厚立体板材。

　　将上述八层多孔织物用机织小样机试织出成品，每层纬纱用不同颜色的纱线引纬，体会多层接结织物的构成。最后独立设计出六层平面织物构成的多孔织物上机图。

　　图 3-91 所示为蜂窝状桥梁面板，用平面织机织造，设计出上机图。

(a)　　　　　　　(b)

图 3-91

二、T 形型材织造

　　T 形型材实物如图 3-92（a）所示，可以用管子布来构成 T 形，管子布上机图如图 3-92（b）所示。管子布需要双轴送经，形成管子的经纱绕在一个轴上，其余纱线绕在另一个轴上。

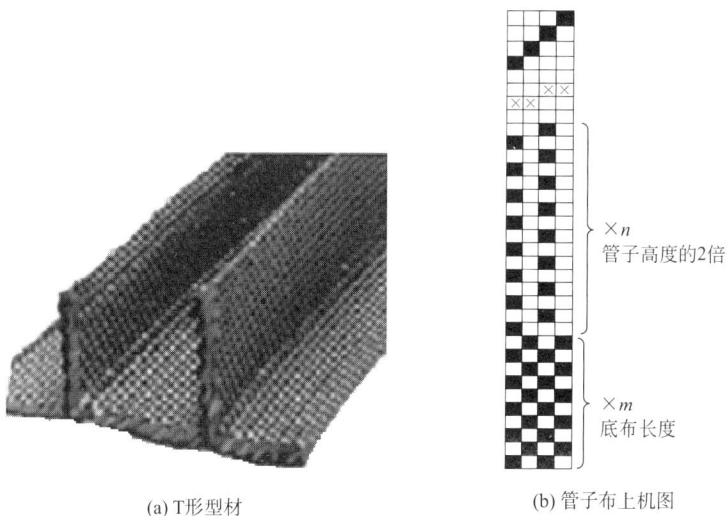

(a) T形型材　　　　(b) 管子布上机图

图 3-92　管子布及上机图

同学们在试织时可以对管子高度和底布长度设计不同的织造长度，就得到规格不同的 T 形型材。图 3-92（b）所示的管子布上机图是正织法，也可以改成反织法。

☞ **思考题**

1. 什么是纺织品的各向同性、各向异性？举出实例。
2. 平面三向织物与平面二向织物相比有何优点？
3. 圆型织机与平面织机在织造运动上有哪些不同？
4. 立体机织物有哪三类基本组织？
5. 多轴向纬编织物与多轴向经编织物用于风力发电机叶片，在造型上哪一个更容易？
6. 非织造生产的成网方式有哪几种？
7. 非织造生产的加固方法有哪几种？
8. 针刺法和水刺法的加固原理是什么？
9. 什么是热加固？什么样的纤维可以作为热黏合纤维？
10. 什么是 ES 纤维？举两例 ES 纤维的成分构成。
11. 熔喷法的生产原理是什么？
12. 什么是 SMS 材料？为什么 SMS 材料具有阻隔细菌和病毒的作用？
13. 防护服和防护口罩的防病毒原理是什么？
14. 湿法成网与造纸的区别是什么？
15. 针刺法固结纤网的原理是什么？
16. 水刺法加固的原理是什么？
17. 画图表示双组分纤维点黏合原理。
18. 什么是纺粘法？什么是熔喷法？这两种方法生产的纤网各有什么特征？
19. 举出两类不粘连伤口的纤维。比较这两类纤维的优劣。
20. 热风黏合与热轧黏合有什么不同？分别用于生产什么产品？
21. 可以用长丝直接作热风保暖材料吗？需要在纺粘法的喷丝系统做哪些改进？
22. 簇绒地毯的生产原理是什么？

☞ **参考文献**

［1］S. 阿桑达. 产业用纺织品手册［M］. 徐朴，译. 北京：中国纺织出版社，2000.

［2］张玉惕. 产业用纺织品［M］. 北京：中国纺织出版社，2009.

［3］晏雄. 产业用纺织品［M］. 上海：东华大学出版社，2013.

［4］言宏元. 非织造工艺学［M］. 北京：中国纺织出版社，2010.

［5］刘玉军. 纺粘和熔喷非织造布手册［M］. 北京：中国纺织出版社，2014.

［6］李克让，陈明. M8300 多相织机及其经济性分析［J］. 上海纺织科技，2002，30（3）：3.

［7］李浩. 碳纤维多层变截面立体织机引纬构研究［D］. 天津：天津工业大学，2016.

［8］陈绍芳，伯燕，雷励. 间隔织物的生产与应用［J］. 上海纺织科技，2011（10）：42-43.

［9］孔令剑. 多梭口织机入纬率研究［J］. 湖南工程学院学报（自然科学版），2003，13（3）：4.

［10］李艳清，祝成炎，申小宏. 组合式3D机织物的经向截面结构与设计［J］. 浙江理工大学学报（自然科学版），2006，23（3）：5.

［11］陈雨，王益轩，周能，等. 新型纬向多梭口圆织机的结构设计［J］. 纺织器材，2018，45（2）：1-5.

［12］徐艳华，袁新林. 机织针织复合织物与多层双轴向纬编织物拉伸性能对比［J］. 纺织学报，2012，33（6）：30-34.

［13］胡雪丽，龙海如. 纬编间隔织物/聚氨酯基复合材料的制备与性能研究［J］. 纺织科技进展，2017（10）：4.

［14］杨鑫，等.Tsuzuki 旋转式立体编织机编织件的结构模拟与设计［J］. 东华大学学报（自然科学版），2021（4）：

［15］顾生辉，孙志宏，吕宏展，等. 基于轨道组合的异形截面编织物成型方法［J］. 东华大学学报（自然科学版），2021，47（1）：7.

第四章　纺织结构复合材料

教学要求

1. 掌握纺织结构复合材料的构成。
2. 掌握涂层的方法。
3. 掌握层合技术。
4. 了解纺织结构复合材料的成型工艺。

主要知识点

1. 纺织结构复合材料的构成；FRP增强材料的形态。
2. 涂层原理；涂层用黏合剂；涂层和层合工艺。
3. 纺织结构复合材料的成型工艺。

纺织结构复合材料简称 FRP（fiber reinforced plastic），碳纤维增强材料简称 CFRP（carbon fiber reinforced plastic），玻璃纤维增强材料简称为 GFRP（glass fiber reinforced plastic）。航空航天材料要求重量轻，因此大量使用纺织结构复合材料。现代生活中的飞机、船舶、汽车、火车、文体用品、化工、风力发电等领域也部分采用纺织结构复合材料，可减轻重量、降低成本、节约能源。

第一节　概述

复合材料是指由两种或两种以上不同性质的物质，通过物理或化学的方法在宏观上组成新性能的材料。纺织结构复合材料中短纤维、长丝、纱线或织物在复合材料中起增强作用，基体材料包括金属基体材料、陶瓷基体材料和树脂基体材料，其中树脂基体材料使用最多。树脂在复合材料中的作用是将纤维在材料中预定的位置固定，使构件具有完整稳定的结构。复合材料可能是柔软的或者是相当刚硬的，如轮胎、传动带等为柔软的纺织复合材料，帘子线或帘子布提供强度或尺寸稳定性，而橡胶作为柔软的基体。纤维增强塑料（FRP）有些是刚硬的复合材料，已部分代替木材和金属使用。

纺织结构复合材料的增强体既可以是纤维，如长丝、短切纤维；也可以是纤维制品，如机织物、针织物、编织物和非织造布。用于纺织复合材料的纤维可以是普通纤维，但用得更多的是高性能纤维。

一、增强材料和基体材料

增强材料和基体材料见表4-1。

表4-1 增强材料和基体材料

增强材料		基体材料	
天然纤维	棉、麻、毛、丝及壳聚糖等	热固性树脂	环氧树脂
人造纤维	黏胶纤维、莫代尔、醋酯纤维、天丝等		不饱和聚酯树脂
合成纤维	聚酯纤维、聚酰胺纤维、聚乙烯醇缩甲醛纤维、聚丙烯纤维及双组分纤维等		酚醛树脂
		热塑性树脂	聚乙烯、聚丙烯树脂
高性能纤维	玻璃纤维、芳纶、芳酯、碳纤维、硼纤维、碳化硅纤维、聚醚醚酮纤维、蜜胺纤维、玄武岩纤维		聚氯乙烯树脂
			聚苯乙烯
			丙烯酸树脂

二、增强材料的类型

（一）按增强材料的形态分类

根据增强材料的形态，增强材料的分类见表4-2。

表4-2 按增强材料的形态分类

增强系统	增强材料形态	纤维长度	纤维取向	纤维纠缠
分散	切断纤维	不连续	不能控制	没有
线性	长线纱	连续	线性	没有
层合	平面织物	连续	平面	二维
整体	立体织物	连续	三维	三维

增强材料的形态有以下四种。

1. 分散纤维

切断纤维，无连续性，无法精确控制取向，预制件的完整性主要来自纤维间的摩擦，只能制作强力不高的复合材料。

2. 连续长丝

具有连续性和线性度，适用于长丝缠绕结构和拉挤成型结构，成型好且复合材料中纤维含量高，缺点是层间性能差。

3. 平面织物

由平面机织物、针织物、编织物构成增强基体，增加纱线之间的缠结，提高了复合材料的强力，缺点也是层间性能差，用于制作立体织物需要很多的人工操作。

4. 三维织物

三维织物可以用机织法、针织法、非织造法和编织法四种方法成型，克服了平面层状结构复合材料层间强度低、易冲击损伤的缺点，三维整体纺织构件使复合材料的增强部分成为不可分层的整体。

（二）按增强材料的结构分类

根据增强材料的结构，增强材料的分类见表4-3。

表4-3　按增强材料的结构分类

一维结构	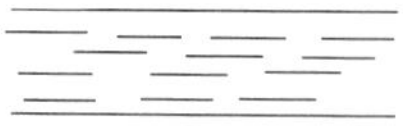 粗纱	 长丝	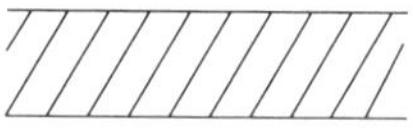 线
二维结构	 切断纤维	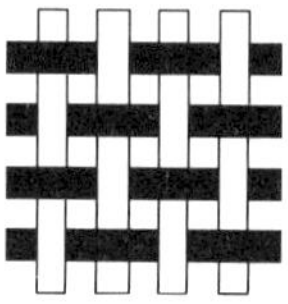 平面二向机织物	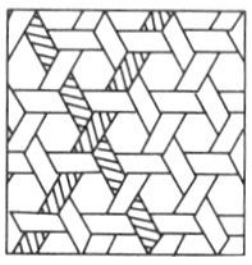 平面三向机织物
	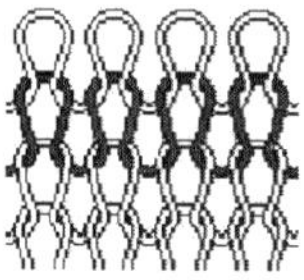 纬编针织物	 经编针织物	 平面编织物
三维结构	 角联锁三维织物	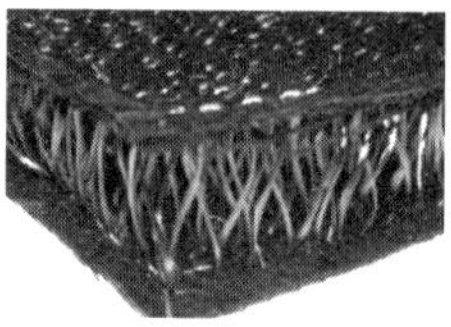 间隔织物	 正交三维织物
	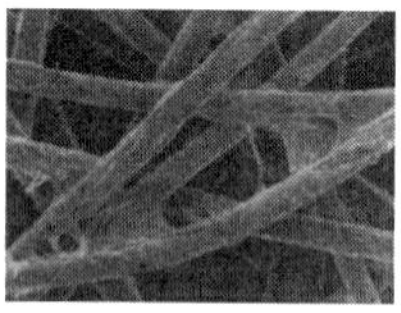 黏合法非织造布	 针刺法非织造布	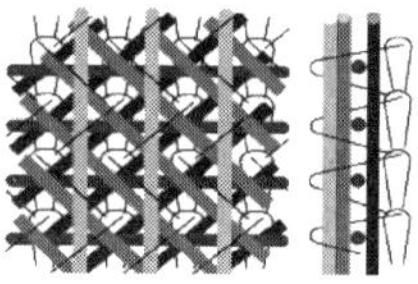 多轴向经编织物

续表

三维结构	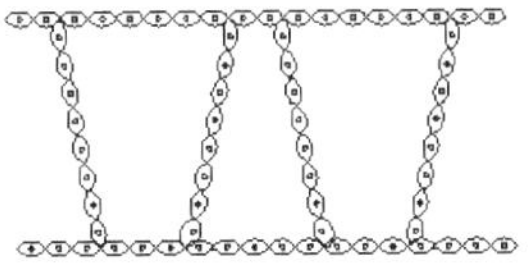 空心立体织物	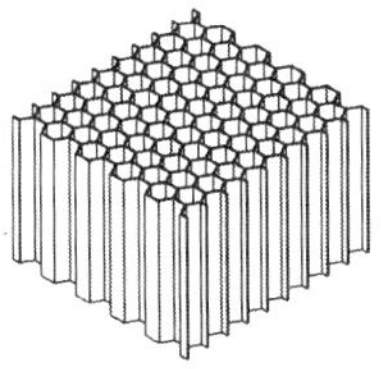 蜂窝芯材	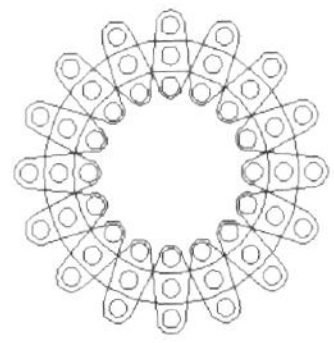 空心圆柱体织物
	 单边梁	 正弦波梁	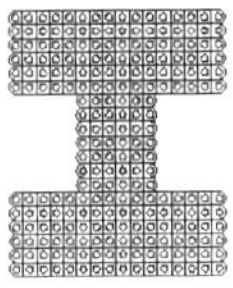 工字钢型材

1. 机织物

机织物作纺织结构复合材料的优势是结构可设计性强、加工方便、平面覆盖系数大、结构稳定；缺陷是具有各向异性、面内抗剪切性差、变形小、纱线和织物的强度转化系数小。

2. 针织物

针织物作纺织结构复合材料的优势是延伸性大、适用于深冲压成型工艺，采用衬垫纱可制成结构稳定性很好的材料。通过加入不参与织造的纱线，设计织物的延伸性和稳定性，适用于制造三维形状制品。能量吸收性好，比机织物大 30%，双轴向经编织物通过衬经衬纬，使纱线强度得以充分利用，还可以弥补易变形的弱点。但针织物伸长较大对纺织结构复合材料强力有影响，复合材料的刚性差。

3. 编织物

由纱线纠缠提供织物的稳定性，可由衬垫或填充纱线直接形成多向增强的立体结构。编织物制作的复合材料耐用性高。

4. 非织造布

由纤维直接构成，纤维在织物中呈三维分布。非织造布广泛应用于先进复合材料中，复合材料具有良好的各向同性。非织造布主要有针刺毡、纺粘布、缝编和黏合织物等。

5. 蜂窝夹层结构复合材料

蜂窝夹层结构复合材料如图 4-1 所示，它是由上下面板与中间蜂窝芯层通过胶黏剂连接而成。蜂窝芯层材料有铝合金蜂窝、钛合金蜂窝、Nomex（间位芳纶）蜂窝、玻璃布蜂窝等，图 4-2 所示为 Nomex 蜂窝芯层的几何形状。上下面板由刚度和强度较高的复合材料构成，主要是铝合金、玻璃纤维及碳纤维增强材料。由于蜂窝芯层密度较低，使整个复合材料的密度降低 50%。

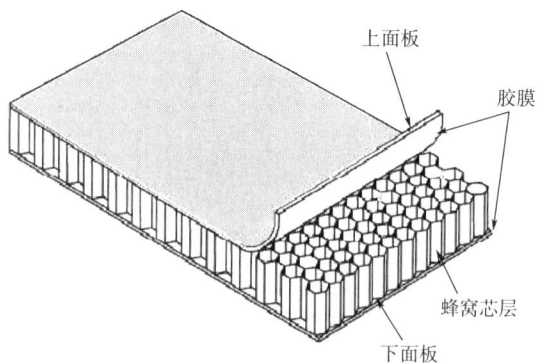

图 4-1 蜂窝夹层结构复合材料

蜂窝几何结构有正六边形、增强正六边形及管形等，如图 4-2 所示，圈中 L（Length）表示长度，W（width）表示宽度，T（thickness）表示厚度。其中增强正六边形的强度最高，但正六边形蜂窝制造简单，用料省，强力也较高，因此应用最广。

(a) 正六边形蜂窝芯材

(b) 过拉伸蜂窝芯材

(c) 单曲柔性蜂窝芯材

(d) 双曲柔性蜂窝芯材

(e) 增强正六边形蜂窝芯材

(f) 管状蜂窝芯材

图 4-2 蜂窝芯材几何形状

蜂窝夹层结构复合材料与同厚度的其他结构形式相比，有更高的刚度和强度，同时还具有优异的减重效果。用间位芳纶纸可制作多层蜂巢结构板材，具有突出的强度/质量比和刚性/质量比（约为钢材的9倍），由于其质量轻、耐冲击、抗燃绝缘、耐腐蚀、耐老化、消声吸声、吸收和投射电磁波、隔热防热以及导流和变流等特点，适于制作飞机、导弹及卫星上的宽频透波材料和大刚性次受力结构部件（如机翼、整流罩、机舱内衬板、舱门、地板、货舱和隔墙等），也适于制作游艇、赛艇、高速列车及其他高性能要求的夹层结构，对促进飞机高性能和轻量化具有极其重要的作用。

图4-3 芳纶纸蜂窝芯材

图4-3所示为芳纶纸蜂窝芯材。

第二节 涂层与层合

在织物加工完成后还需要用树脂在织物的一面或双面涂上（或层压上一层膜材料）柔软的弹性体，这类产品称为涂层或层合织物，这是一种纺织结构复合材料。用于涂层和层合的织物有机织物、针织物、编织物、簇绒织物及非织造布。涂层和层合织物在产业领域应用广泛，如建筑用纺织品、篷帆类纺织品、救生衣和潜水服等。

一、涂层

（一）涂层织物结构

涂层可以是在织物单面涂层，也可以在织物两面涂层，还有一种涂层起到把两层织物连接起来的作用，这种涂层称为层合涂层，用于潜水服等。三种涂层织物结构如图4-4所示。

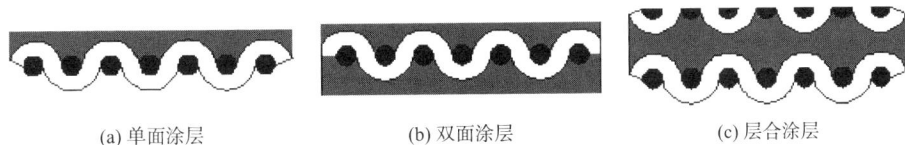

(a) 单面涂层　　　　　　　　(b) 双面涂层　　　　　　　　(c) 层合涂层

图4-4 涂层织物结构

（二）涂层用纤维和织物

用于涂层的织物需要考虑织物的纵、横向拉伸强力和撕破强力、耐磨牢度、硬挺度、热稳定性、耐化学性、透气性等。为了满足上述要求，就要选择适当的纤维材料、纱线结构、织物组织以及涂层用树脂聚合物。同样是聚酯纤维，短纤维纱由于表面有很多毛羽，就比长丝纱的涂层黏合性好，因此涂层用长丝织物时选择变形纱更好。机织物、针织物、编织物以及非织造布都可以用于涂层。

1. 棉

棉纤维由于吸水性好使其织物有良好的涂层黏附性，但它的耐酸性差、易腐烂、低延伸性、吸震性差，作产业用纺织品耐久性差。针织物结构可以改善棉的延伸性，与聚酯纤维混纺可以改善耐久性。

2. 麻

麻纤维挺硬、强力高、吸水性好，但弹性差、耐腐蚀性差。麻织物作涂层的底基，吸胶好。

3. 人造纤维

人造纤维织物由于吸湿以后缩率大、织物耐久性差的缺点，在织物涂层上使用较少。

4. 涤纶

涤纶（聚酯纤维）尺寸稳定性好，耐光性好，弹性及耐磨性比锦纶稍差。聚酯纤维由于吸水性差，涂层吸胶是较差的，但与棉混纺可改善其涂层效果，常用于轻薄织物涂层。聚酯短纤纱织物和长丝变形纱织物涂层效果要好些，聚酯长丝纺粘法非织造布进行防水涂层整理和稳定性整理广泛用于户外装饰。聚酯纤维不适用于需要弯折较大的产品。

5. 锦纶

锦纶具有较高的强度（撕破强力和拉伸强力），且它的弹性和耐磨性在普通纤维里面是最好的，吸湿性较好，柔韧性和弯折性高。锦纶在涂层织物领域应用广泛，长丝薄型织物涂层吸胶性好，很多充气织物都是用锦纶作基底的涂层织物。锦纶在涂层以前要进行预处理，先在织物上涂上一层黏合层，可以提高与涂层聚合物的附着力。传送带类涂层织物，由于锦纶延伸性太好，不适合作转动方向的纱线。用涤纶作经纱，锦纶作纬纱，改善吸胶效果且可降低传送带的伸长。

6. 维纶

维纶的吸水性在合成纤维中最好，它的涂层效果很好。涂沥青或丁腈橡胶用于屋面防水材料，防水效果比聚酯涂层更好。

7. 腈纶

腈纶的热稳定性和耐磨性都差，不太适合涂层织物。但对耐光性要求极高的产品也可以选用腈纶，如敞篷汽车的篷顶、遮阳篷。

8. 丙纶

丙纶耐热性差、耐光性差、涂层的黏合性差，但可以用聚烯烃热熔涂层丙纶织物。丙纶常用于作非织造针刺地毯，在背面涂层。丙纶也作簇绒地毯，簇绒织物必须在背面涂胶以防止绒圈散开。

9. 其他纤维

玻璃纤维、间位芳纶、对位芳纶及碳纤维等，这类纤维价格较贵，只有性能要求较高的产品才选用。例如，玻璃纤维涂层聚四氟乙烯，用于体育馆顶篷。

（三）涂层用聚合物和助剂

1. 天然橡胶

天然橡胶是从人工栽培的树的乳液中提取的物质。天然橡胶强力和流动性较好，加入填充料（如炭黑）后撕裂强力和耐摩擦性有所提高。它是早期主要的涂层剂，但易氧化，现在它在涂层领域的应用日趋减少。天然橡胶与合成橡胶混合用于汽车轮胎的涂层，质量要求高的轮胎要全部使用天然橡胶。

2. 聚丙烯酸树脂

聚丙烯酸树脂有很多的品种和共聚物（丙烯酸甲酯/乙酯/丁酯等）组成，因而具有较低的玻璃化温度，广泛地用于低温烘焙。由于丙烯酸聚合物颜色很浅，在光照下可长时间保持涂层成膜的透明度，适合作装饰用材料的涂层。但由于它含有较多亲水基团，这种涂层不耐雨水冲刷，不耐洗。聚丙烯酯树脂涂层典型产品如方便面桶、汽车或沙发座椅的背胶、玻璃纤维的黏合剂、防水油布的黏合剂等。

3. 聚醋酸乙烯类树脂

聚醋酸乙烯类树脂对所有的纤维都有良好的黏合性，黏合性能好，低温下柔韧性好，热塑性和热成膜性好，价格比丙烯酸酯类还便宜。缺点是水解性大，随残余醋酸根的多少而水解性不同。典型产品是地毯或装饰物的背面涂层，墙壁覆盖物及展览板的背胶。

4. 丁苯橡胶

丁苯橡胶是丁二烯和苯乙烯的共聚物，总体性能与天然橡胶类似，但耐磨性、耐曲挠性以及抗微生物性比天然橡胶好。丁苯橡胶的弹性不及天然橡胶，与天然橡胶按一定比例配合涂层用于汽车轮胎。如我国生产的轮胎，天然橡胶占60%，丁苯橡胶占40%。

5. 丁腈橡胶

丁腈橡胶是丁二烯和丙烯腈的共聚物。丁二烯和丙烯腈所占比例可以不同，如随丙烯腈含量的上升，耐油性非常好，耐热性和耐日晒性提高。缺点是阻燃性能差，典型产品为防油服、耐油密封圈、生产油质产品的传送带。

6. 氯丁橡胶

氯丁橡胶由1,3-二氯丁二烯聚合而成，合成橡胶中氯丁橡胶在织物涂层方面用得较多。氯丁橡胶有很好的物理性能，能耐很多化学药品，有较好的耐气候性。但它在焙烘时有泛黄现象，一般作背涂的涂层剂。锦纶和涤纶织物涂氯丁橡胶后抗挠曲性更好、耐油、耐化学药品及抗氧化性优异。工作温度可达120℃，阻燃性好，功能多样。其缺点是颜色较少，只有黑色和银色，典型产品是防护服、救生服、救生筏、橡皮筏、气垫船、卡车帆布、变形的通道折叠棚、气垫、气囊、天线屏蔽罩器及三角带等。

7. 有机硅橡胶

无气味，惰性，对许多化学药品及微生物抵抗性好，使用温度-60~200℃，拒水，涂层具有一定的透气性。有机硅不仅具有一般高分子化合物的韧性、高弹性和可塑性，而且有很高的耐热性和化学稳定性。它作涂层剂成膜后有透湿性，能让水蒸气通过。它还有防水性，滑爽的手感，低温柔顺性以及能改善涂层织物撕裂强度等特性。但它的缺点是价格高、强度低、抗油污性差、难接缝。在常温下它的强度只有芳香族聚氨酯的 10%~20%。由于有机硅的这些特点，一般不将它单独用作涂层剂，而是将其与其他涂层剂混拼或作后处理剂，减少有机硅橡胶的用量。有机硅涂层的典型产品是安全气囊、食品药品用垫圈及密封圈。

8. 聚氨酯

聚氨酯的韧性和延伸性极好，不需要增塑剂，机械强度好，耐热、耐冲击、耐气候性和耐磨性好。且有许多类型的溶剂型和乳胶型提供，也可以制成薄膜层压。缺点是阻燃性一般，价格较高。有些类别易褪色，耐水解性差。聚氨酯常用于防水防护服装、防水透湿防护服装、飞行救生衣等的涂层。

9. 含氟聚合物

含氟聚合物用得最多的是聚四氟乙烯，是唯一集防水、拒油、防污三种功能于一体的树脂，它耐高低温（-196~260℃）；耐腐蚀，耐酸碱、耐王水、一切溶剂和氧化剂；耐气候性好，塑料中老化寿命最佳；高润滑，摩擦系数 μ 在固体材料中最低；不霉变，弹性好，无黏搭现象；最难燃，LOI 为 95%；材料纯惰性，无毒，不发黏；是一种理想的涂层剂。缺点是非常贵，这限制了它的使用。典型产品有建筑用体育场顶篷、轧光机带、垫圈及密封圈等。

10. 聚氯乙烯

聚氯乙烯有优良的综合性能，在增塑剂含量高时，它表现出高伸长率、柔软性、良好的手感和耐磨性；当增塑剂含量减少时，它的柔软性和伸长率都降，而硬度、拉伸强度和耐磨性增大。耐酸碱性好，绝缘性好，阻燃性好，耐油性、耐溶剂性和耐磨性好，易染成各种颜色，也可制成透明无色的制品，尤其是价格低廉，使它成为许多涂层织物的首选涂层剂。通过加热或射频焊接可以使接缝获得良好的防水效果。缺点是耐热性和耐老化性一般，低温下龟裂，长时间使用过程中会有增塑剂渗出。这样表面容易粘积尘埃，影响外观质量。将一种偏氟乙烯涂覆在 PVC 表面，可以防止尘埃堆积，延缓其老化。典型产品是防水油布、覆盖物、大型帐篷、建筑用纺织品、座椅装饰、人造革、阻燃防护服、输送带、旗布、休闲产品等。

11. 聚偏氯乙烯

阻燃性能比聚氯乙烯更好，透气性非常低，可热焊接，透明，光泽度高。缺点是硬而易裂，与聚氯乙烯及丙烯酸酯混合使用可改善，且能提高丙烯酸酯的阻燃性。典型产品是大型帐篷及建筑用纺织品、卷帘及百叶窗等。

12. 填充料

填充料有二氧化硅、滑石粉、炭黑、高岭土、碳酸钙、硫酸钡、碳酸镁和氧化锌，涂层聚合物加入填充料可改善织物的撕破强力、拉伸强力和耐磨性等。

（四）涂层方法

在织物涂层之前，要经过预处理。棉及涤棉混纺织物经退浆、漂白、染色及热定形或施加表面黏合层。涤纶和锦纶长丝织物涂层前也作洗涤、热定形预处理。

涂层技术可以分为直接涂层和间接涂层两大类。直接涂层是将基布预热后，用刮刀或压辊将涂层剂涂覆于织物表面。直接涂层的涂层剂可以是溶胶型的也可以是乳液、乳液泡沫体、增塑糊和有机溶剂稀释的增塑糊等。直接涂层的涂层厚度、涂覆量容易控制，表面光滑，溶胶渗透基布少，手感好。由于直接涂层基布的缺陷容易反映在涂层织物表面，故它不适用于针织物、非织造布而多用于机织物涂层。间接涂层是将涂层剂涂在载体上，再将载体与基布结合，冷却后再将载体剥离。间接涂层时基布不受拉伸，变形不大，针织物、非织造布较适于使用这种方法。间接涂层产品表面光滑，但需要较多的涂层剂。

　　涂层工艺过程如图4-5所示，某些涂层工艺在涂层之前有底涂。涂层完后进烘房烘干，烘干时先用较低温度，过剩溶剂被蒸发，树脂被固化，然后用高温烘焙。为了达到涂层厚度要求，有些产品要经过多次涂层，最后再进烘房烘干。

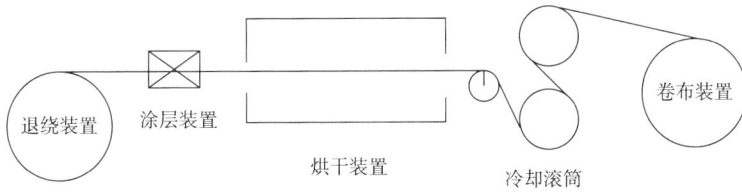

图4-5　涂层工艺过程

1. 刮刀涂层

　　在刮刀涂层生产线上，涂料被放置在织物表面，织物携带涂料从金属刮刀底部经过，刮刀使涂层均匀地分布在整个布幅上，多余的涂料被刮刀阻止通过，如图4-6所示。刮刀与织物的隔距以及刮刀底面的宽度均影响涂层的厚度，刮刀的形状如图4-7所示。

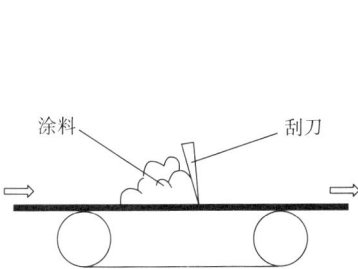

图4-6　刮刀涂层

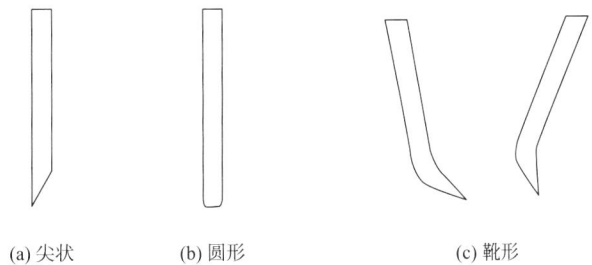

(a) 尖状　　　　　(b) 圆形　　　　　(c) 靴形

图4-7　各种刮刀形状

　　图4-8（a）刮刀前倾，前倾刮刀将黏液压入织物，增加涂层量，可能导致织物变硬，撕裂强力下降。图4-8（b）刮刀垂直与布面接触。图4-8（c）刮刀后倾，减少涂敷量。

　　刮刀在罗拉上方的涂层机适用于高黏度原料在紧密织物上的薄涂层。图4-9（a）刮刀在罗拉的正上方，刮刀与织物表面形成一条缝隙，可控制涂层剂用量。有些柔软的织物既不能进行拉伸，又不能下坠，涂料难以深入织物内部，涂层不能封闭织物孔隙。把刮刀从罗拉正上方后移一点，如图4-9（b）所示，实际上刮刀悬空，就可以使涂料深入织物孔隙，而且对于涂层起毛或起绒织物非常有用。

(a) 刮刀前倾　　　　　　　　　(b) 刮刀垂直　　　　　　　　　(c) 刮刀后倾

图 4-8　刮刀与布面相对位置

(a)　　　　　　　　　　　　　　　(b)

图 4-9　刮刀在织物的上方

第一次涂层，由于织物表面粗糙，涂敷量较大。第二次涂层，织物表面已经变得平滑，涂敷量减少。若要增加涂敷量，可使用滚筒轧液涂层。第三次涂层，涂敷量更少。刮刀涂层会产生涂层条痕，需要通过后面工序来消除。

2. 泡沫轧液、涂层

在多次涂层工艺中，第二次采用更厚的刮刀或滚筒轧液，调整滚筒夹缝间距、滚筒转速和接触角，可改变涂层量。图 4-10 是将涂料通过发泡装置制成泡沫，用一对压辊对织物进行轧压，使泡沫发生破裂而渗入织物，产品的手感和悬垂性更好。

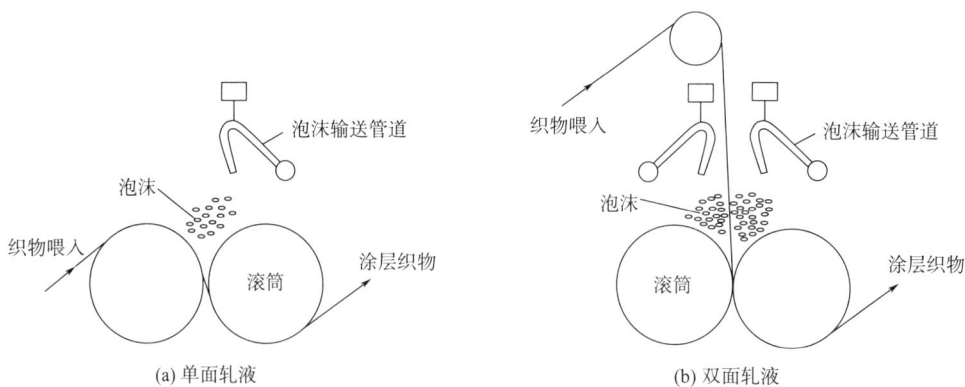

(a) 单面轧液　　　　　　　　　　　　　(b) 双面轧液

图 4-10　泡沫轧液涂层

3. 转移涂层

针织物和弹力织物通常采用转移涂层，因为直接涂层需将织物拉平整，在张力作用下针织物会发生变形。且针织物的缝隙比机织物大，直接涂层黏合剂易穿透织物，产品变得僵硬而撕裂强度下降。转移涂层工艺过程如图 4-11 所示，短纤维纱线织物如果直接涂层产生"粗糙"的手感，也适用转移涂层。转移涂层第二刮刀为底涂，用来黏合表面涂层和织物。在第一刮刀和第二刮刀之间还可以增加一层涂层。离型纸使用轧花纸可得到轧花涂层。图 4-12 是一种转移式泡沫涂层设备。

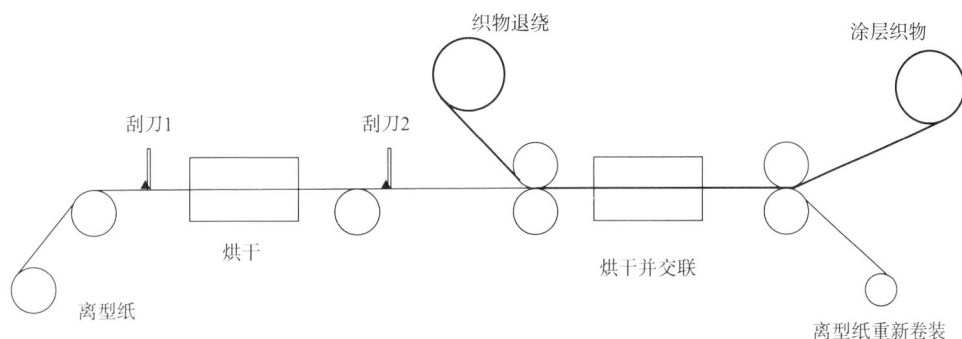

图 4-11　转移涂层工艺过程示意图

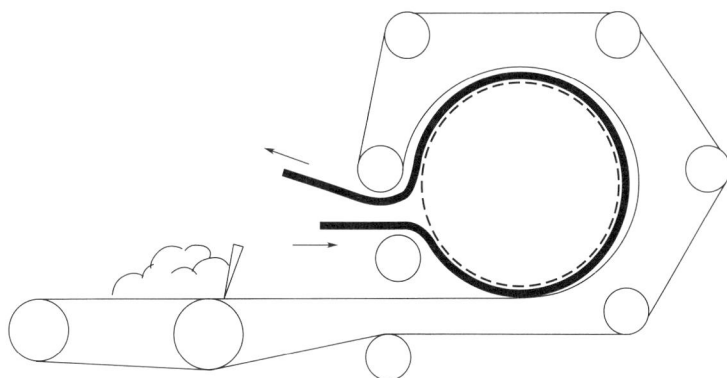

图 4-12　转移式泡沫涂层

4. 罗拉涂层

如图 4-13（a）所示，两罗拉逆向回转，大直径罗拉浸入涂料槽带起涂料，小罗拉与大罗拉接触，将多余的涂料转移到小罗拉上，利用小罗拉与大罗拉的间距及小罗拉旁边的刮刀来控制涂层厚度。二罗拉涂层对织物的控制较差，三罗拉涂层可改进二罗拉涂层的不足，如图 4-13（b）所示，织物由皮辊喂入。图 4-14 为双面罗拉涂层生产线，此生产线既可以双层涂层也可以单面涂层。

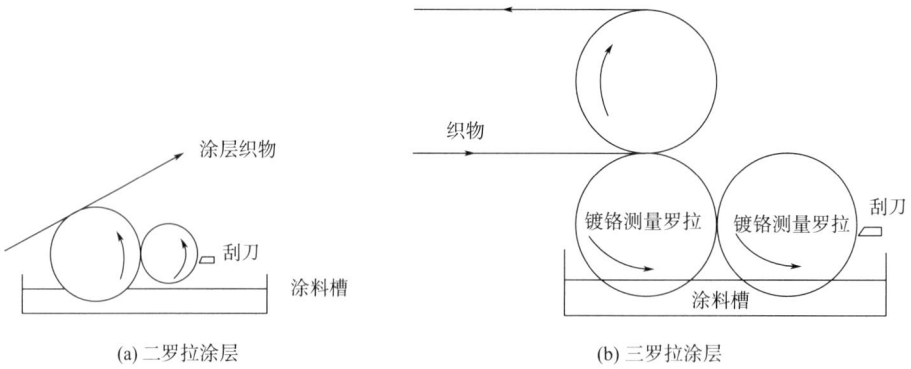

(a) 二罗拉涂层　　　　　　(b) 三罗拉涂层

图 4-13　罗拉涂层示意图

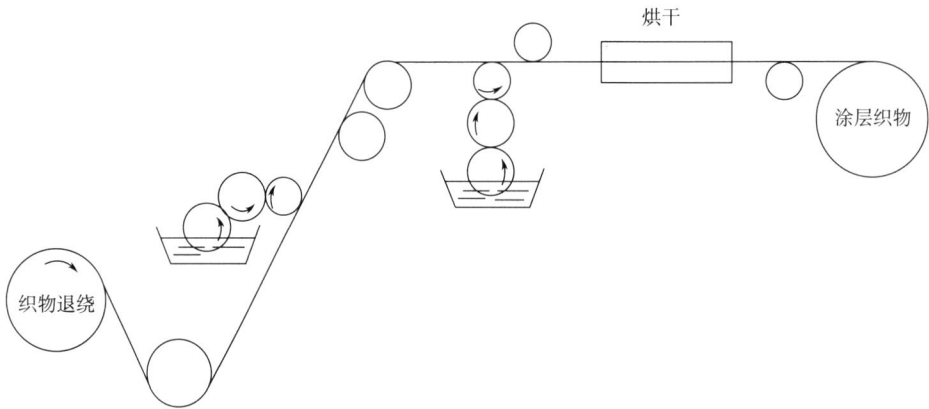

图 4-14　双面罗拉涂层生产线

5. 浸涂

有些较厚的织物，要求涂层浸入织物内部，可采用浸涂的办法，如图 4-15 所示。图 4-15（a）为浸涂带真空吸液，织物在浸渍槽内多吸的涂料用真空吸液的方式吸出，烘干

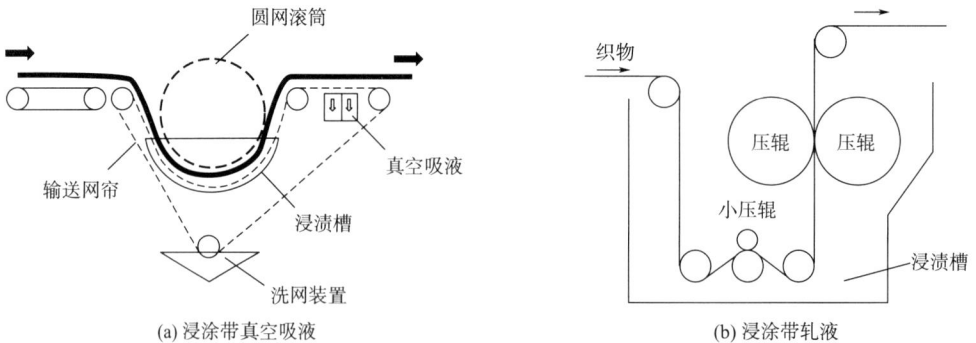

(a) 浸涂带真空吸液　　　　　　(b) 浸涂带轧液

图 4-15　浸涂示意图

后涂层织物手感柔软蓬松。图4-15（b）所示为织物经浸渍后用大压辊将多余涂料挤出，这个过程可将涂料挤入织物内部，浸渍槽里面配一个小压辊，也起到将涂料挤入织物内部的作用，这种带压辊的浸涂适用于较厚织物的浸渍涂层。

6. 热辊涂层

热辊涂层是把涂层和烘焙组合到一个工序中，如图4-16所示，涂料在接近热辊筒前被涂于织物表面，再与热辊筒接触，加热镀铬辊筒直径为1.5~3m，可以将涂料定型到织物上。涂层织物的光滑度与辊筒表面的光滑度相关，可以应用于高拉伸度的网眼织物涂层。

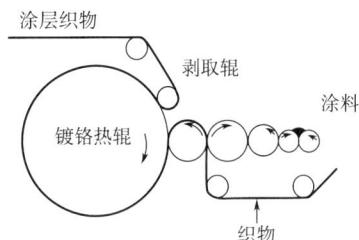

图4-16　热辊涂层

7. 粉末涂层

粉末涂层应用于非织造布较多，在流程中要安装撒粉装置，然后进入烘箱，热熔粉末受热熔融，熔体发生流动凝结在纤维交叉点上，冷却后纤网得到黏合加固。参见第三章第四节热黏合的内容。

8. 压力敏感涂层

这类高聚物涂层用于测压技术。以适当波长光源照射受测物体表面涂层，光敏高分子有机物受激后发出荧光或磷光，由光学图像拍摄设备捕捉涂层表面的亮度图像，经过图像处理和亮度与压力转换，获得受测物体表面压力分布的图谱。将光敏分子与高分子多聚物（硅胶、聚硅氧烷等）混合均匀可制成压力敏感涂料。

二、层合

层合是将多层织物或织物与基底材料通过黏合形成复合材料的工艺过程。

（一）层合的种类

1. 刚性层合

刚性层合是将几层织物或纤维原料用树脂黏合在一起，构成一定厚度的刚性塑状材料。热塑性和热固性树脂均可以使用，但热固性树脂加热烘焙后会永久硬化。

2. 柔性层合

用热塑性树脂或热塑性薄膜将一层织物与另一层织物层合，也可以是一层热塑性薄膜与一层织物层合。柔性层合前通常需要对织物打底涂层。

3. 防水透气层合

这种层合实质是柔性层合的一种特例，所用的聚四氟乙烯薄膜具有微孔，液态水不能通过，但人的身体产生的水蒸气可以透过微孔排出去。在棉织物、涤/棉织物或锦纶织物层压上1/1000英寸的微孔膜，防水透气。

（二）层合用纤维和织物

棉织物用于加固高压层合，可获得更高的耐冲击强力、优越的黏合强力。涤/棉织物可作轻薄的层合基布。锦纶长丝织物层合产品具有优良的绝缘性和抗冲击强力，常用于电器产品。

涤纶具有优良的耐气候性，层合产品多用于户外。腈纶有优异的耐光性，在玻璃纤维增强层用腈纶作覆盖层能改善耐磨性、耐化学腐蚀性和耐气候性。

（三）层合用聚合物

1. 酚醛树脂

酚醛树脂具有优良的机械和电学性能、良好的耐热性和防潮性，耐弱酸弱碱。

2. 三聚氰胺树脂

三聚氰胺树脂即蜜胺甲醛树脂，因为阻燃性、抗电弧性及耐光性优异，层合产品多用于建筑装饰领域。

3. 环氧树脂

环氧树脂具有低的化学抵抗性、低吸水性、高尺寸稳定性、高机械强度，并且在高湿条件下具有极好的电气绝缘性，一般用于玻纤织物或碳纤维织物。

4. 丙烯酸树脂

丙烯酸树脂的环保性更好，层合产品具有高透明度，耐化学性和耐气候性优异，可用于各种特殊要求的合成纤维织物层合产品。

5. 不饱和聚酯树脂

聚酯树脂用于高压、低压层产品均可，具有良好的机械和电气性能，大量应用于与玻璃纤维（包括纱线、无捻粗纱、织物、非织造布、间隔织物等）层合，产品可以是电子元件、船体外壳等。

（四）层合方法

1. 焰熔层合

这是一种制作汽车座椅表面材料的层合方式。第一步，喂入一层聚氨酯泡沫薄片，在高温火焰中通过，泡沫薄片的一面发生熔融、发黏，喂入稀松织物，与熔融聚氨酯表面叠合，借助滚筒挤压，让泡沫片与稀松织物紧紧黏结在一起。第二步，聚氨酯泡沫薄片的另一表面也用火焰燃烧，再将表面织物喂入、挤压，就得到三层层压织物。这种生产方法快速、耗能少，但对环境会产生一些污染。焰熔层合生产如图 4-17 所示。

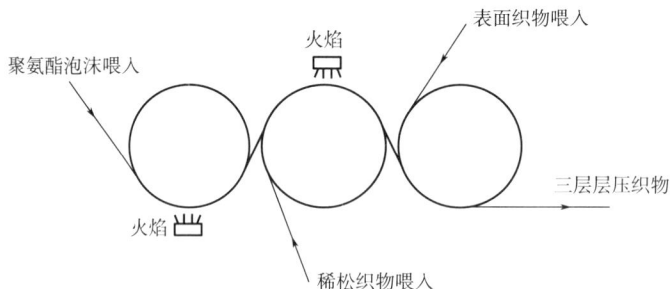

图 4-17 焰熔层合示意图

2. 挤塑层合

将高聚物树脂加热成熔融态，以设计的均匀定量挤出，与上下方向喂入的双层织物（机织物或非织造布）热黏合，再经一个大压辊，即完成上下层织物与中间胶层的层合，如图 4-18 所示。挤塑层合可以完成类似三明治一样的三层层合，也可以用于织物和塑料的双层层合。

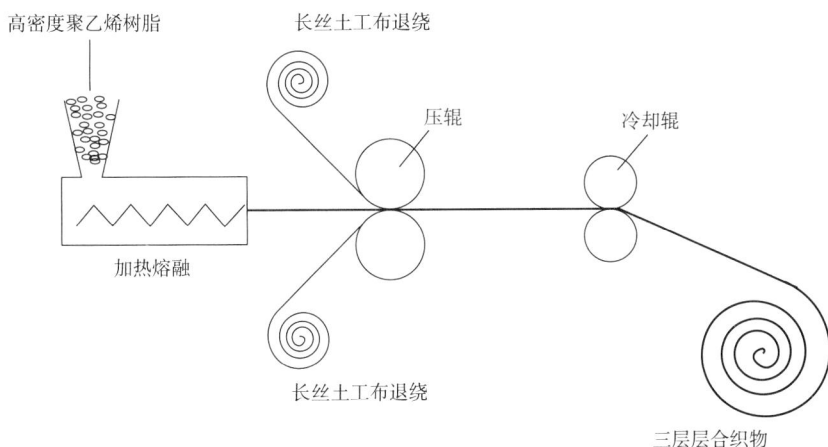

图 4-18　挤塑层合工艺过程

3. 防水透湿层合

防水透湿织物是指液态水在一定压力下不能浸入织物，而人体散发的汗液却能以水蒸气的形式通过织物传导到外界，从而避免汗液积聚冷凝在体表与织物之间，以保持服装的舒适性。目前，防水透湿织物做得最好的是美国戈尔特克斯（Gore-tex）公司，将有孔的聚四氟乙烯薄膜与棉、涤/棉或尼龙织物层合。因为气态水分子直径是 0.4nm，而雨水中直径最小的轻雾型液态水为 20μm，毛毛雨的直径 400μm，如果制造出孔隙直径在水蒸气和雨水之间的薄膜，防水透湿就实现了。聚四氟乙烯膜厚度为 1/1000 英寸，原料经膨化双向拉伸产生微孔。薄膜孔径为 0.2~5μm，孔径仅是水滴直径的 1/5000~1/20000，却是水蒸气分子的 700 倍。

4. 圆柱杆状物成型工艺

圆柱空心杆状物是将浸渍织物（长丝或圆型织物）缠绕在芯轴上，在烘箱内烘焙制成管状物，在烘焙或模压之后抽出芯轴即得管状物。如果是实心杆状物，也可以不用芯轴。

圆柱空心杆状物也可以采用平面织物片状浸料卷绕烘焙定形制得。

第三节　纺织复合材料成型工艺

一、手糊成型

图 4-19 所示为手糊成型示意图，模具上要先涂刷脱模剂，再涂含有固化剂的树脂胶液，接着在其上铺贴一层按要求剪裁好的纤维织物，用刷子、压辊或刮刀压挤织物，使其均匀浸胶并排除气泡。反复上述过程直至达到所需厚度为止。然后在一定压力作用下加热固化成型，

或者利用树脂体系固化时放出的热量固化成型，最后脱模得到复合材料制品。

图 4-19　手糊成型示意图

手糊成型工艺流程如图 4-20 所示。优点是制品不受尺寸、形状的限制，设备简单、投资少，工艺简单，可在任意部位增补增强材料，易满足产品设计要求，产品树脂含量高，耐腐蚀性能好。缺点是生产效率低，劳动强度大，卫生条件差，产品性能稳定性差，产品力学性能较低。

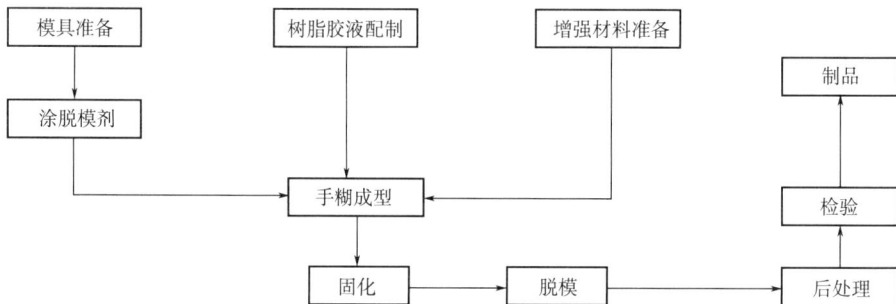

图 4-20　手糊成型工艺流程图

二、喷射成型

喷枪形状如图 4-21 所示，有两个喷孔。以玻璃钢为例，混有促进剂和引发剂的不饱和聚酯树脂在喷枪内混合，并由喷枪的一个喷孔喷出；玻璃纤维无捻粗纱由切割机切断，由另一个喷孔喷出，树脂与切断纤维一起均匀沉积在模具上。图 4-22 所示为喷射成型示意图。

喷射成型对树脂有一定要求，如树脂的黏度适中、容易喷射雾化、脱除气泡、容易浸润纤维及不带静电等，不饱和聚酯树脂符合上述要求。

喷射成型操作如图 4-23 所示，喷射法使用的模具与手糊法类似，而生产效率可提高数倍，劳动强度降低，能够制作大尺寸制品。用喷射成型方法虽然可以制成复杂形状的制品，但其厚度和纤维含量都较难精确控制。树脂含量一般在 60% 以上，孔隙率较高，制品强度较低，施工现场污染和浪费较大。

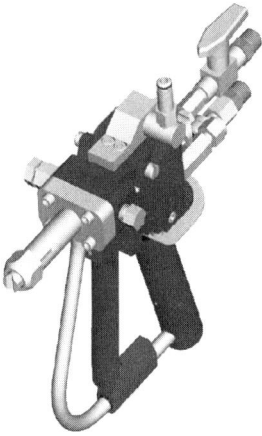

图 4-21 喷枪

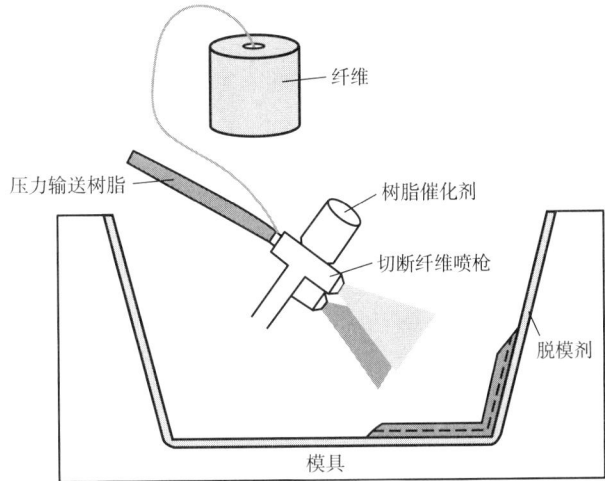

图 4-22 喷射成型示意图

图 4-23 喷射成型操作

三、真空袋压成型

真空袋压成型常用于大尺寸的产品成型，如船体、浴缸和小型飞机部件。图 4-24 所示为真空袋压成型示意图，图 4-25 为真空袋压成型实物图，图 4-26 为用袋压成型的方法制作一艘大船，正在铺设玻璃纤维布。

四、模压成型

模压成型是将预浸料片材或模塑料放入金属对模中，在温度和压力作用下，材料充满模腔，固化成型，脱模制得产品的方法。模压成型过程如图 4-27 所示。

模压成型生产效率较高，制品尺寸准确，表面光洁，产品无须二次加工，易于机械化、自动化；但模具设计制造复杂，压机及模具投资高，产品尺寸受设备限制，只适于大批量中小型制品。

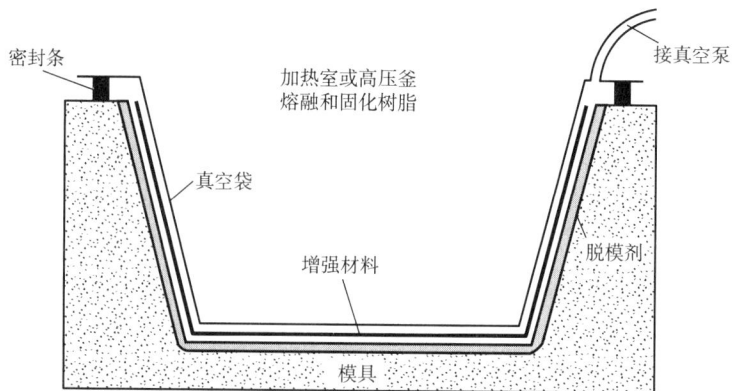

图 4-24　真空袋压成型示意图

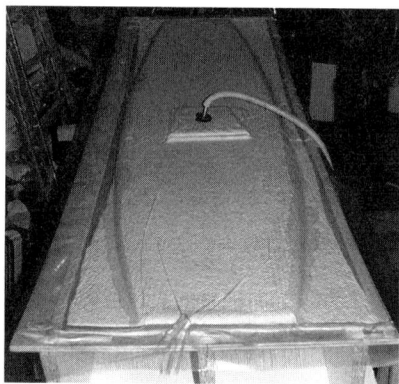

图 4-25　真空袋压成型实物图

图 4-26　用袋压成型法制作大船

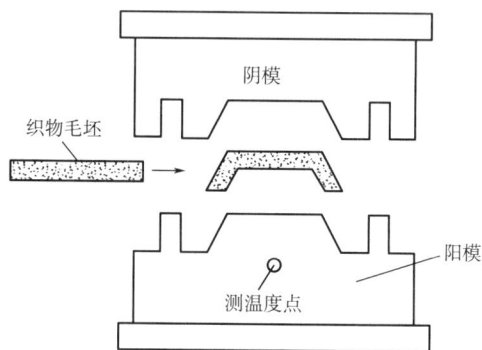

图 4-27　模压成型示意图

五、树脂传递模塑成型

树脂传递模塑成型（resin transfer moulding，RTM）是通过一定的温度和压力将树脂注入密闭的模腔，浸润纤维织物毛坯，然后固化成型的方法，如图 4-28 所示。RTM 成型过程散发的挥发性物质较少，有利于环境保护，成型后产品只需做小的修边即可，能得到高精度的复杂构件。

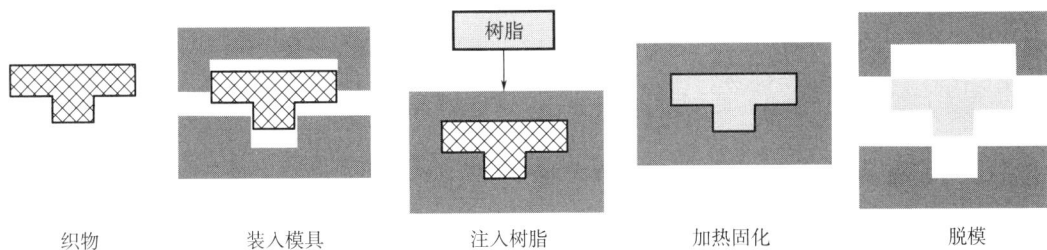

| 织物 | 装入模具 | 注入树脂 | 加热固化 | 脱模 |

图 4-28　树脂传递模塑成型

RTM 的生产过程：模具清理、脱模处理→胶衣涂覆→胶衣固化→纤维织物及嵌件等安放→合模夹紧→树脂注入→树脂固化→起模→脱模。

六、注射成型

注射成型工艺要求树脂与短纤维的混合均匀，混合体系有良好的流动性，而纤维含量不宜过高，一般在 30%～40%。注射成型法所得制品的精度高、生产周期短、效率较高、容易实现自动控制。除氟树脂外，几乎所有的热塑性树脂都可以采用这种方法成型。注射成型混合料制备如图 4-29 所示。

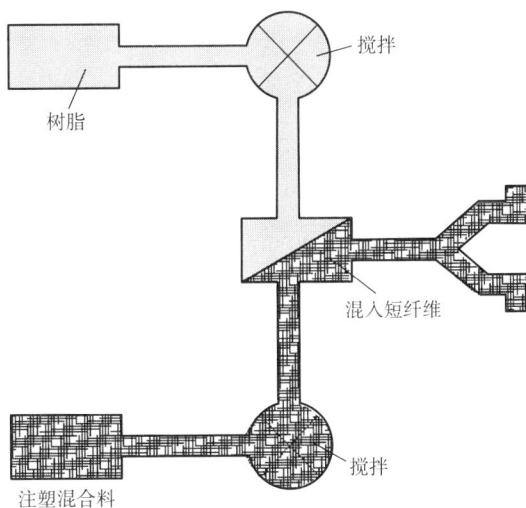

图 4-29　注射成型混合料制备示意图

七、纤维缠绕成型

缠绕成型与其他成型方式相比较，复合制品能获得更高的强力。将浸渍了树脂的长丝纤维束或带，在一定张力下，按照一定规律缠绕到芯模上，然后加热或常温下固化成制品的方法。芯轴是圆柱形的，可旋转。芯模可以是圆柱形，也可以是其他形状，但芯模的重心在圆柱形中心上。图4-30为缠绕成型示意图。

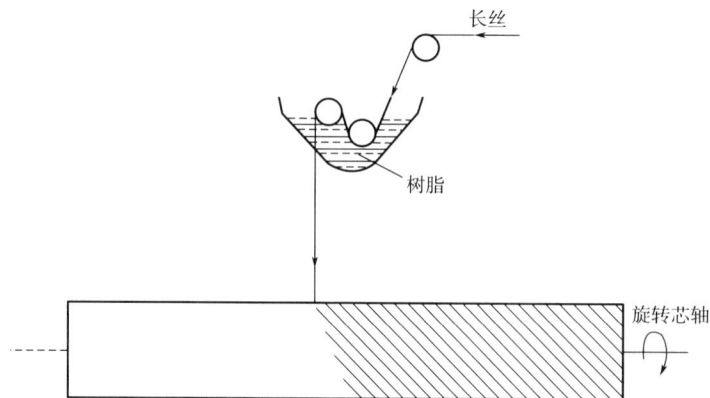

图4-30　缠绕成型示意图

（一）缠绕成型的种类

1. 湿法缠绕

长丝束浸润液态树脂后，直接缠绕在旋转轴上。

2. 干法缠绕

长丝束预浸树脂后烘干，缠绕成型过程中增加热措施，让胶软化，再缠绕在旋转轴上。

3. 半干法缠绕

将长丝束浸渍液态树脂，然后烘干，再缠绕在旋转轴上。

（二）缠绕规律

1. 环形缠绕

芯模每转一周，丝束沿轴向移动一个纱片螺距 b。如图4-31（a）所示，只缠绕筒身段长度 L_0，不缠绕封头，缠绕时承受径向载荷。

2. 纵向缠绕

导丝头绕轴转一周，芯模转动一个角度 β，芯模表面转动一个纱片宽度 b。缠绕时承受纵向载荷。如图4-31（b）所示，L_0 为筒身长度，L_1、L_2 为封头长度，r_1、r_2 为两端的极孔半径。

3. 螺旋缠绕

芯模绕轴匀速转动，导丝头沿芯模轴向往返运动，缠绕筒身和封头，如图4-31（c）所示。

缠绕成型纤维能保持连续完整，制品强度高；可连续化、机械化生产，生产周期短，劳动强度小；增强纤维占成品比重较高，制品尺寸、外形准确，不需机械加工；但设备复杂，技术难度大，工艺质量不易控制。缠绕成型设备如图4-32所示，图4-33为缠绕成型实物。

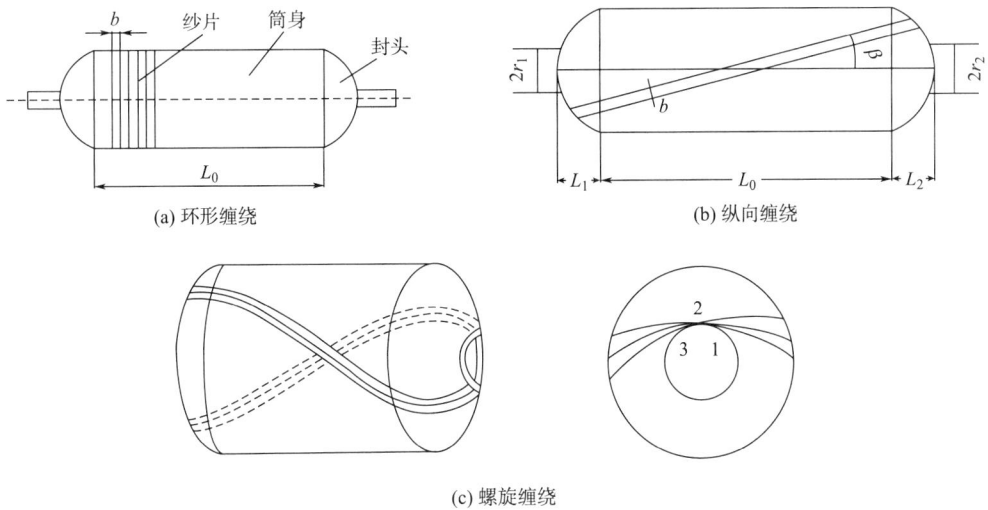

(a) 环形缠绕   (b) 纵向缠绕

(c) 螺旋缠绕

图 4-31　几种缠绕方式

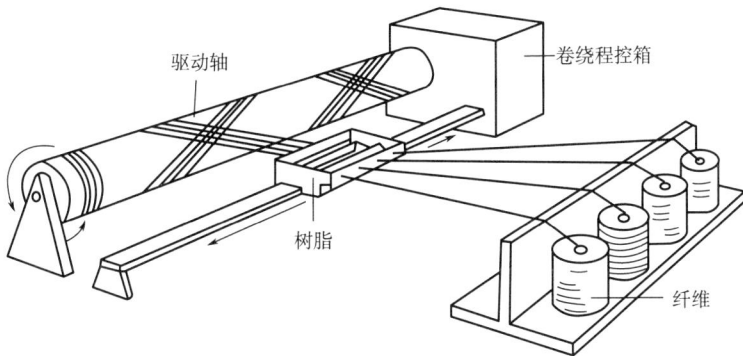

图 4-32　缠绕成型设备

八、拉挤成型

拉挤成型是生产型材最简单的方式，可以连续化生产，工艺过程如图 4-34 所示。增强材料可以是二向织物、三向织物，也可以是长丝纱、无捻粗纱、纤维毡等。拉挤成型型材截面有工字形、槽形、角形、异形截面等，如图 4-35 所示。拉挤成型的制品长度不受限制，产品的纵向力学性能突出，产品性能稳定。生产过程的自动化程度高，制造成本低，生产效率高。用于建筑装饰的塑钢型材就是用这种方法生产的。

九、离心浇注成型

将纤维和树脂置于旋转模内表面，借助模具转动的离心力将物料压紧，并排除其中的空气，固化后得到产品。离心浇注成型常用于非标准件设计。

图 4-33　缠绕成型实物

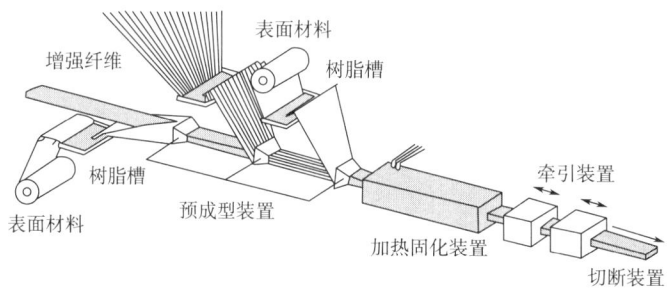

图 4-34　拉挤成型工艺流程示意图

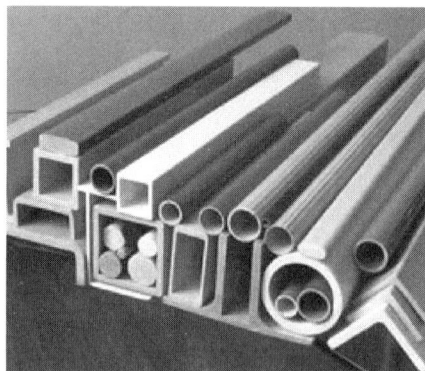

图 4-35　拉挤成型产品

离心浇注成型的生产原理如图 4-36 所示。

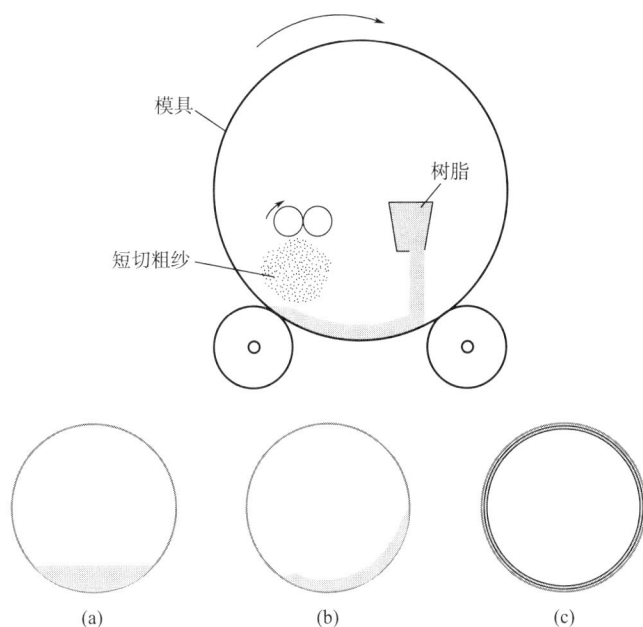

图 4-36　离心浇注成型的生产原理

思考题

1. 涂层和层合的不同点是什么？

2. 泡沫涂层有哪些优点？

3. 说明纺织结构复合材料中增强材料和基体的功能。

4. 什么是 FRP、CFRP、GFRP？

5. 喷射成型有何优点和缺点？

6. 制造大型构件使用什么成型方法？

7. 什么是树脂传递模塑成型（RTM）？该方法与其他复合材料制作法相比有什么优缺点？

8. 缠绕成型有何优点？举出几例缠绕成型的产品。

9. 生产 U 形、L 形、工字形复合材料，采用什么方法成型？

参考文献

［1］ S. 阿桑达. 产业用纺织品手册［M］. 徐朴，译. 北京：中国纺织出版社，2000.

［2］ 张玉惕. 产业用纺织品［M］. 北京：中国纺织出版社，2009.

［3］ 宗亚宁. 新型纺织材料与应用［M］. 北京：中国纺织出版社，2013.

［4］ 李建华.Nomex 蜂窝夹层复合材料自动铺丝成型工艺研究［D］.南京：南京航空航天大学，2018.

第五章　农用纺织品

教学要求

掌握各类农用纺织品的用途及生产方法。

主要知识点

1. 遮光及防风农用纺织品的设计及生产。
2. 保暖、作物培育及养殖用纺织品的设计及生产。
3. 农业排水及灌溉用纺织品的设计及生产。

农用纺织品指应用于农业耕种、园艺、森林、畜牧、水产养殖及其他农、林、牧、渔业活动，有助于提高农产品产量，减少化学药品用量的纺织品，包括在动植物生长、防护和储存过程中使用的纺织品。该类产品包括18个小类，即温室用纺织品、土壤稳定用纺织品、种床保护用纺织品、农作物培育用纺织品、防虫防鸟用纺织品、农业用防雹防霜用纺织品、农业用防雨织物、防草织物、农业用防风织物、农业用遮阳织物、畜牧业用纺织品、园艺用纺织品、农业用覆盖织物、排水灌溉用纺织品、地膜、水产养殖用纺织品、海洋渔业用纺织品、其他农业用纺织品。

农用纺织品不但包括机织物、针织物、非织造布，还有厚薄不一的农用塑料薄膜、塑料扁丝等。随着纺织生产技术的进步和新型纤维原料的应用，农用纺织品会逐渐由单一功能型向复合多功能型的方向发展。

一、温室用纺织品

温室（greenhouse），又称暖房，能透光、保温（或加温）且用来栽培植物的设施。在不适宜植物生长的季节，温室能提供生育期和增加产量。温室大棚用纺织品包括遮阳降温和储能保温两类材料。玻璃纤维的耐光性好，最初的大棚是玻璃大棚，现在更多的是塑料大棚。

1. 遮阳网

遮阳网既能反射红外线又要保证可见光通过；既能降温又要保证农作物生长所需的阳光。遮阳网必须具有较高的抗紫外线能力，抗老化作用，才能提高使用寿命。材料选用聚乙烯、聚丙烯、聚氯乙烯、聚酯及回收料等，有些需要经紫外线稳定剂及抗氧化处理。用针织或非织造工艺制造。图5-1（a）所示为针织机生产的遮阳网，织物具有网孔结构，透气性好。

2. 寒冷纱

寒冷纱是一种化纤网眼机织物，形似窗纱布，织后经树脂整理，以保持经纬纱的位置固定不变。纤维材料常用涤纶、腈纶、维纶、薄膜聚乙烯等，其中腈纶的耐气候性最好。寒冷纱以遮光降温性能为主，也起防寒、防虫、防风作用。通过调节经纬纱的密度和颜色来控制遮光率，颜色有白色、黑色、灰色三种，结合经纬纱的不同密度，组成遮光率为18%、23%、35%、52%、58%、61%等多种寒冷纱。寒冷纱比裸露地气温增高或降低（2.3±1.4）℃，有防寒防霜效果。

3. 大棚保温被

选择耐光性好的涤纶，非织造长丝成网或短纤成网均可，纤网上下覆膜或用化纤织物珩缝固定，可以在纤维表面涂铝增加保温性。一般非织造布保温率在25%左右，而涂铝织物保温率可提高到35%~40%。大棚保温被如图5-1（b）所示。

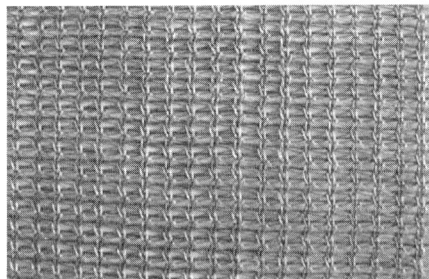

(a) 遮阳网

(b) 大棚保温被

图5-1 温室用纺织品

二、土壤稳定用纺织品

土壤稳定用纺织品有边坡防护网、环保草毯及其他防侵蚀纺织品。

边坡防护网是用绳带织成的类似于渔网结构的产品，用于防止斜坡崩溃，如图5-2所示。

土壤黏性不好的地区，大雨冲刷会发生土壤侵蚀现象。如果在土壤表面覆盖一定比例的织物，雨滴在撞击土壤表面之前便受到拦截，土壤被侵蚀现象会减少。厚型非织造布及缝编织物可以减弱暴风雨对土壤的伤害，且厚型织物可以储藏很多水，能有效地提高土壤湿度并升高土壤温度，有助于延长织物的生长周期，这在早春的气候条件下特别重要。环保草毯就是一种用于土壤稳定的纺织品，用来增强斜坡，保持土壤，帮助种子发芽，如图5-3所示。以稻麦秸秆、椰壳、麻类纤维及废弃动物毛纤维等为基底，优质草籽、营养土、专用纸（保水剂）等多种材料（视用途而定）均匀混合在其中。用聚丙烯纤维以经编线圈对以上混合材料进行穿刺编织，构成定型网。将草毯覆盖于经过处理的山坡、路基或坪床上并浇水养护，草毯自带的草种发芽生长，形成生态植被。其他材料在自然降解后与土壤混为一体，成为植被的营养基质。公路铁路两旁的斜坡、梯田的台阶陡峭面、水渠两边的坡面都需要稳定土壤的纺织品，现在边坡治理已发展成一个产业。

图 5-2 边坡防护网

图 5-3 环保草毯

三、种床保护用纺织品

在杂交育种、制种过程中，为了保护亲本，又要制作杂交种，可以利用纱网来隔离不同品种的亲本，防止昆虫授粉。随着育种工作和良种繁育工作的开展，大面积的育种田和种子田需要防止鸟害，利用化纤编织网，由于它质轻柔软，只需简易的支撑骨架就能张网防鸟，搬迁很方便，成为种子工作的必备设备。

四、农作物培育用纺织品

1. 育秧布

育秧布是一种用于水稻、黄瓜、麦子、番茄等作物栽培以及斜坡绿化的种子基布。它是由合成纤维、人造纤维、纤维素浆粕以及棉纤维等梳理成网，经针刺或热黏合形成非织造布。将种子直接洒在非织造布上，施加适当的肥料或植物废料，然后将非织造布平铺在地面上即可。因为温度、水分及氧气的元素构成，育秧布能提供更高的种子发芽率。由于植物废料腐烂过程有热量产生，非织造布具有的高吸水性和渗透性，种子在水、肥、气及热的包围下，可提供比土壤更优越的植物根部生长环境，既能帮助植物发芽生根，又能防止土壤流失，还可以提高肥分的利用率。图 5-4 为水稻育秧盘。

对于斜坡等不好播种的土壤，使用育秧基布效果更突出。育种基布过去常采用聚丙烯纺粘法非织造生产，聚丙烯强度高、质轻，但难以被环境分解。现在有可以降解的基质，由PLA 纤维、麻类纤维、椰子皮纤维、稻草、麦秸等混合制成，这类材料的水土保持性好。也可采用缝编工艺制作人工草坪基质和植物培育垫。

2. 人工草坪基布

人工草坪基布生产简单，价格低廉，特别适合药草、蔬菜、花卉或草坪的繁殖材料，也可以在上面直接种植。每天洒上适量的水，经半个月就可以长出绿草或幼苗，最后草坪基布腐烂，变成植物的肥料，如图 5-5 所示。

图 5-4　水稻育秧盘

图 5-5　人工草坪基布

五、防虫、防鸟用纺织品

在果实成熟的季节，在果树上覆上网罩，可使成熟中的名贵果实免遭鸟类啄食或昆虫的破坏，如图 5-6（a）所示。防虫网在夏季还可以起到防雹作用，这种网通常用聚乙烯圆丝或扁丝编织而成。防虫的另一种方式是用非织造布做成防护袋罩在果实上，如图 5-6（b）所示。这种防护袋适当改变，可以作授粉袋、包根袋或其他农业用袋。

(a) 果树防护网

(b) 果实防护袋

图 5-6　防虫、防鸟用纺织品

在养殖池塘罩上防护网，可避免养殖物被叼走。

在农作物生长过程中，为了保护作物不受昆虫及病菌的侵扰，使用浸杀虫剂等化学处理后的非织造布覆盖在作物上，比传统喷洒农药减小了农药使用量，也减少了对周围环境的污染，而且作物也更环保。特别适用于绿色蔬菜的种植。

六、农业防雹、防霜用纺织品

防雹纺织品可以是织物，也可以是网。用于下冰雹时对水果、蔬菜的保护，要求抗撕裂强度好，由抗紫外线的聚乙烯和聚丙烯纤维机织或针织生产。防雹织物被架设在结实的构架上，保护果实免受冰雹的伤害，如图 5-7 所示。

防霜冻织物用聚乙烯树脂非织造纺粘法制成，这种织物允许阳光和水通过，但可以防风和防冻，它在种植物上部建立起一种微型气候，可以使温度上升 2～3℃，避免植物被冻坏。聚乙烯防冻网可以使用 2 年左右。防霜冻织物除具备防寒防冻的功能外，还同时兼有遮阳防旱、防鸟防虫、防草、施肥、保温保湿、果树保护和育苗播种等作用。防霜纺织品可直接置于植物之上，也可以通过一些拱形支架、高或矮的暖房结构，设置成小型隧道式。用于园艺时也可以使用带包边条的聚乙烯机织布。

图 5-7　防雹织物

七、农业用防雨织物

防雨织物防止降雨时对花和浆果的伤害，选择聚酯纤维机织生产或非织造生产，用 PVC 涂层，可防雨、抗紫外线和阻燃。

八、防草织物

防草织物一般为黑色，可使用机织物、针织物、非织造布或塑料薄膜。机织物用圆形织机织造，材料选抗紫外线的黑色聚乙烯或聚丙烯扁丝。吹膜生产时在树脂原料中添加色母粒，可制成黑色防草膜。防草织物可以阻止阳光对地面的直接照射，依靠布本身的坚固结构阻止杂草穿过；还可以及时排除地面积水，保持地面清洁；防止果树根部积水，防止辐射热对根部的伤害。防草织物如图 5-8 所示。

九、农业用防风织物

防风织物能最大限度地防止大风将农作物吹倒，通过织物的孔洞将集中的风力分散，降低风的速度。纤维选择高强度聚乙烯、聚丙烯、聚酯，同时要添加抗紫外线剂、阻燃剂、抗老化剂等。防风织物用机织物时选绞纱组织，使纬纱绞织在经纱中，孔隙率及织物结构稳定。用经编针织物制作防风网，生产效率更高，如图 5-9 所示。将农膜每平方米打 500～1000 个孔洞，放置在作物之上，也可以起到风障作用。薄型纺粘法非织造布也可以作防风织物。

图 5-8　防草织物

图 5-9　农用防风网

十、农业用遮阳织物

遮阳织物可保护大田和温室不受过分日晒，以利庄稼健康生长。遮阳织物可以是机织布、针织布、非织造纺粘布或黑色农膜，也可以使用遮阳网来控制阳光和阴冷面积。根据农作物对光的需要程度，通过调整织物的组织结构、经纬密度、纱线线密度、纱线原料及颜色等控制遮光率，有35%、50%、65%及90%等不同的遮光系数。遮阳网不但遮阳，更重要的是降温，空气可自由流通，但在阳光的照射下又不致过热，对温度的调节在1~4℃。使用遮阳织物可使土壤不干燥，节省灌溉费用。将浸泡过农药的纺织品作为遮阳织物，可以减少农药的用量和环境污染。遮光织物应用于葛苣类植物覆盖，还可使之变白，减少苦味。农用遮光织物如图5-10所示。

十一、畜牧业用纺织品

畜牧业设施要防止在寒冷的时节将体弱的牲畜冻死或冻伤，在马厩和羊圈等动物房舍的外墙和屋顶加纤维材料保温层，可提高保暖效果。养殖业建筑物一般是三面有墙，一面为开放式。可以在开放的一面安装编织类风障网，为养牛、养羊的建筑物通风。调节网眼大小和每平方米网重，风障网可以阻挡50%~90%的风，网帘可以上下启闭，也可以左右拉开。

冬季来临的时候，如果每个牲畜（特别是刚出生的小动物）都有纤维材料制作的保暖袋，可以减少热量消耗和动物患病。图5-11是穿着保暖背心的新疆细毛羊。

图5-10　农用遮光织物

图5-11　穿着保暖背心的新疆细毛羊

十二、园艺用纺织品

园艺用纺织品与温室用纺织品类似，需要遮阳网、温控织物等，可由丙纶、涤纶、锦纶或高强度聚乙烯长丝机织、针织或非织造生产，材料要求抗紫外线性能好。非织造布有优良的透气排湿性能，不仅可以调节大棚内的温度，还可以调节相对湿度。园艺布是一种用针刺法制成的紧密铺地毡，具有良好的透水性能，可作为温室地面材料，或苗圃、盆栽作物的铺地材料。由于铺地材料的存在，还可以防止杂草的生长，在苗圃内易于操作，管理方便。

十三、农业用覆盖织物

农用覆盖材料是最主要的农用纺织品，根据不同用途可采用合成纤维、天然纤维或回收纤维制成的非织造布、机织物和针织物。农用覆盖织物是多功能的，不仅具有农田水土保护作用、植物生长基质、温室遮盖作用和园艺栽培作用，还要兼有防虫、防草、施肥和播种功能。农用覆盖织物在防寒、保温和遮阳等综合性能上比农膜好，但生产成本比农膜高。

合成纤维生产的农用覆盖织物，寿命长，成本低，但不易被环境分解，造成二级污染。需要发展天然纤维及植物弃料的农用覆盖材料，这类材料在生物降解的过程中可以为种子提供养分和热量，在作物收获时又完全分解。

十四、排水、灌溉用纺织品

1. 非织造复合排水管

非织造复合排水管起支撑和加固作用的内层钢丝表面涂层 PVC，然后缠绕丙纶丝形成透水层；中层为非织造布过滤层，将针刺法非织造布卷制、热轧成管，具有良好的过滤和渗透性能；外表面是聚酯纤维织物。在土壤水分较多时，水透过非织造布渗透到排水管中。排水管也可以作灌溉用的渗水管。复合结构排水管如图 5-12 所示。

2. 农用高压灌溉水带

农用高压灌溉水带用涤纶长丝（或涤纶长丝与涤纶短纤维复合纱线）圆形织机生产，内层涂 PVC 胶，如图 5-13 所示。

图 5-12　复合结构排水管

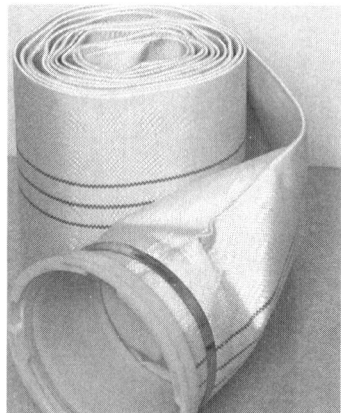

图 5-13　高压灌溉水带

3. 滴灌带

在水资源缺乏的地区，农田灌溉要使用滴灌带，如图 5-14（a）所示。滴灌带表面布满孔眼，如图 5-14（b）所示，埋在地下，水从管的孔眼流出，直接或局部地作用于植物的根部，为植物的生长提供最有效的供水方式。相对于地面灌溉而言，滴灌减少了地表水分的蒸发。滴灌带是节水型农业的重要生产资料，但容易堵塞孔眼，使用寿命短，而且没有支撑架，埋在地里不能承受一定的压力，难以保证渗水管水流的通畅。

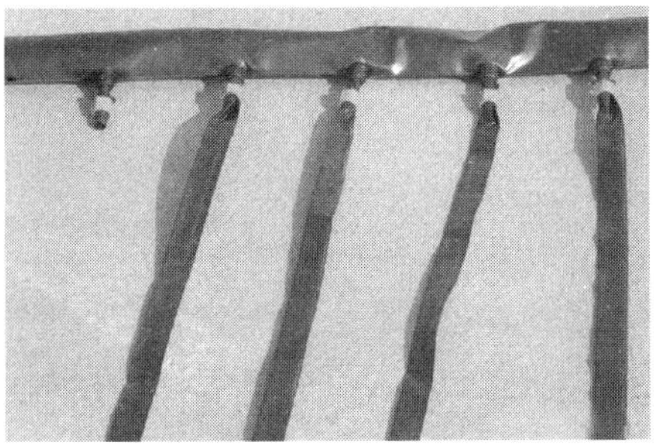

(a) 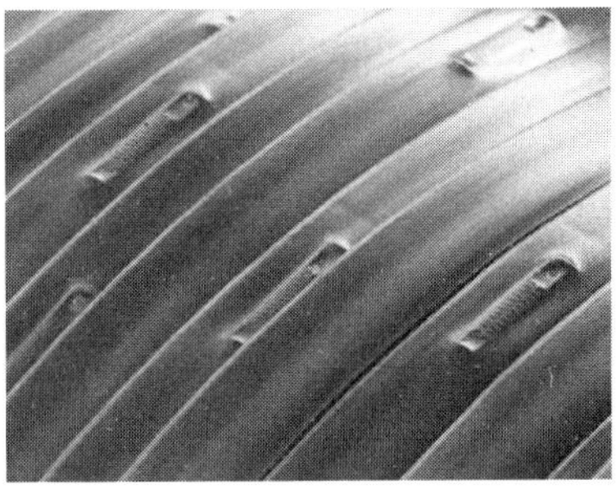   (b)

图 5-14　滴灌带

4. 灌溉布

在纯营养液培养法中，有一层极薄的非织造布灌溉层，用来改善营养液的分配。灌溉布实质上是无土栽培用载体。

还有一种用较厚的非织造布作为生长基质，将容器放在基质上，利用非织造布基质的吸水性，使水分得到均匀分配。

十五、地膜

地膜又称农膜，现在用量最多的地膜是 PE 树脂用吹膜机生产的，但 PVA 膜使用量在快速增长。PVA 由聚醋酸乙烯水解而得，具有水和生物两种降解特性，首先溶于水形成胶液渗入土壤中，可增加土壤的团黏化、透气性和保水性，特别适合于沙土改造。在土壤中的 PVA 材料可被土壤中的细菌菌株分解，最终可降解为 CO_2 和 H_2O。PVC 膜浸入杀虫剂等化学处理后直接覆盖在作物上，可省去传统农药喷洒工序，还可以减少农药使用量，减少了对周围环境的污染。

农膜需要用覆盖机覆盖在土壤上面，它的厚度根据种植的植物不同而有较大的差异，如种植玉米的地膜是 $10 \sim 12\mu m$，种植某些蔬菜的地膜可达 $80\mu m$。覆盖地膜后可比裸露的土壤提高温度 $2 \sim 3℃$，以无色膜的增温效果最好。但无色膜会促进杂草的生长，用黑色的地膜可防止杂草疯长。使用地膜可促进植物早发苗、早发育，收获日期提前半个月。还可以增加产量，减少土壤水分蒸发，防止土壤盐碱化，减少病虫危害等。图 5-15 所示是用地膜育苗。

十六、水产养殖用纺织品

近海养殖用纺织品要求在海水中具有较高的强度和耐久性，容易黏附海洋生物。水产养殖用纺织品有各种养殖网、采苗床、增殖用的人工海礁和浮动藻等。

1. 网箱

网箱由框架、网衣、浮子和锚泊绳索构成，深海网箱在我国目前有重力式全浮网箱、浮

图 5-15 地膜

绳式网箱和蝶形网箱三种。

重力式网箱基本都是圆形，由高密度聚乙烯制成，网箱上圈用 125mm 的聚乙烯管作为扶手，网箱底圈有 2~3 道直径为 250mm 的聚乙烯管，用于网箱的成形，人可以在上面行走和操作。这类网箱是依靠浮力和重力的作用张紧网衣，并保持一定的形状和容积。在水流和波浪的作用下网衣能随波起伏，具有极好的柔顺性，也极易变形。这类网箱成本较低，管理方便，投饵容易，可观察鱼群摄食。但在洋流作用下，网衣漂移严重，只适应于港湾和半开放海域。图 5-16 所示为重力式可升降网箱。

图 5-16 重力式可升降网箱

浮绳式网箱由绳索、箱体、浮力和铁猫等构成，可随风浪的波动而起伏，如图 5-17 所示。浮绳式网箱由聚丙烯缆绳或尼龙缆绳组成若干个软框架，是一个六面封闭的箱体，不易被风浪淹没而使鱼逃逸，具有较高的抗风险能力。

图 5-17　浮绳式网箱

　　蝶形网箱也叫中央圆柱网箱或海洋站半刚性海水网箱，它由浮杆及浮环组成。浮杆是一根直径 1m、长度 16m 的镀锌钢管，作为整个网箱的中间支撑，也是主要浮力变化位置。浮杆的周边用 12 根镀锌钢管组成周长 80m、直径 2.5m 的十二边形圈，即浮环，如图 5-18 所示。用上下各 12 条超高分子量聚乙烯纤维编织的网衣，构成蝶式形状，内容积 3000m³。中央圆柱可进水或充气，以此调节网箱比重，并与底部悬挂的 15t 重的水泥块平衡，使整个网箱上浮或下沉，6min 可从海面沉到 30m 水深。箱体不容易变形，抗浪能力强。网箱上部有管子，便于喂鱼苗或投饵，中上部有拉链，便于潜水员出入。该类网箱比较适合开放海域，但管理和投饵要由潜水员操作。

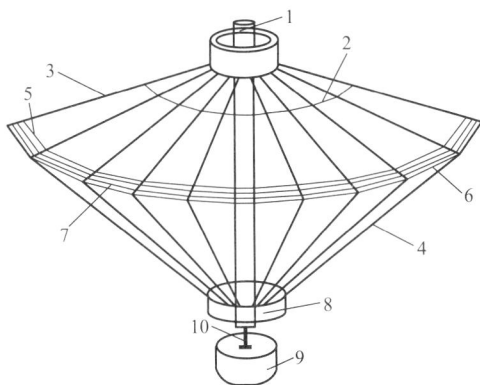

图 5-18　蝶形网箱

1—浮杆　2—网口收缩绳　3—上幅条绳　4—下幅条绳　5—上浮环水平绳　6—下浮环水平绳
7—浮环柱体　8—收网器　9—平衡块　10—平衡块连接器

2. 池塘防渗土工布

　　在荷塘和鱼塘的坑底夯实土质，铺设防渗土工布，以塑料薄膜的不透水性隔断漏水，以其较大的抗拉强度和延伸率承受水压和适应坝体变形；可起到防水和防有毒液体渗漏作用，避免养殖物受附近工厂排放污水的毒害。图 5-19 所示为防渗土工布用于池塘修建。

图 5-19　防渗土工布用于池塘修建

3. 人工鱼礁

如图 5-20 所示，人工鱼礁是人为在海中设置的构造物，为鱼类等提供繁殖、生长、索饵和庇护的场所，可以改善近海海域生态环境，营造海洋生物栖息的良好环境，达到保护、增殖和提高渔业产量的目的。人工鱼礁用合成纤维增强塑料或橡胶制造。

图 5-20　人工鱼礁

4. 人工海草

人工海草是人工鱼礁的一部分，用人工海草代替天然海草，可以提高鱼类聚集的效果。制造人工海草的纤维要选择有亲水性的合成纤维织物或有亲水性的塑料薄膜，易与天然藻类黏附。另外，纤维的比重要求比海水轻，不易腐蚀。

5. 人工海藻

人工流动藻类，用合成纤维制成，要求强力大，比重低，耐气候性和耐腐蚀性强。

十七、海洋渔业用纺织品

1. 渔网

古代渔网是用麻绳、棉线织的，现在用涤纶、锦纶、丙纶及超高分子量聚乙烯等，大幅提高了网线的强度、耐腐蚀、耐磨及耐紫外线等功能。超高分子量聚乙烯具有高强、高模、耐老化、比重轻、不吸水、耐臭氧性、抗生物性等优点，制作的绳缆和渔网更轻，可减少动力消耗。

网线的选择，直接影响渔网的重量和入水速度。粗线渔网结实耐用但下水慢，且捕的鱼少；细线渔网又容易断线，需要经常补网。可以在整个渔网的编织过程中使用不同粗细的线。在渔网的使用过程中，各部位的磨损程度是不同的，网顶部（顶部往下 1.5m）几乎没有损耗，而在顶端往下 1.5~2.5m 的距离内经常受到芦苇和树枝的钩挂，容易损坏，而在网兜部位经常受到大鱼的冲撞、水底石块的碰撞刮擦而损坏严重。根据这一情况，织网时在网顶采用 6~8 根锦纶复丝，中部采用 8~10 根锦纶复丝，网底部采用 10 根以上锦纶复丝或超高分子量聚乙烯复丝。

鱼在水中的视野非常开阔，鲜亮的颜色会在较远的距离就对鱼产生刺激，所以在选择网线的时候大家应该避开红色、黄色、橙色、紫色等鲜亮颜色，最好采用黑色、白色、灰色等颜色。

渔网分有结节型网和无结节网两种。传统制作渔网用经线和梭子里的纬线套结而成，结节大小是网绳直径的 4 倍，突出于网衣平面，如图 5-21（a）所示。结节在起网时碰撞鱼和船舷，既伤鱼又磨损网具，且由于化纤光滑易引起结节松弛、网目不均匀等毛病。无结节型网又分为经纬交织型和经编型，经纬交织型用剑杆织机编织，织物组织为 1/1 平纹，如图 5-21（b）所示。经编无结节型网用 2~8 把梳栉的双针床或单针床经编机制织，织物如图 5-21（c）所示。

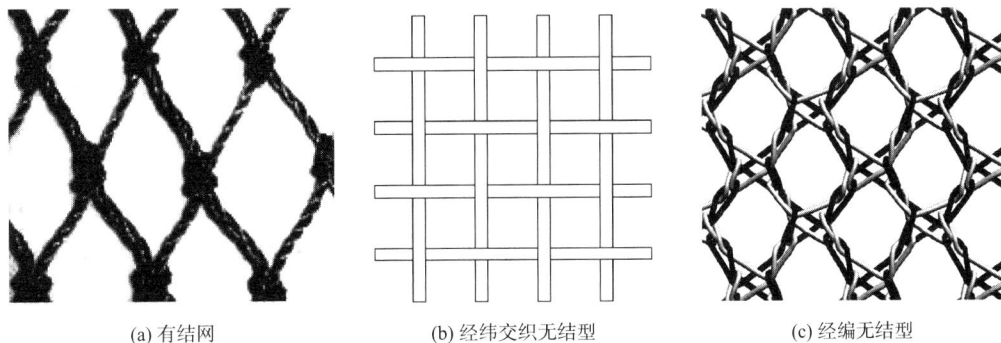

(a) 有结网   (b) 经纬交织无结型   (c) 经编无结型

图 5-21　渔网的种类

捕捞用渔网有拖网、流刺网、围网、张网、建网和敷网等。

拖网是一种深水区的捕捞工具，用拖网渔船甲板上的绞车来收网的。拖网要求高强度而重量轻，用超高分子量聚乙烯织布结或无网结的方式编网，拖网的网眼有限制。

流刺网是用三层不同网目的网片结合在一起，用 PE 单丝织成，中间部分的网眼小，网线细，两边的网眼大，网线粗，并且中间部分渔网比两边宽。当鱼穿过流刺网的时候，首先接触中间渔网，并从一边的大眼渔网中穿出，被大眼渔网和小眼渔网构成的网兜套住。单层刺网是根据网目的大小捕鱼，大于或者小于网目的鱼都不会被捕到。而三层刺网是夹层之间形成的网兜和中间网目捕鱼，所以只要等于或大于中间网目的鱼都能捕捉。图 5-22 所示为流刺网。

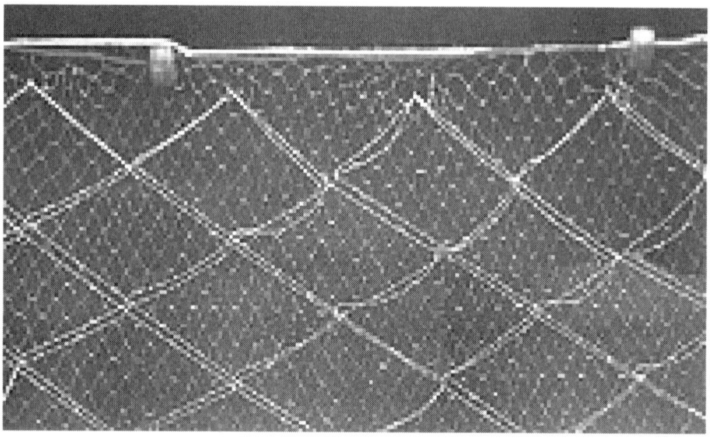

图 5-22　流刺网

围网要求耐冲击，可用拉舍尔织布方式编网；张网要求网的形状具有最大的包容量，采用聚乙烯或锦纶以织布结方式编网。建网是大型定制渔具的一种，由拦阻和诱导鱼类的墙形网和集鱼的箱形网组成，常设置在海湾和河口附近鱼群通过的场所。敷网是在鱼类的通道上敷设网具，定时起网捞鱼。

2. 海洋土木工程

将土工模袋用高压泵把混凝土或水泥砂浆灌入其中，用吊筋绳的长度来控制砂浆的厚度，混凝土或水泥砂浆固结后形成具有一定强度的板状结构，构筑成围堰，用于填海造地，围堰工程是保证填海造陆地基稳定性的基础，修筑跨海大桥第一步就是围堰。在海底淤泥上铺设防渗土工布或土工模袋，再抛填中粗砂垫层，然后在其上插设塑料排水板，用于纵向排水。

十八、其他农业用纺织品

1. 农用防护服

在农药的使用和装卸过程中，因为药剂会通过衣服和皮肤浸入人体，因此要穿防护服。橡胶围裙、防水外套以及面具是过去常用的防护服，舒适性差，特别是在炎热气候，非常难受。新型防护服不但要求阻隔农药渗透，而且要求透气性好。这种织物通常是用聚四氟乙烯微孔薄膜对普通机织物或非织造布压膜处理后得到的。参见第十三章其他安全防护用纺织品中的"防水透湿纺织品"。

2. 无土栽培——草皮培养垫

草皮培养垫的生产过程如图5-23所示，选择可降解的材料黄麻纤维卷，在其上铺放秸秆及草籽，最上层为废旧回用纤维非织造布。选择黄麻做基垫，因为它是植物纤维中吸水保湿能力最好的，而且纤维强力较高，抗撕裂性较好。在草皮未形成以前，对水土有一定的保持作用。草籽发芽时，废旧回用纤维腐烂，可提高环境温度。废旧纤维降解可以为草籽生长提供养分，促进植被的建立和生长。

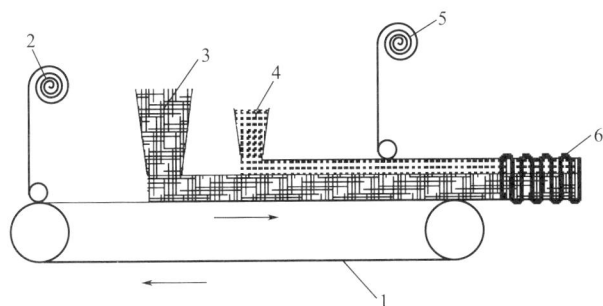

图5-23　草皮培养垫的生产过程

1—输送带　2—黄麻非织造布卷　3—秸秆铺放装置　4—草籽撒播装置
5—棉纤维或回用纤维非织造布卷　6—缝编过程

3. 树皮树根保护

非织造布作为包扎带，缠绕在树干上，保护树皮不脱落，或避免动物的啃食。非织造布也可以作为植物根部的保护布。

👉 思考题

1. 温室用纺织品有什么要求？选择什么纤维制造？

2. 土壤稳定用纺织品有哪些？边坡的治理有什么重要性？

3. 育种基质选用什么材料更利于种子的发芽？

4. 防渗土工布在池塘建造上有什么作用？

5. 用什么农用织物可以防止杂草疯长？

6. 防雹织物有何要求？

7. 哪种地膜增温效果最好？哪种地膜具有除草作用？

8. 复合排水管由哪三层构成？每层的作用是什么？

9. 农用灌溉水管由什么材料、什么织造工艺制作？涂层材料是什么？

10. 由哪些材料可以完成防风作用？原理是什么？

11. 选择什么纤维作为农药基质布？

参考文献

［1］ S. 阿桑达. 产业用纺织品手册［M］. 徐朴, 译. 北京: 中国纺织出版社, 2000.

［2］ 张玉惕. 产业用纺织品［M］. 北京: 中国纺织出版社, 2009.

［3］ 薛帅, 董长裕, 刘猛. 我国农业用纺织品的现状与前景［J］. 辽宁丝绸, 2013 (4): 21-22.

［4］ 法国各种各样的农用塑料薄膜和农用织物［J］. 世界环境, 2003 (6): 55-58.

［5］ 陈军, 柳燕. 农用纺织被覆材料及其性能［J］. 产业用纺织品, 2005 (4):35-36.

［6］ 王国和. 农业用纺织品［J］. 江苏丝绸, 2000 (2): 41-46.

［7］ 曹清林, 夏卫东, 崔荣. 渔网编织设备发展现状［J］. 纺织导报, 2014 (8): 6.

第六章　建筑用纺织品

教学要求

掌握建筑用纺织品的用途、结构及生产方法。

主要知识点

1. 建筑用防水材料及膜结构材料的生产。
2. 纤维或织物增强加固建筑物的设计及制造。
3. 建筑用填充、隔热、隔音、装饰及建筑安全用纺织品的生产。

建筑用纺织品指应用于长久性或临时性建筑物和建筑设施，具有增强、修复、防水、隔热、吸音隔音、视觉保护、防日晒、抗酸碱腐蚀、减震等建筑安全、环保节能和舒适功能的纺织品。该类产品包括建筑用防水纺织品，建筑用膜结构纺织品，加固、修复用纤维增强、抗裂纺织品，建筑用填充、衬垫纺织品，建筑用装饰纺织品，建筑用隔热、隔音（吸声）纺织品，建筑安全网、减震纺织品，其他建筑用纺织品。

选择纺织品作建筑材料，有以下优点：

（1）极大地减轻了建筑结构的重量，织物外壳的重量只有砖瓦、混凝土及钢材等常规材料的1/30；

（2）能建造大跨度建筑，如体育中心、会展中心、机场等；

（3）可以随意设计各种形状的外观，且可以灵活安装拆卸；

（4）可以极大地缩短建造周期，降低建造成本；

（5）能较好地承受地震等严重破坏力，不易受机械损伤，受损后修补也比较容易。

一、建筑用防水纺织品

用纤维织物（主要是非织造布）作胎体，再涂覆改性沥青、橡胶或高密度聚乙烯等，就制成了建筑用防水纺织品，用于建筑物的屋面、地下室、外墙面、厕浴间等有防水防渗要求的位置，以及垃圾填埋场、人工湖、人工喷泉等地方。

生产防水卷材胎体要注意纤维与沥青的结合力，还要注意纤维的强韧度和耐酸碱性。亲水性好的纤维与沥青结合牢固一些，防水效果好。但不能选用耐酸碱性差的纤维作建筑防水材料。

1. 改性沥青防水卷材

涤纶、丙纶及玻璃纤维胎体均可以用改性沥青涂层，表面再涂聚乙烯膜、铝箔覆面等隔离保护材料，搭接缝采用热焊接或自粘方式。改性沥青防水卷材有 SBS 和 APP 两类，SBS 的改性剂为苯乙烯—丁二烯—苯乙烯，APP 的改性剂是无规聚丙烯。SBS 弹性更好，抗拉强度高，尤其适用于寒冷地区、结构变形频繁地区的建筑物防水；APP 具有更好的耐高温性能，更适用于炎热地区。图 6-1 所示为 SBS 防水卷材。

2. 高分子防水卷材

TPO 防水卷材是以聚烯烃（PP 和 PE）和乙丙橡胶（ERP）共聚反应，同时还需加入抗氧化剂、防老剂、软化剂、抗紫外线剂和阻燃剂等制得的均质热塑性共聚物。TPO 防水卷材分为不加纤维增强材料、带纤维背衬增强材料、用聚酯或玻璃纤维网格布在中间层增强三种类型。TPO 同时具有乙丙橡胶的柔韧性和聚丙烯的可焊接性，在低温下具有很好的柔韧性，焊接接合牢固，密封性好，可以作为种植面的防水层。白色 TPO 防水卷材对日光反射率高于80%，适宜作屋面防水材料，如图 6-2 所示。

图 6-1　SBS 防水卷材　　　　　　　图 6-2　TPO 防水卷材

EPDM 防水卷材由乙烯、丙烯及非共轭二烯烃的三元共聚物为基材，复合丁基橡胶，又称三元乙丙卷材，具有高延伸性和高弹性，搭接需专用的粘接材料。适用于耐久性好、耐腐蚀性高、防水等级高的屋面和地下工程防水。

高分子防水卷材还有聚氯乙烯卷材、氯化聚乙烯卷材等。

二、建筑用膜结构纺织品

建筑用膜结构纺织品具有质量轻、美观、跨度大、易于安装拆卸、抗震性好的特点，广泛地应用于大型建筑设施的外壳，如机场、运动馆、展览馆及仓库等。膜结构作为建筑材料，只能受拉，没有承压和受弯曲能力，由于制作方便，特别适合与拱形结构匹配。

（一）建筑用膜结构材料选择

建筑用膜结构材料外层采用涂层或层合工艺，主要有以下三种结构。

1. PVDF 膜材

聚酯长丝机织物或玻纤织物涂层聚氯乙烯（PVC），顶层还要涂聚偏氟乙烯（PVDF）提高抗污性和耐老化性。基布平方米重量为 $112 \sim 198 g/m^2$，在涂层之前织物要经过预拉伸。这类膜材称为半永久性膜材，如图6-3所示。

2. ETFE 膜材

乙烯—四氟乙烯共聚物，是非织造布基材的透明膜，具有极佳的延展性、透光性及紫外线阻隔功能。乙烯改善了四氟乙烯与金属的热黏合性，四氟乙烯使膜材表面具有抗黏着性、高抗污性及阻燃性，经雨水洗刷就可以达到清洁效果。ETFE膜材的厚度通常小于0.20mm，弹性变形大，存在蠕变延伸，不适用于张力式膜结构，但作充气式结构产品好，非常适合用于大跨度的屋顶。图6-4所示的北京水立方就采用了ETFE膜材。

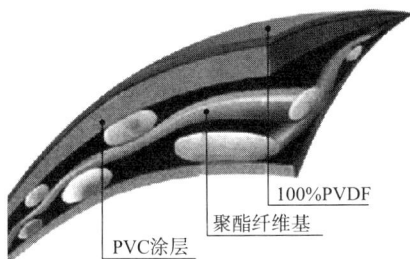

图6-3　PVDF膜材结构

图6-4　北京水立方

3. PTFE 膜材

玻璃纤维湿法成网或织造成布，涂聚四氟乙烯（PTFE）或硅橡胶。这类膜材称为永久性膜材。

（二）建筑用膜结构材料的应用

1. 充气式膜结构

充气式膜结构空间密闭，需要配置机电控制系统，靠内外气压差保持膜成型设计要求的任何曲面形状，室内不需要任何框架和支撑。充气式膜结构能有效抵御飓风，保证建筑物的安全。在外膜和内衬之间还可以填充玻璃纤维保温棉，防寒隔热、隔音，空调耗能仅为传统建筑物的1/10。充气式膜结构有四种类型，如图6-5所示。其中气承式和气枕式用得较多。

(a) 气承式膜结构　　(b) 气肋式膜结构　　(c) 气枕式膜结构　　(d) 气囊式膜结构

图6-5　充气式膜结构的四种类型

气承式膜结构可以根据创意形成任意形状的膜结构屋顶，将膜面周边固定于支撑结构，利用风机持续送风形成所要求的空间曲面，无须梁柱支承，靠内外压力差抵抗外部荷载。气承式膜结构可满足大跨度、大空间需求，一般用于大型体育馆。气承式膜结构如图6-6

所示。

气肋式膜结构也称气梁式充气结构，如图 6-7 所示。用压缩空气鼓胀起来的管状支撑体来支撑建筑物，大直径支撑体采用低气压，小直径支撑体采用高气压。材料多选择锦纶、涤纶长丝织物，在压力较高时选择芳纶。这种结构重量轻、易搬运。现在还出现高压气肋和低压气承式组合式膜结构。

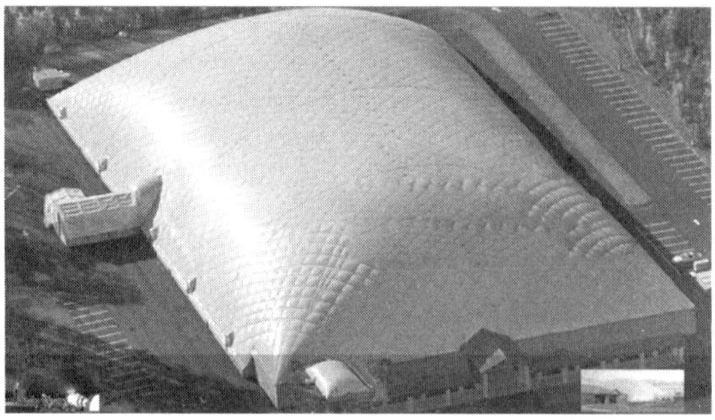

图 6-6　气承式膜结构

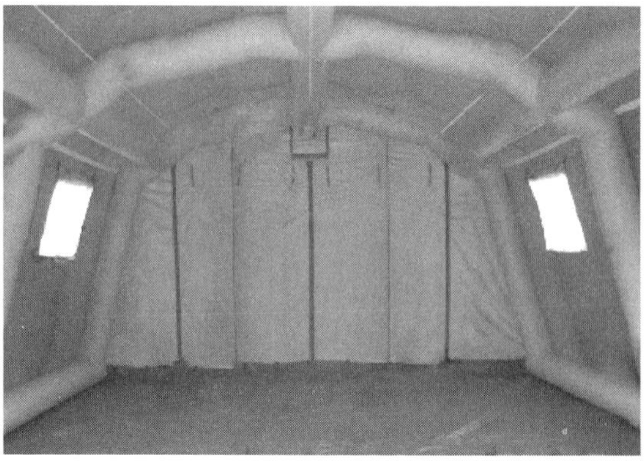

图 6-7　气梁式充气结构建筑

气枕式膜结构最有名就是北京水立方游泳馆，立面和顶面共用了 3615 个气枕，如图 6-4 所示。向单个或多个膜构件内充气，使其保持足够的内压，多个膜构件进行组合形成一定形状的整体受力系统。最新设计的一种气枕（breathing skins），每个气枕中心有一个可以调节空气进出流量的孔，用户可根据自身需求调节孔隙度，不但控制室内温度，还可以控制光线和气流分布。

2. 张力式膜结构

张力式膜结构通过一定方式给膜施加一定的张力，使其具有一定的形状和刚度。图 6-8 所示的法赫德国王国家图书馆就是用的这种遮阳功能的织物幕墙，用一种新的现代科技的方

图 6-8　法赫德国王国家图书馆

式重新诠释了传统的阿拉伯帐篷结构。

3. 骨架式膜结构

骨架式膜结构是由自身稳定的骨架体系（金属支架、牵拉缆绳和或金属框架）与膜材料共同构成，用于体育馆、机场客运通道、市政大厅等大型建筑屋顶。

（1）钢性骨架式膜结构。即采用钢桁架支撑的骨架式膜结构，耗用的钢材较多，建筑物较重，印度尼西亚 Tengarong Madya 体育场就是用这种结构建造的，如图 6-9 所示。

图 6-9　印度尼西亚 Tengarong Madya 体育场

（2）柔性骨架式膜结构。即采用绳缆桁架支撑的骨架式膜结构，深圳宝安体育场就是采用这种结构建造的，如图 6-10 所示。

图 6-10　深圳宝安体育场

（3）开合骨架式膜结构。南通体育场是我国第一个采用这类结构的大型建筑，如图 6-11 所示。采用两片可开闭的活动屋盖系统，长 202m，宽 59m，可开启面积约 1.8 万平方米。

图 6-11　南通体育场

三、加固、修复用纤维增强、抗裂纺织品

为了防止空气中的盐分对钢材的锈蚀，钢筋增强的墙板柱等通常要覆盖厚 25mm 以上的混凝土作为保护层。用织物作为混凝土的增强材料，织物不会产生锈蚀，混凝土的厚度只要满足承载设计负荷就可以了。因此，纤维或织物增强的混凝土板墙可以做得更薄，最薄可到 10mm，建筑物可获得更大的使用空间。且可任意造型，最大限度地满足设计师的意愿，未来利用纺织结构实现一些奇特的建筑造型必然会成为建筑设计中的重要推动力。碳纤维的强度为 $2500N/mm^2$，而钢则为 $500N/mm^2$，织物片的强度远高于钢。织物若需要搭接时，搭接长度不应小于 100mm，多层布每层的搭接位置应错开。

纤维或织物加固建筑物技术，广泛应用于梁、板、柱、屋架、桥墩、桥梁、筒体、壳体等结构，可提高建筑物的抗弯、抗剪及抗震作用。纺织品加固增强材料包括织物增强混凝土（TRC）或纤维增强混凝土（FRC）。当纤维的杨氏模量低于混凝土的模量时，通常使用织物增强混凝土，这类纤维如聚丙烯、聚酯、锦纶、维纶等。当纤维的杨氏模量高于混凝土的模量时，可以使用纤维连续长丝增强混凝土，或用短纤维增强混凝土以减少裂缝，这类纤维如碳纤维、芳纶、玄武岩纤维、耐碱玻璃等高强高模纤维。用低模量纤维作为混凝土的支撑材料，随时间增加会产生较大的伸长和挠曲，一般应用于基体不容易发生断裂的场合。

1. 建筑用增强纤维

水泥混凝土制品在压缩强度和热性能方面有优异的性能，但抗拉强度低、极限变形小、抗裂差、脆性大而不耐冲击，在硬化干燥过程中会发生收缩而造成裂缝。在水泥砂浆加入 1%~2% 的高模量纤维，以分散短纤维形态在搅拌期间加入，在水泥砂浆中呈三维无规律分布，如图 6-12 所示。可增大抗拉强度，减小干缩裂缝。由于混凝土价格便宜，添加纤维应考虑最廉价、最少量、最合适原则。最初使用的是聚丙烯纤维，但其低模量与混凝土并不匹配。近年来，高强高模的耐碱玻璃纤维、玄武岩纤维、陶瓷纤维、芳纶及碳纤维用于混凝土增强，性能更好。玄武岩纤维的价格便宜，但耐碱性差，目前在研究纤维表面涂层树脂的方法。

图6-13为德国开发的全球首个用环氧树脂浸渍的玻璃纤维增强车库，可以是单个车库模块，也可以是两个或多个模块组合成的大容量车库。材料为一体式设计，墙壁和天花板整体连接，由于墙壁更薄，内部使用空间更大。纤维材料的引入，使混凝土产生的裂缝更为细小，从而使得纤维增强混凝土材料具有更好的自修复能力。金属纤维也可以用于增强混凝土，如钢纤维和铜纤维混凝土。天然的麻纤维、竹原纤维及秸秆纤维用于增强混凝土，能提高墙体的保温吸音效果，绿色环保。

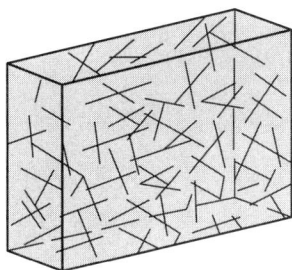

图6-12　纤维增强混凝土

图6-13　纤维增强车库

用长丝束增强混凝土之前，丝束表面应进行涂层处理，能获得更佳的黏结效果。涂层处理的增强混凝土，在受力时能将载荷传递给内部长丝，让所有的长丝都起作用。如图6-14（a）所示，长丝没有涂层处理，只有外围的长丝与混凝土形成黏结，长丝内部有很多气隙，受力时不能将载荷传给内部长丝，因而不能承受更大的负荷。而图6-14（b）所示的长丝在增强混凝土之前经过树脂涂层，整个长丝束内部黏结成一个整体，受力时表层长丝能将载荷传给内部长丝，因而能承受更大的负荷。

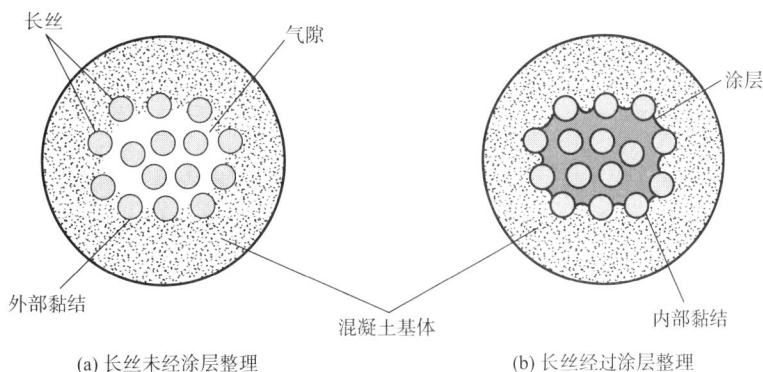

(a) 长丝未经涂层整理　　　　　　　　(b) 长丝经过涂层整理

图6-14　长丝涂层增强效果比较

用纤维增强水泥板材作墙体材料，可显著减轻墙体重量，特别适合作高层建筑的外墙板。其他应用领域有路面、装饰覆面、混凝土浇灌的各类防裂柱子及板材、游泳池等。图6-15所示为碳纤维和玻璃纤维增强材料用于外墙面板，可使外墙面板的厚度减小到10~30mm。

图6-15　高性能纤维增强材料用于外墙面

图6-16所示为由钢材（左）和碳纤维（右）增强混凝土制成的同等强度的工型梁，右边体积和重量明显减轻。而构件重量的减轻使得施工机具也轻型化，甚至不借助机具，工人就可以安装操作。

图6-16　钢材和碳纤维混凝土制成的同等强度的工型梁

在水泥中掺入碳短纤维可制造智能水泥，使建筑物的导电性增加10倍。将测试电极安装在建筑物的特定部位，可以依据测得的电流强度变化推断出建筑物的负荷和裂缝大小，及时发现并掌握潜伏在建筑物结构内部的隐患。

2. 建筑用织物增强材料

织物可以替代增强混凝土里面的钢筋满足建筑结构承载力的需要。在主要受力方向铺设织物，碳纤维/玻璃复合织物则将碳纤维布置在构件承受拉力的方向上。织物的生产方法有机织、针织、编织或非织造。除了平面织造方式，更多的是立体织物，如衬经衬纬经编织物、经编间隔织物、立体机织物、立体编织物等。机织物由于纱线在织物内过度弯曲，纱线的强力没有得到充分利用，在受力方面不及衬经衬纬经编织物。

针织成型技术可以通过控制工作织针的数量、改变织物组织结构或调节线圈密度，同时结合缝纫等手段形成具有特定外形的产品。针织技术生产速度快、产品幅宽大，在大型结构件成型方面更具优势。建筑用纺织品的成型构件多采用针织成型产品，多轴向经编可用穿刺将不同织物编织到一起。如 3D 针织构件与特殊的智能水泥相结合后创造出一种特殊的双曲面桥梁结构，质轻且节省材料，为未来混凝土桥梁的建设提供了一种经济实惠的解决方案。织物增强的建筑物，对于形状复杂的建筑结构，在修建过程中可减少很多复杂工序，有利于节省材料和时间。

图 6-17 所示为碳纤维经编网格结构织物增强的水泥基复合材料。图 6-18 所示为全球首个用纺织材料双曲面织物增强的混凝土立面，该建筑装饰材料仅有 3cm 厚，而且重量不到原来的 1/3。由于该材料能够"悬垂"成所需形状，从而使建筑设计的自由度大幅提升。

图 6-17　碳纤维经编网格结构织物增强的水泥基复合材料

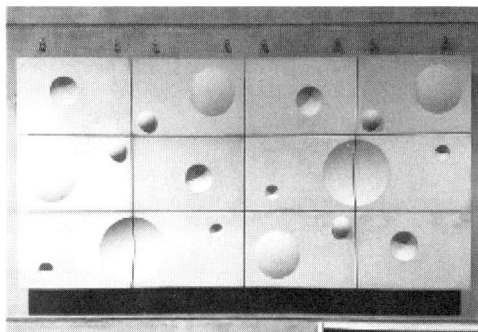

图 6-18　全球首个用纺织材料增强的双曲率混凝土立面

按照增强织物的网孔尺寸为细骨料混凝土的粒径的 2~3 倍计算，不同粒度的颗粒对应的增强织物网孔尺寸见表 6-1，颗粒最大粒度为 8mm。

表 6-1　不同粒度的颗粒对应的增强织物网孔尺寸

最大粒度/mm	增强织物网眼开孔尺寸/mm
<2	约 8
2~4	约 12
>6	约 16

3. 蜂窝结构的桥梁面板

用玻璃纤维或碳纤维通过拉挤成型制成蜂窝状结构，作为砼的增强材料，用于建造桥梁面板或修复桥梁材料，如图 6-19 所示。与传统钢砼结构材料相比，相对密度轻，抗疲劳性和耐腐蚀性好，寿命长，维修成本低。

4. 建筑物修补

建筑物长期使用后由多种原因造成裂缝、沉降、局部损坏及锈蚀等，需要修复和加固。建筑物修复加固技术应用最多的是补强，选用纤维增强复合材料，最常用的是碳纤维、芳纶

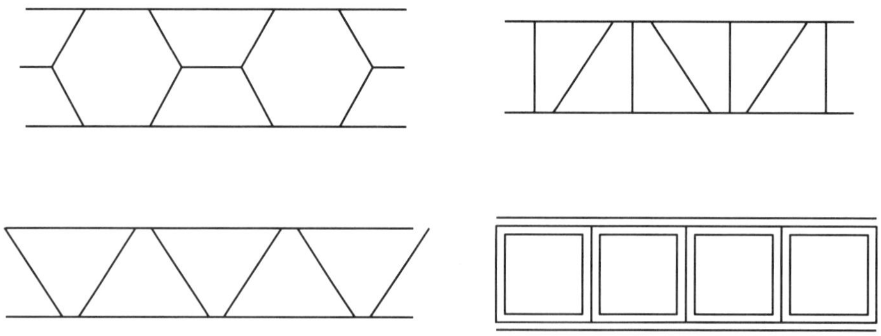

图 6-19　蜂窝状结构桥梁面板

图 6-20　碳纤维环向加固柱子

等，可以是单向纤维，也可以是平纹布，将纤维或布作为增强基，外涂环氧树脂及其他树脂黏合剂，缠绕在钢筋混凝土柱子外围（图 6-20），相当于箍筋的作用。且布状材料，可任意裁剪，施工方便灵活。如用芳纶布进行抗弯加固，贴一层可以提高承载 30%。对于烟囱和水塔这种维修很困难的建筑，以及地铁隧道裂缝修补，用纤维补强材料施工就很简单。

四、建筑用填充、衬垫纺织品

填充、衬垫纺织品都是密度比较小的材料，除起到保暖、抗震及防渗作用外，还必须具有防火阻燃作用。建筑填充材料有隔音填充材料、防火门填充材料（如硅酸铝棉、岩棉、珍珠棉、蛭石棉等）、防渗建筑填充材料、防火防热衬垫材料、新型纺织泡沫材料等。

五、建筑用装饰纺织品

1. 地毯、壁毯、挂毯、门垫

低档地毯（图 6-21）多采用聚丙烯或聚酯原液染色、梳理成网再针刺加固而制得。为了提高耐磨牢度，在地毯的背面还要抹上一层胶，将这类地毯材料切割成小块就得到门垫。高级宾馆或会堂的地毯用簇绒工艺生产，花色更丰富。中国许多民族有用壁毯、挂毯来美化生活的习俗，壁毯和挂毯可以是手工编织、刺绣或手绣等。

2. 贴墙布

机织生产的贴墙布多选择大提花组织，常织入一些金属丝线，如图 6-22 所示。用非织造方法生产贴墙布要配合印花技术。选择麻纤维或竹纤维制作的贴墙布还具有吸音降噪及保暖的功能。

图 6-21　聚丙烯针刺地毯

图 6-22　贴墙布

3. 门窗

过去的门窗都是用木头做的，但现在亚克力、金属、陶瓷及玻璃纤维复合材料都可以做门窗。玻璃纤维和环氧树脂复合，通过拉挤成型、切割等工艺，可制成各类门窗、浴缸、沐浴房、厨房灶台等，还具有重量轻、强度高的特点，玻璃纤维塑钢门窗如图 6-23 所示。

4. 墙面装饰材料

现代的会堂、宾馆、饭店及园林等处，普遍有书画卷轴装饰，或用大幅绫绢装裱的书画镶嵌在壁画或屏风中，有花鸟画、山水画、名

图 6-23　玻璃纤维塑钢门窗

人书法等。这些画是在丝绸绫绢上画出来的，也可以是用大提花组织织造出来的，还有用十字绣等绣出来的，最后装裱成壁画或屏风。图 6-24 所示为绫绢装裱的书画。

图 6-24　绫绢装裱书画

玻璃纤维增强树脂材料，用于装饰墙面外观，不但有较好的观赏性，还有隔热、隔音作用。如图6-25所示织物间壁隔板，织物夹层隔板至少由三层材料组成，中间采用足够厚度的泡沫塑料，上下层用玻璃纤维、芳纶、碳纤维增强材料构成。

5. 百叶窗、织物卷帘

某些办公及家用百叶窗选耐光性好的玻璃纤维或腈纶、涤纶长丝织造，如图6-26所示，颜色选浅蓝色或浅灰色，既给办公场所带来安静的环境，又有通风透气的效果。用一些半透明的纱绢类织物遮挡户外强光，使室内光线柔和安详。织物卷帘如图6-27所示，需要用耐光性好的纤维制成。

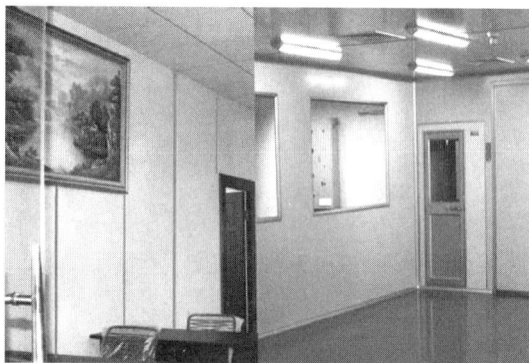

图6-25 织物间壁隔板

图6-26 百叶窗

6. 帷幕帷幔

凡帝王宫殿，都竖立帷幔，上悬帘幕，如图6-28所示。酒店、宴会厅及影剧院，都用长条纺织品大幅悬挂起来，柔美舒展，赏心悦目。

图6-27 织物卷帘

图6-28 帷幔

六、建筑用隔热、隔音 (吸声) 纺织品

纺织品作为具有一定厚度的多孔材料，具有疏松、柔软、蓬松多孔等特点，在吸声隔音、隔热等方面的研究应用已经非常广泛。将其作为建筑用材料，可以减少噪声，提高建筑物的保温隔热性能，提升居住的舒适度。纺织材料包裹在房屋的周围，阻隔外部湿冷空气进入而达到隔热效果。隔音材料一般应用于建筑物的内部，如生活中常见的电影院幕布。

1. 隔热材料

建筑用隔热材料可减少建筑物与外界的热量交换，减少能源使用，提升建筑舒适度。纺织纤维材料的孔隙率高，可以储存静态空气，具有很强的热量储存与隔热效果。在建筑物外包裹导热系数 $\lambda \leqslant 0.2 W/(m \cdot K)$ 的保温材料 [空气的导热系数大约是 $0.023 W/(m \cdot K)$]，在夏天反射紫外线、可见光和红外线，达到降温的目的；在冬天减少建筑物内的热量传导到外面去，达到保温的效果。

建筑隔热可以缓冲温度变化导致的墙体和屋面变形，隔热材料倾向于使用纺织废料、回收材料等，以降低原材料成本和碳排放。另外，尽可能以轻质薄材实现最佳的隔热效果。外墙和内墙分别采用高性能纤维增强混凝土，在内外墙体中间充填纺织回收废料，则墙体具有壁薄且隔热性能优异的特性，如图 6-29 (a) 所示。双层玻璃中间增加一层静止的空气层，甚至将两层玻璃之间抽成真空，静止的空气 (或真空) 是热的不良导体，因此双层玻璃具有保温作用，如图 6-29 (b) 所示。

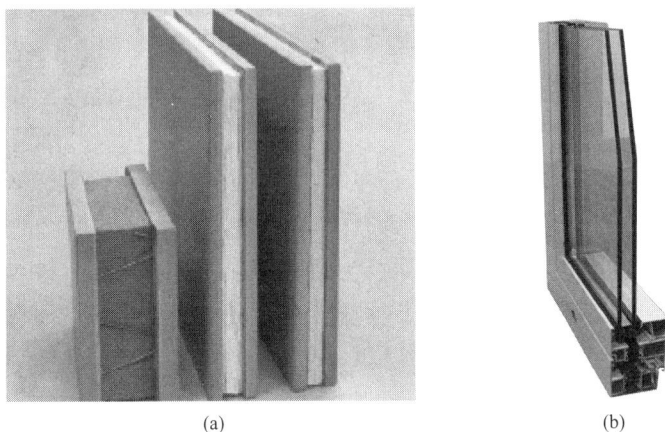

(a)　　　　　　　　　　　　　　　(b)

图 6-29　隔热墙体和双层中空玻璃

2. 隔音 (吸声) 织物

隔音的目的一方面是防止房间内的声音传出去，另一方面是防止不和谐的声音传进来。在音乐厅和会议室，还需改善可听度、声音的保真性。具有吸声隔音效果的纺织品在建筑中常被用于窗帘、幕布、地毯、天花板等。

羊毛纤维表面是鳞片结构，具有缩绒性，利用该性能制成的羊毛毡里面有很多微孔，有很好的隔热性和隔音作用。具有较多孔隙的非织造布也是较好的隔音吸声材料。机织物或针

织物要想达到较好的吸音效果，使用割绒织物，增加绒的高度和密度可提高吸音效果。声波折射到多孔材料引起空气振动，与多孔壁产生摩擦、反射，使声能量衰退，产生吸音效果。玻璃纤维、麻纤维及木丝纤维内部具有多孔结构，能制成较好的隔音材料，如图 6-30（a）所示为玻纤吸音板、图 6-30（b）所示为木丝吸音板。蜂窝夹层结构复合材料也具有较好的隔热和隔音作用，如图 6-31 所示。

(a) 玻璃纤维吸音板   (b) 木丝吸音板

图 6-30　吸音板

　　上述隔音材料都是厚型织物，能否制造轻薄又隔音效果好的纺织品呢？最新的隔音设计将声学原理和材料性能进行互补，使用密度可调的材料制成吸音材料，可在不同频率下实现对声波的选择性吸收。如聚酯纤维吸音棉，由熔喷法生产的直径 $1\sim5\mu m$ 超细纤维及直径 $20\sim30\mu m$ 三维螺旋卷曲短纤维共同组成，能在产品的克重及厚度较小时达到较好的吸音效果。

　　纺织品与特殊的建筑结构相结合，从而呈现优异的声学性能。如图 6-32 所示，音乐厅整体结构是一种轻便的拉伸充气式结构，表面是 PVC 涂层的聚酯纤维织物，天花板上镶嵌了类似琴键一样的横梁，能够反射一些高频声波，达到平衡的声学效果。

图 6-31　蜂窝夹层结构复合材料   图 6-32　纺织品与建筑结构结合

七、建筑用安全网及减震纺织品

1. 安全网

建筑安全网即建筑工地用来防止人或物坠落的安全网，如图 6-33 所示。采用锦纶、维纶、涤纶或聚乙烯、聚丙烯塑料扁丝，用针织物纬编组织或经编间隔织物制作。

图 6-33　建筑安全网

2. 减震纺织品

纺织品的减震作用，一方面是隔震，另一方面是消耗掉地震的能量。碳纤维补强加固混凝土技术在抗震方面应用较多，方法是用碳纤维布包裹钢筋混凝土柱子，柱子轴向压力增大时，横向会发生膨胀，包裹在柱子外面的碳纤维布发生径向伸长，对柱子产生径向约束力，推迟了受压区混凝土的压碎。

图 6-34 所示为一幢日本建筑，设计师在 3 层建筑外围设计了一圈由碳纤维复合材料制成的琴弦结构（160m 长的碳纤维复合材料）。当地震来临时，整个结构虽然会一起震动，但不会因自身重量过大而坍塌。

图 6-34　经过碳纤维复合材料加固的抗震建筑物

土工筋带（详见第九章第二节）是一种新型的地基处理材料，多用于中、高层楼房的地基处理加筋垫层，阻止软地基侧向挤出和隆起，减小地基的沉降变形。土工筋带加筋垫层是柔性结构物，能很好地吸收地震能量，抗震性好。土工筋带施工方便，应用于地基比一般桩基处理节约造价 30%~50%。

八、其他建筑用纺织品

1. 建筑作业防护用纺织品

防止高空坠物对人体的伤害，机械对人体的伤害，建筑场所作业人员需要使用劳动保护手套、头盔等。劳保手套用棉或棉型化纤针织加工而成，如图 6-35 所示。头盔用高性能的碳纤维、芳纶或玻璃纤维增强树脂复合材料制成，如图 6-36 所示。

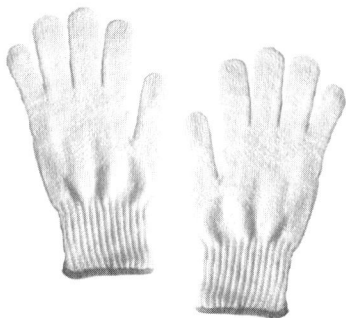

图 6-35　劳保手套　　　　　　　　　图 6-36　头盔

2. 自修复混凝土用纺织品

纤维增强混凝土不仅改善了普通混凝土脆性的缺陷，而且具有很好的自修复性能。如亚麻纤维增强混凝土材料比普通混凝土具有更好的弹性模量和抗压强度，当裂缝宽度小于 $30\mu m$ 时候，能够完全自修复。当裂缝宽度在 $30~150\mu m$ 能够部分自修复。

具有监测以及修复功能的智能纺织材料，可以感知自身是否已经受损，并在结构受到损害之前将信息实时报送给远程监控端或提前进行自我修复。在大型建筑、桥梁安全方面具有重大的应用意义。一般将集成传感器、导电纤维、纳米材料等融入纺织结构材料中来制备具有监测或自修复功能的智能建筑材料。以碳纤维/玻纤织物作为加筋材料，纺织结构中添加导电纤维，作为渗漏监测的传感器，具有加强筋与传感监测双重功能，可用于水管渗漏以及混凝土裂纹监测等领域。

3. 能量收集用纺织品

柔性智能太阳能电池板，如纤维基能量收集和储存器件、薄膜涂层能量收集装置，将其应用于建筑物的能量收集，具有质轻、造价低、可塑性强、适用面广等特点。

☞ **思考题**

1. 选择纺织品作建筑材料有哪些优点?

2. TPO 防水卷材有什么特点?

3. ETFE 膜材料是由什么材料制成的? 它有什么特点?

4. PDVF 膜材是由什么材料制成的?

5. 充气式膜结构由什么膜材制造?

6. 定义充气式织物结构和牵拉式织物结构, 说明两者的主要区别。

7. 假如你为林荫路畔大型商业设施屋顶选用织物结构型式时, 你会选择充气式结构还是牵拉式结构? 试述选择的理由。

8. 如何设计建筑用纺织品隔音材料及保温材料?

9. 增强混凝土用纺织品有哪两类? 如何使用?

10. 通过互联网找出 10 个用充气膜结构建造的大型建筑。

☞ **参考文献**

[1] S. 阿桑达. 产业用纺织品手册 [M]. 徐朴, 译. 北京: 中国纺织出版社, 2000.

[2] 张玉惕. 产业用纺织品 [M]. 北京: 中国纺织出版社, 2009.

[3] 刘凯琳, 赵永霞. 建筑用纺织品的发展现状及趋势 [J]. 纺织导报, 2019 (S01): 11.

[4] 倪章军, 李建中, 范立础. FRP 组合桥面系统在桥梁工程中的应用与发展 [J]. 玻璃钢/复合材料, 2004 (1): 42-47.

[5] 柴雅凌, 林新福. 建筑织物与织物建筑的发展 (一) [J]. 产业用纺织品, 2000 (10): 1-5.

第七章 篷帆类纺织品

教学要求

掌握篷帆类纺织品的纤维选择、织造方法及涂层技术。

主要知识点

1. 篷帆类纺织品的原料及织造技术。
2. 篷帆类纺织品的特殊涂层技术。

篷帆类纺织品是指应用于运输、储存、广告、居住等领域的帆布和篷布类纺织品。该类产品包括帐篷布、仓储用布、机器防护罩、遮盖帆布、广告灯箱布、广告布帘、鞋帽箱包用帆布、遮阳篷布、液体储存囊袋、其他篷帆类纺织品。

篷帆布最早是用于船帆上的织物，用麻或粗棉纤维织成，除了遮蔽风雨和阳光，更重要的是借助风力使船前进。篷帆类纺织品由于长时间处于阳光照射下，在纤维材料选择上要求耐紫外线性能好，合成纤维选择为腈纶、涤纶，也可以是玻璃纤维、芳纶等。长丝织物的强力好，拉伸断裂高，作篷盖帆布寿命长。但短纤维织物有很多毛羽，涂胶的效果更好，所以以后的发展是长丝和短纤维复合纱织物作为篷帆布。

篷盖布生产工艺过程如下：

（1）纤维选择。早期的篷盖布是棉质布，由于易腐蚀、发霉和布身重，后来被维纶帆布取代。现在普遍采用的是涤纶篷盖布，因为涤纶强力好、断裂伸长高、耐磨性能好、热稳定性强，在重量和厚度方面低于维纶布。芳纶、碳纤维等昂贵的高性能纤维基材用量较少。

（2）基布加工。用机织、针织或非织造方法生产基布，也可以是多种工艺的复合织物。机织方法用得最多，因为机织物尺寸稳定好，拉伸强度大，断裂伸长小，织物组织可以是平纹、斜纹、纬重平等；针织方法选择双轴向经编织物或衬纬衬经织物；以后的发展趋向是非织造方法生产基布。

（3）涂层整理。在基布的单面或双面涂层，涂层树脂为 PVC、PVDF、PE、PU、PTFE 和硅橡胶等。

一、帐篷布

帐篷是远古时代就有的用品，是基建施工、探险驻扎、军队野战驻营等为避风雨、防寒暑而用纺织材料搭建的临时住所。帐篷布的要求是防雨、防水、防晒、保暖、防霉透气等。早期的帐篷布选用棉麻纤维高密度织造，因为棉麻纤维吸水后体积发生膨胀，挤占了纱线之间缝隙，从而能阻止雨水的进一步侵入，但在水压较大的情况下防水性能差。现在帐篷布多是选择合成纤维织造再经涂层整理，抗撕裂强力高、抗紫外线好、经久耐用。在北方寒冷的地区，应开发保温和融化篷顶积雪的帐篷；在南方温暖的地方，可开发没有框架的充气式帐篷，以方便携带。

支杆式帐篷有框架，纺织品覆盖其上，如图 7-1 所示；张力式帐篷则是被拉紧的，跨度空间大，如图 7-2 所示。

图 7-1　支杆式帐篷

图 7-2　张力式帐篷

二、仓储用布

仓储用布可以选腈纶、涤纶，质量要求高的可以选择玻璃纤维。常用于净跨度结构厂房或库房的顶篷（图 7-3），也称净跨度帐篷。由于不需要支杆和其他支撑器材，仓储篷房跨度为 10~60m，可解决企业淡旺季仓储难题。

三、机器防护罩

机器防护罩可以保护操作人员的安全，还可以防止异物落入。盔甲防护罩（图 7-4）是机床防护罩的一种，用于防止高温切屑及其他尖锐东西进入机床导轨。按底罩材质分为尼龙

图 7-3　净跨度帐篷

图 7-4　盔甲防护罩

布、阻燃布、耐高温布、塑胶布、橡胶复合布等，将这些布与树脂复合加热成型就可以做成机器防护罩。机床防护罩的密封性要好，否则会造成冷却液进入电动机，损坏电器、驱动控制器烧坏、电动机烧坏等故障。

四、遮盖帆布

遮盖帆布主要用于物资储备、武器伪装等。如建筑业中，基建物料、木材和湿混凝土等需要使用帆布盖护，港口码头的货物堆放也需要遮盖，这类篷盖帆布需具有防水、防霉、防火三种作用。图7-5所示为堆放货物的防水篷盖帆布。

如生产一种防水、阻燃的篷盖帆布，选择涤纶短纤28tex×2股线（或500旦涤纶空气变形长丝），2/2纬重平组织，纬纱比经纱粗两倍，织物密度根据需要设计。涤纶耐光性好，适合的染料是分散染料，而分散染料的耐日晒色牢度很好。拒水整理剂有碳氟类、有机硅类等，将涤纶织物在拒水整理剂中二浸二轧，再热风烘干，高温烘焙。碳氟类整理剂除了具有防水作用外，还具有阻燃作用。如果需要更高的阻燃性能要求，还需要对涤纶织物进行阻燃涂层整理。

用篷布作货车的盖布能减小阻力，节省燃油7%，还能防止货物碎片飞扬。图7-6所示为军用汽车篷盖布及炮衣。

图7-5　防水篷盖帆布

图7-6　军用汽车篷盖布及炮衣

五、广告灯箱布

灯箱布的选材用得最多的是涤纶长丝，因为涤纶的尺寸稳定性好，不易松弛变形。腈纶的耐光性更好，也用于灯箱布。织造方法有梭织及双轴向经编，后者具有更高的抗撕裂及抗顶破强度，更能发挥涤纶的高强高模特性。如图7-7所示为经编组织的两种织法。

基布生产好以后再用聚氯乙烯（PVC）双面涂层或层合，提高布的阻燃性。涂层剂中添加抗紫外线和抗化学药品腐蚀剂，能减少灯箱布上化学离子的沉积；添加抗静电剂或一些导电填料，避免灯箱布表面吸附灰尘，减少清洗。涂层剂与基布的黏结牢度要高，否则影响灯箱布的透光。为了保证灯箱布较高的透光率，应减小织物密度、降低涂层薄膜厚度、尽量采用吸收系数小的添加剂。灯箱布大多暴露在大气中使用，经受日晒雨淋，在寒冷地带还要经受冰霜雪冻。灯箱布的制造尽量减少微孔，减少芯吸现象。

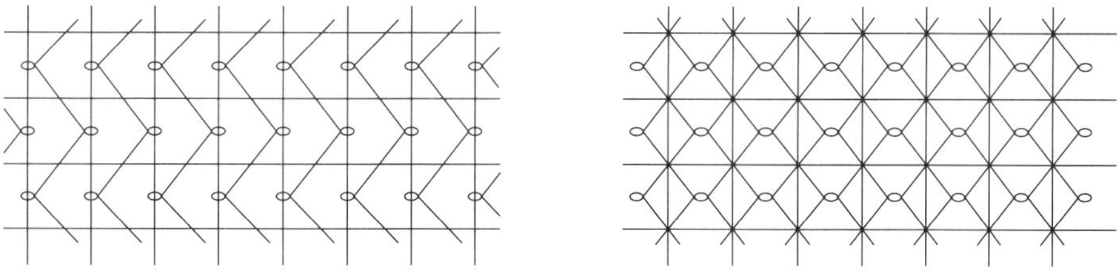

(a) 单梳栉衬经衬纬经平针组织　　　　(b) 双梳栉衬经衬纬经平针组织

图 7-7　经编双轴向基布

灯箱布色彩鲜艳，使用安全且寿命长，运输方便。在灯箱上可以贴透光即时贴，也可以进行热转印、超热印、计算机写真等处理。不仅能形成漂亮的文字，更可呈现美丽的图画。用灯箱布可以作成大型或超大型灯箱，而且可以平面、曲面任意造型。所显示的颜色和图案是喷上去的，如涤纶面料用分散染料喷绘，腈纶用阳离子染料喷绘。图 7-8 所示为灯箱布。

六、广告布帘

广告布帘的制作方法与灯箱布类似，如图 7-9 所示。

图 7-8　灯箱布

图 7-9　广告布帘

七、鞋帽箱包用帆布

鞋帽箱包用帆布最常用的就是牛津布，织物组织为 2/2 纬重平，纬纱比经纱粗 2~3 倍，布面主要是显示纬纱。鞋帽箱包用帆布可以涂层丙烯酸树脂，也可以不涂层，如图 7-10 所示的箱包在织物内层有涂层。

图 7-10　箱包材料

八、遮阳篷布

遮阳篷布选用耐光性较好的玻璃纤维、腈纶或涤纶织造，涂层乙烯基、丙烯酸酯、聚氯乙烯或碳氟材料，合成纤维织物不易褪色、防霉，涂层剂中添加阻燃材料、导电填料可提高阻燃性、可清洁性。遮阳篷和雨篷都可以遮阳，广泛地应用于商贸及居家，安装这类结构需要固定的支撑物。雨篷除了将其固定在建筑物上还需要有安装在地上的支撑件，这是遮阳篷和雨篷的区别，图 7-11、图 7-12 所示为遮阳篷，图 7-13、图 7-14 所示为雨篷。

图 7-11　圆顶遮阳篷

图 7-12　标准遮阳篷

图 7-13　自行车雨篷

图 7-14　门厅雨篷

九、液体储存囊袋

用于储水或者储存密封性要求较高的液体，如化工液体、油类、废水污液等。液体储存袋的主要要求是囊体的重量尽可能轻，材料抗撕裂强度和抗拉强度高。常用锦纶长丝织造，内涂层可以是乙烯基树脂，外涂层为氯丁橡胶。液体储存囊袋有水袋、软体沼气池、农用水囊、饮用水囊、化工水囊、油囊、酒囊、液体包装箱、鱼箱、大型储罐、充水塑料堤坝等。

图 7-15（a）所示为便携式软体油囊，图 7-15（b）为储水囊。储水囊用来为一些崎岖的丘陵、山区缺水地区运水，鱼类运输也是用的这种囊袋，不用时可以折叠存放，不占用空间。

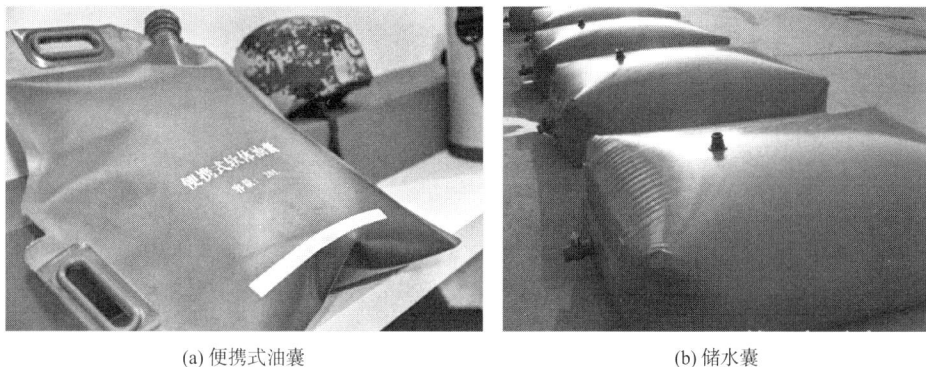

(a) 便携式油囊　　　　　　　　　　　　　　　　(b) 储水囊

图 7-15　液体囊袋

十、其他篷帆类纺织品

1. 多功能隐身篷布

在现代高科技局部战争中，多功能隐身篷布在地面武器装备伪装中发挥着重要作用。如美国某航空公司研发的一种多功能隐身篷布，可使它免于多种探测系统的探测、识别以及高能武器的破坏。

2. 防水透气篷盖布

防水透气篷盖布采用了微孔法原理，利用水滴和水蒸气分子直径的巨大差异，把织物涂层作成微孔型，使织物涂层只能让水蒸气分子通过，而把水滴拒之织物涂层之外，达到了防水透气的目的，可替代现有的棉帆布与 PVC 涂层织物，广泛用于铁路、公路、码头、露天储运等。

3. 新型多功能篷布

采用复合整理技术，研制开发的一种新型多功能篷盖布，具有防近红外探测功能，并集防水透湿、阻燃、拒油、耐气候、耐老化等诸多功能于一体，为功能纺织品的开发开辟了一个新途径，可适用于不同领域的需要。

☞ **思考题**

1. 篷帆类纺织品的基布一般用什么方法加工？
2. 遮盖帆布的防水、防油、防火处理的原理是什么？
3. 灯箱布的生产要注意哪些问题？

☞ **参考文献**

[1] S. 阿桑达. 产业用纺织品手册 [M]. 徐朴, 译. 北京: 中国纺织出版社, 2000.

[2] 张玉惕. 产业用纺织品 [M]. 北京: 中国纺织出版社, 2009.

[3] 高伟. 新兴广告材料: 柔性灯箱布 [J]. 产业用纺织品, 1996, 14 (4): 3.

[4] 葛顺顺. 高技术篷盖材料在应急避险系统中的发展应用 [C] // "力恒杯" 第 11 届功能性纺织品、纳米技术应用及低碳纺织研讨会论文集, 2011.

第八章　过滤及分离用纺织品

教学要求

了解过滤机理，依据过滤产品要求选择原料、制造技术及特殊处理。

主要知识点

1. 高温、中低温气体过滤材料的纤维选择及制造工艺。
2. 液体过滤及分离用纺织品、工业废水废液处理用纺织品的设计及生产。
3. 食品饮料行业过滤用纺织品的设计及生产。

过滤及分离用纺织品是指应用于气/固分离、液/固分离、气/液分离、固/固分离、液/液分离、气/气分离等领域的纺织品。该类产品包括高温气体过滤和分离用纺织品、中低温气体过滤和分离用纺织品、液体过滤和分离用纺织品、产品收集用纺织品、工业废水（废液）处理用纺织品、食品工业过滤用纺织品、香烟过滤嘴用纺织品、筛网类纺织品、其他过滤用纺织品。

第一节　概述

过滤就是将分散于气体、液体或固体中的颗粒状物质分离出来，如工厂的污水处理、生产环境的空气净化、矿泉水流体饮料的过滤等。

一、过滤机理

比滤材孔目大的颗粒的捕集实质上是筛分作用，微小颗粒捕集的机理常被解释为扩散、重力和布朗运动，称为迁移机理。当滤材纤维表面与颗粒间的距离非常近时（约 0.1μm）就会出现分子吸引力，被称为伦敦·瓦得瓦尔斯力或分散力。比过滤介质孔眼尺寸小的颗粒，由于五种阻滞而获得分离，如图 8-1 所示。

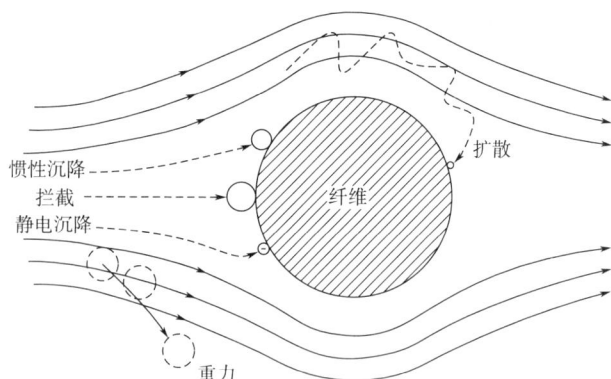

图 8-1　过滤机理

1. 拦截作用

当某一颗粒与纤维表面距离小于其半径时，它试图越过纤维表面，则只能与纤维碰撞而被截留或阻滞。拦截作用本质是筛分作用，例如，一个简单的筛子可以拦截尺寸大于其孔径的颗粒。

2. 惯性作用

当流动的气体或液体接近滤材时受阻发生绕流，颗粒由于惯性作用脱离绕流线，直接与纤维碰撞而被捕集。颗粒及流速越大，则惯性作用也越大。

3. 扩散作用

颗粒由于布朗运动产生的扩散，使其撞到纤维上而被捕集。颗粒越小，流速越低，则捕集越好。

4. 静电作用

带异性电荷的粒子互相吸引而形成较大的新颗粒则便于捕集；带同性电荷的颗粒相互排斥，促使其作布朗运动等而被捕集。在干式过滤中，特别是在相对湿度 30% 以下时颗粒带电显著。

5. 重力作用

地球引力使颗粒下沉而被捕集。

另外，颗粒在减速运动时发生凝聚，也容易被捕集。因此在液体过滤中，有时可添加凝聚剂以促进凝聚作用。

二、过滤形式

1. 表层过滤

早期的过滤类似于筛子，如图 8-2 所示，所有滤孔在一个平面上，因过滤介质的孔径小于污染物的外径尺寸而被阻隔，这就是表层过滤。表面过滤又称滤饼过滤，过滤介质的孔径不一定要小于最小颗粒的粒径。过滤开始时，部分小颗粒可以进入甚至穿过介质的小孔，但很快由于颗

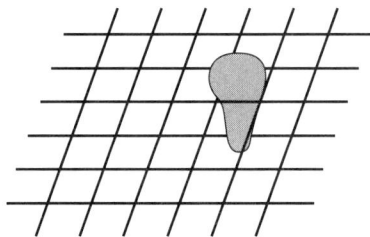

图 8-2　表层过滤

粒的架桥作用使介质的孔径缩小形成有效的阻挡。最后被截留在介质表面的颗粒形成了滤饼，随后形成真正起过滤介质作用的是滤饼本身，主要适用于固含量较大（>1%）的场合。

纤维层过滤通常遵守对数穿透定律：

$$\eta = 1 - \exp\left[\frac{-4(1-\varepsilon)L\eta_\varepsilon}{\pi\varepsilon D}\right] \tag{8-1}$$

式中：η——综合捕集效率，%；

　　　ε——孔隙率，%；

　　　L——纤维层或纱线层厚度，mm；

　　　D——单根纤维或纱线直径，mm；

　　　η_ε——每根单纤维或纱线的捕集效率，%。

从式（8-1）可以看出，纤维或纱线的直径越细过滤效率越好。图8-3所示结构也证明了纤维的直径越小，过滤的颗粒物越多。

图8-3　纤维直径与过滤效率的关系

2. 深层过滤

当被过滤的颗粒尺寸小于介质孔道直径时，不能在过滤介质表面形成滤饼，这些颗粒便进入介质内部，借惯性和扩散作用趋近孔道壁面，并在静电和表面力的作用下沉积下来，从而与流体分离。滤孔贯穿于整个介质内部，污染物是被介质内部结构捕获的，如图8-4所示。深层过滤既可以完成表层过滤的功能，又能通过弯曲的通道截留一些小于滤材孔径的污染物。增多滤材的弯曲孔道，可以提高过滤效能，所以很多滤材都有较厚的滤芯，图8-5所示为活性炭滤芯。大量不同孔径的微孔直接开孔于活性炭纤维表面及内部，可吸附有害有机物、重金属污染物以及化学残留物。

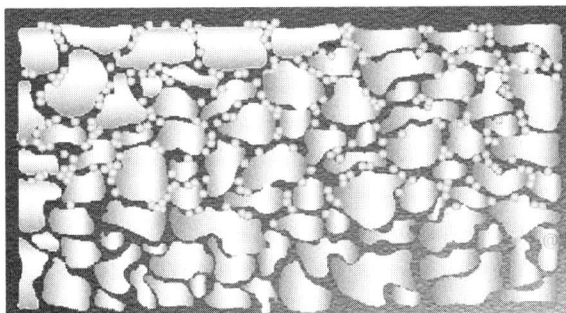

图8-4　深层过滤

图8-5　活性炭滤芯

深层过滤会使过滤介质内部的孔道逐渐缩小，所以过滤介质必须定期更换或再生。深层过滤无滤饼形成，主要用于净化含固量很少（<0.1%）的流体，如水的净化、生物制药过滤等。深层过滤用于膜分离技术之前道工序。

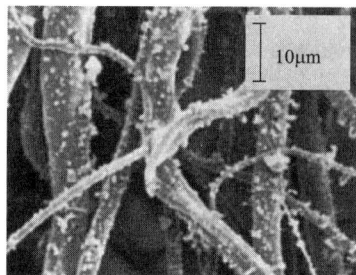

图 8-6　驻极体过滤材料

3. 吸附过滤

纺织纤维制成的过滤材料，滤材孔径在 1μm 至几十微米，但却能捕集 <100nm 的颗粒，这是利用了静电作用。在高分子材料纺丝液中加入电解盐，喷丝后经过一个强电场，让滤材带上与被过滤材料相反的电荷。如给滤材添加带正电荷的电解盐（金属的氧化物和氢氧化物），带负电的细菌和病毒经过时就受到正电荷的吸附而被阻隔。上述材料被称为驻极体过滤材料，用熔喷法生产，如图 8-6 所示。容易带负电荷的物质有细菌、病毒、支原体、酵母、硅颗粒、蛋白分子等。

4. 光触媒过滤

光触媒过滤是一种能将有害的有机化合物（如甲醛、苯、甲苯、二甲苯、氨等污染物）降解为无害的无机化合物（如 CO_2 和 H_2O）的技术。具备光电转换功能的半导体金属氧化物或硫化物有 TiO_2、WO_3、CdS、ZnO、Fe_2O_3、SnO_2 等，称为光触媒，其中 TiO_2 最常用。将 TiO_2 负载于基材表面且在一定能量的光照下，光触媒表面会产生强氧化性的空穴（h^+）和强还原性的光生电子（e^-），光生空穴与空气中的水分子反应生成羟基自由基，而光生电子与空气中的氧反应生成氧负离子。羟基自由基和氧负离子均具有较高的氧化还原电位，可将一般有机物分解为 CO_2 和 H_2O，将含氯的有机物分解成 CO_2、H_2O 和 HCl。光触媒催化过滤机理及过滤有害有机物如图 8-7 所示。

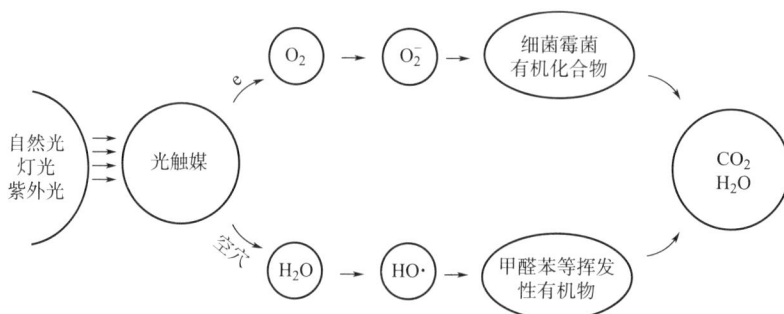

图 8-7　光触媒催化过滤机理

纳米 TiO_2 光催化剂具有生物降解性，速度快、无选择性、降解完全，并且具有良好的化学稳定性、价格低和无毒等特点，已经应用在有机废水和工业挥发性有机物（VOCs）废气处理领域。光催化技术能够处理一系列的有机污染物，包括烷烃、有机醇、氨、芳香烃、含氯碳氢化合物等。

三、过滤用纤维材料

1. 天然纤维

棉纤维吸水后发生膨润，适合微尘过滤、一般液体过滤与集尘等。例如，化学纤维制造业用纯棉 9.7tex×2 或 7.28tex×2 府绸作原液过滤布。

羊毛表面以鳞片覆盖着，因此具有成毡性。羊毛毡集尘率高而过滤速度大，具有优良的过滤性能。但羊毛价格高，耐化学药品性能差，因而在对滤材功能性较苛刻的条件下，一般都以合成纤维针刺毡来代替。

2. 玻璃纤维

玻璃纤维价格便宜，取材方便，已被用于制作耐高温过滤材料。但是它不耐酸，不耐磨，不抗折，不宜用在过滤含氟的烟气和作为脉冲袋式吸尘器的过滤材料。

3. 化学纤维

在合成纤维中丙纶最轻且容易制成细特纤维，耐化学药品性优良。其用途有染料和颜料的精制；黏土、陶瓷土、化学药品的制造；清油、啤酒、精糖等其他各种工业过滤；医疗卫生细菌病毒的过滤等。维纶布主要用于陶瓷土的过滤，腈纶用于腐蚀性气体的集尘，涤纶用于较高温度的过滤。

4. 功能性纤维

（1）阻燃纤维。

偏氯纶，具有较高的阻燃性、耐磨性、抗菌防霉性、耐浓碱性，可用作有腐蚀性的气体物质的过滤。

维氯纶，极限氧指数为 28%~33%，耐磨性、回弹性及抗静电性能均优良，适合制作阻燃滤布。

阻燃涤纶，是指通过共聚改性、共混改性或经过阻燃整理的涤纶。

（2）耐高温过滤纤维。1000℃以上的高温气体过滤纤维，只能选择陶瓷纤维、氧化铝纤维、碳化硼及氮化硼纤维；500℃左右可选择不锈钢纤维、玄武岩纤维；200~300℃可选玻璃纤维、聚四氟乙烯及芳纶；200℃以内有 PPS 及涤纶。

选择过滤材料时，纤维的耐热性和耐酸碱性是考虑的先决条件，现将各种纤维的耐热性和耐酸碱性比较如下：

耐干热性：陶瓷纤维、不锈钢纤维、玻璃纤维、聚四氟乙烯>芳纶、PPS>涤纶>腈纶>维纶>锦纶>棉>聚烯烃>羊毛>聚偏氯乙烯。

耐湿热性：陶瓷纤维>不锈钢纤维>玻璃纤维、聚四氟乙烯>芳纶、PPS>腈纶>锦纶>聚烯烃>棉>涤纶、维纶>羊毛>聚偏氯乙烯。

耐碱性：聚四氟乙烯>丙纶>聚偏氯乙烯>锦纶>维纶>腈纶。

耐硫酸性：聚四氟乙烯>丙纶>涤纶、腈纶>维纶、锦纶。

耐盐酸：聚四氟乙烯>丙纶>涤纶>维纶、锦纶。

耐硝酸：聚四氟乙烯>丙纶>聚偏氯乙烯>涤纶>腈纶>维纶、锦纶。

四、过滤用纺织品

过滤用纺织品可以是机织物、针织物、非织造布以及现代复合技术材料。国内滤料在经过从机织布、绒布到针刺毡的工艺进步，正在向水刺毡过渡；基于超细纤维、海岛纤维、纳米纤维的滤料正逐渐进入大规模应用领域；各种耐高温、耐腐蚀高性能纤维的应用也使滤料的可靠性大幅提高，袋除尘滤料成为控制工业尘源的最重要材料。

1. 机织过滤纺织品

机织是由经纬两个系统的纱线交织而成，经纬纱之间的缝隙构成了被过滤物的通道。机织过滤布的孔隙率是 30% ~ 40%，孔隙是直通的，对液体的阻力较小，不能阻挡微小尘埃，对机织布起绒能提高过滤效果。湿式过滤器常用化纤长丝机织物。

2. 针织过滤纺织品

针织物的孔隙比机织物大，但孔隙不像机织物那样是直通的，而是弯曲迂回的。如果针织物有一定厚度就能阻挡比孔隙小得多的尘埃，在过滤效能方面反而优于机织物。

3. 非织造过滤纺织品

非织造布是由纤维网形成的三维立体结构织物，孔隙是非直通气孔形态，孔径尺寸规格多且复杂，它的孔隙率是机织布的 2 倍，但过滤效能远高于机织物的 2 倍。针刺非织造布是干式过滤的主体材料，而湿式过滤则需要用到机织物作为增强材料。水刺毡滤料采用高压水针加固，由于刺孔小、纤维损伤轻、表面光滑，具有高效、低阻的优点，目前已经在燃煤电厂获得较多应用。

非织造过滤纺织品需要减小纤维直径，如海岛纤维直径细到 1μm 甚至百纳米级，其过滤效率及过滤精度显著提高，尤其适用于超低排放及 PM2.5 超细颗粒排放控制。熔喷超细纤维、双组分纺粘水刺、熔喷水刺则从加工工艺方面提高了纤维细度。

4. 复合过滤材料

多种纤维的复合针刺布，如杜邦开发的玻璃纤维与聚四氟乙烯复合针刺毡。国内有玻璃纤维与涤纶交叉织造的过滤材料。

静电纺纳米纤维网与机织物复合。因为静电纺纤维机械强力低，难以承受高温气体通过时高速气流产生的压力，选用碳纤维、芳纶和玻璃纤维机织物作为增强材料，可保护纳米滤层，用于 PM2.5 的小颗粒过滤，如电子及半导体洁净车间、水过滤等。

聚四氟乙烯（PTFE）微孔膜具有良好的抗氧化和耐高温抗腐蚀性，该膜可在滤料表层形成孔径小且分布均匀的过滤面。将非织造滤材与 PTFE 膜用高温层合工艺，覆膜后能有效提高滤料的过滤效率和精度。

高温燃烧及相关工业生产中往往会产生有毒、有害气体，如二噁英、甲醛、甲苯等，虽可通过物理方式（如活性炭吸附）去除这些有毒、有害气体，但物理方式存在二次污染的危险，如被吸附的有毒、有害气体再次释放时仍可能造成环境污染和危害。将具有光催化降解作用的金属氧化物（TiO_2、ZnO、MnO_2）添加到滤材中，经同步固化及静电驻极后成为一体，赋予非织造滤材对有毒有害气体的降解性能。

第二节 过滤材料

一、高温气体过滤和分离用纺织品

高温过滤材料应用于有色冶金、电力、机械、建材和玻璃制造业等。在过滤时无须降温，既可以减少复杂、庞大的气体冷却系统，又可以防止气体降温导致腐蚀性物质析出而造成设备侵蚀等问题。高温气体直接过滤可缩短气体净化工艺流程、提高余热利用效率，还可回收贵重金属颗粒。在超高温时，由于热膨胀效应，滤料的孔径会增大，不利于提高过滤精度，但同时在高温下惯性碰撞和扩散效应会提高，这又有利于拦截微小尺寸粒子。

煤在充分燃烧时，需要在 1000℃ 条件下过滤热气体。废气中还含有 SO_x、NO_x、H_2S、NH_3 等气体，与烟道中的水蒸气结合形成强酸。因此，高温烟道滤布是耐高温和耐腐蚀性双重要求。过滤纺织品的工作温度在 300℃ 以上时，需要选择高温陶瓷纤维、高硅氧玻璃纤维、玄武岩纤维及不锈钢纤维等。但这类纤维耐磨强力太差，不能在传统纺织工艺上加工，可使用非织造针刺加工成滤毡，各类纤维最高工作温度详见表 8-1。

表 8-1 各类纤维最高工作温度

高温气体过滤材料种类	最高工作温度/℃	长期工作温度/℃
高温陶瓷纤维	1100	800
高硅氧玻璃纤维	1700	900
玄武岩纤维	900	700
金属纤维针刺毡	600	300~600

高温陶瓷纤维包括熔融石英纤维、ZrO_2-SiO_2 纤维、Al_2O_3-SiO_2 纤维、Al_2O_3-CrO_2-金属氧化物纤维、Al_2O_3-B_2O_3-SiO_2 纤维、SiC 纤维、TiO_2 纤维及石墨纤维等，陶瓷纤维脆性、延展性和韧性差，过滤介质与滤芯硬件难以整体对接，滤芯与滤壳密封也难。图 8-8 所示为连续陶瓷长丝纤维缠绕成型过滤材料，在缠绕过程中可以复合一部分陶瓷短纤维。

高硅氧玻璃纤维是用普通玻璃纤维生产工艺制成纱、布等各种制品，经过酸沥滤将玻璃中溶于酸的组分除去，使 SiO_2 富集量达 96% 以上，再经过热

图 8-8 连续陶瓷纤维缠绕成型过滤材料

烧结定形。高硅氧纤维针刺毡经表面处理，制作气体收尘滤袋。适用于废钢铁熔炉、橡胶轮胎熔炉、垃圾焚烧炉、燃气涡轮发电机等的高温烟气处理。

玄武岩纤维也是陶瓷纤维的一种，主要成分是 SiO_2，较高含量的 Al_2O_3 可提高纤维的耐

久性、化学稳定性、热稳定性和力学性能，而且玄武岩纤维由于原料易取、价廉，相对价格比较便宜，性价比高，是目前最有实际应用前景的陶瓷滤材。

选用合适的金属纤维单丝直径，生产机织多层过滤网或针刺金属毡，在过滤带静电的粉尘时可加快静电衰减速度，直接消除静电，防止粉尘静电聚集产生火花。金属纤维塑性和延伸性较好、活性较高，但制备困难。陶瓷纤维脆性、无延伸性且焊接性差，因此又出现了金属陶瓷复合材料。

高温过滤材料80%被制成袋式除尘器，过滤方式不会造成二次污染，且对亚微米级甚至纳米级的细小粉尘颗粒物具有较好的除尘效率。袋式除尘器如图8-9所示。

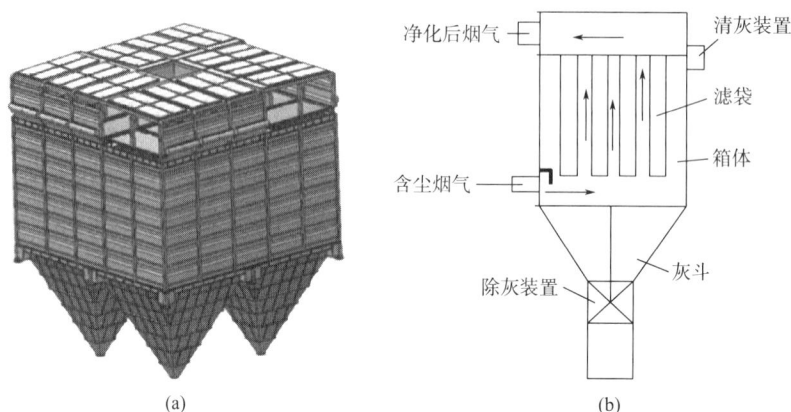

图 8-9　袋式除尘器

二、中低温气体过滤和分离用纺织品

中温气体过滤材料可选择玻璃纤维、芳纶、聚苯硫醚（PPS）或聚四氟乙烯（PTFE）、聚酰亚胺及芳砜纶等。低温气体过滤材料选择丙纶、涤纶、腈纶及氯纶等。以上纤维多数由针刺法加工成非织造布过滤呢，也有使用机织或针织法加工成滤材。滤材表面添加带电荷的物质能加强对小尺寸微尘的吸附。中低温气体过滤材料可以制成毡状、布状或袋装，如图8-10和图8-11所示，各类纤维的最高工作温度和性能见表8-2。

图 8-10　玻纤针刺毡

图 8-11　玻纤针刺毡袋

表 8-2　过滤用纺织纤维的性能

纤维各类	棉	聚丙烯(PP)	聚酯(PET)	聚酰胺(PA)	聚丙烯腈(PAN)	间位芳纶	对位芳纶	聚酰亚胺(PI)	玻璃纤维	聚苯硫醚(PPS)	聚四氟乙烯(PTFE)
干热连续使用温度/℃	82	77	135	94	120	204	200	260	260	190	260
饱和蒸汽使用温度/℃	88	94	94	94	110	177	180	195	260	190	260
短时间最高作用温度/℃	94	107	150	121	120	240	250	300	290	230	290
密度/(g/cm³)	1.54	0.9	1.38	1.14	1.16	1.38	1.37~1.38	1.41	2.54	1.35~1.38	2.3
回潮率/%	8.5	0	0.4	4.5	2	4.5	4.5	3.0	0	0.6	0
耐磨性	一般	优秀	优秀	优秀	良好	良好	良好	良好	良好	良好	良好
抗菌防霉性	差	优秀	很好	很好	很好	很好	很好	很好	很好	很好	优秀
阻燃性	差	差	差	一般	一般	优秀	优秀	优秀	优秀	优秀	优秀
过滤性	良好	良好	优秀	优秀	良好	优秀	优秀	优秀	良好	优秀	一般
热湿性	优秀	优秀	差	优秀	优秀	优秀	优秀	优秀	优秀	良好	优秀
耐碱性	优秀	优秀	一般	良好	一般	良好	良好	一般	一般	优秀	优秀
耐无机酸性	差	优秀	一般	差	良好	一般	一般	优秀	差	优秀	优秀
耐有机酸性	差	优秀	一般	差	良好	一般	一般	优秀	差	优秀	优秀
耐氧化性	差	良好	良好	一般	良好	差	差	良好	优秀	差	优秀
耐有机溶剂性	很好	优秀	良好	很好	很好	很好	很好	优秀	优秀	优秀	优秀

聚四氟乙烯（PTFE）具有较好的耐酸碱、耐高温、抗老化性，且阻燃性能优良。PTFE滤料在高温和腐蚀气体中寿命长，适用于城市垃圾焚烧处理过滤、高硫煤燃烧除尘、化学加工过滤、矿物加工过滤等。将PTFE薄膜与普通针刺毡、玻璃纤维滤布进行复合，可获得过滤精度高且清灰性能强的PTFE覆膜滤料。

聚苯硫醚（PPS）耐酸、耐高温和耐热湿分解，特别适用于含有化学腐蚀性的烟尘过滤，是火电厂使用最广泛的滤料，PPS织物表面覆PTFE膜耐化学性更好。PPS长期使用温度为170～190℃。

间位芳纶滤料的基布以机织物为主，与芳纶短纤维针刺法加工的蓬松棉复合，产品有大量微孔，耐高温性优于PPS滤料，适合在高温、无酸、含水较少的工况中使用，广泛应用于炭黑行业和冶金行业。

玻璃纤维具有良好的绝缘性、耐热性、抗腐蚀性和力学强度，是高温滤料中用量最大的纤维原材料之一。玻璃纤维长丝制成经编织物，与短纤维网复合加工成针刺毡，再通过覆膜技术与PTFE膜复合，产品易清灰、耐磨、耐折、高强等特点，做成高温滤袋，烟气过滤后的颗粒物排放浓度可达 $5\sim10\text{mg/m}^3$。玻璃纤维滤料主要用于水泥窑头、窑尾的烟气过滤。

聚酰亚胺纤维是一种阻燃且高温稳定的纤维材料，其截面为不规则叶片状。聚酰亚胺纤维制备的滤料最高耐受温度可达260℃，常用于钢铁高炉、玻璃胶化、烘干过程中的过滤。但聚酰亚胺滤料不耐水解，也不耐酸碱腐蚀。

芳砜纶纤维，属于芳香族聚酰胺纤维类，具有耐高温、阻燃性能，在耐高温性及高温尺寸稳定性方面比间位芳纶好，是制作滤袋的优良滤料。

涤纶价格便宜，有普通型、高收缩型、双组分型、低熔点黏结型、阻燃型、远红外型等。滤料中的涤纶主要为普通型涤纶，熔点为256℃，瞬时工作温度可达150℃。涤纶被制成针刺滤材或水刺滤材，广泛应用于常温空气过滤领域。

空气净化用过滤材料属于低温气体过滤纺织品，常用材料有活性炭滤网、丙纶熔喷棉、光触媒滤网及光触媒加活性炭复合滤网，如图8-12所示为蜂窝光触媒滤网。活性炭、丙纶熔喷棉、光触媒的过滤机理详见本章第一节。气体过滤器能够去除尺寸远低于液体精度的污染物，对 $0.1\sim0.3\mu\text{m}$ 的颗粒非常有效。

图8-12　蜂窝光触媒滤网

三、液体过滤和分离用纺织品

液体过滤纤维材料常用丙纶、涤纶、锦纶、腈纶、黏胶纤维、芳纶、聚四氟乙烯、聚苯硫醚及聚酰亚胺等。用于液体过滤的纺织品，有粗糙多孔的外观最好，有些产品还要求纤维强力高、耐腐蚀、耐高温等。

湿式过滤器按动力的不同划分为真空过滤、加压过滤、压榨过滤和离心过滤等。液体过滤可通过添加高分子电解质使细颗粒凝聚成较大的颗粒进而形成滤饼，如添加硅藻土。

1. 真空过滤

带式过滤机就是一种真空过滤，在真空负压的作用下，悬浮液中的液体透过滤布被吸走，而固体颗粒则被截留，如图 8-13 所示。吸气托板架支承着一条回转过滤布带，布带是化纤复丝的平纹或斜纹薄型织物。当处于吸气行程时，与布带同行的真空托板上方实现过滤作用。然后真空作用消失，传送带继续向前，托板架被拉回到原来的位置。带式过滤机在真空作用下完成固液分离，布带前进方向要求伸长小的纤维。

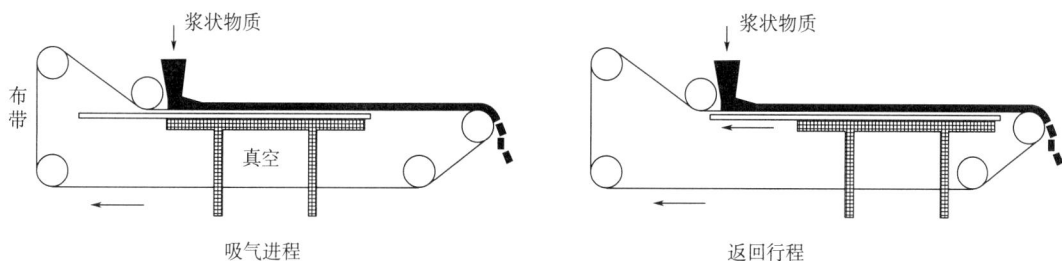

图 8-13　带式过滤示意图

2. 加压过滤

加压过滤机常用于煤炭分选，用于黑色金属及有色金属精矿的脱水，化工、环保部门的固液分离等。圆盘式加压过滤机是将一台盘式过滤机装入一个密闭的加压仓中，加压仓内充进一定压力的压缩空气，此压力为过滤作用的推动力。用泵将煤浆打进压力罐内部的煤浆槽内，滤盘浸入煤浆槽并在其中转动，煤浆附着在滤扇上，每个滤盘上有 20 块滤扇。滤扇一侧与大气相通，由于加压仓的压力与大气之间存在压差，附着在滤扇上的煤浆进行过滤脱水，形成滤饼，经干燥、反吹等工序实现固液分离。加压过滤机如图 8-14 所示。

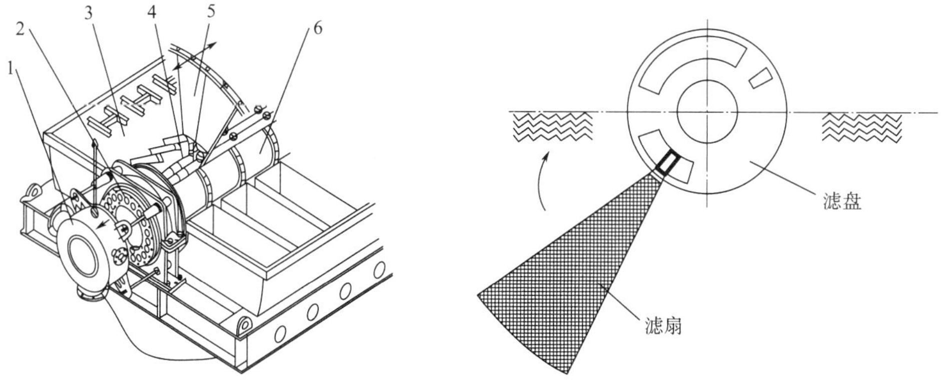

图 8-14　加压过滤机

1—分配头　2—动片　3—矿浆槽　4—滤盘　5—滤扇　6—主轴

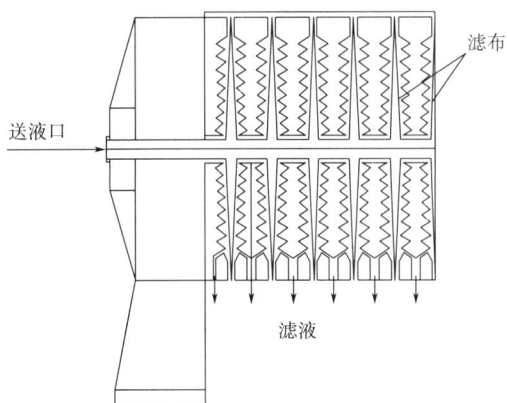

图 8-15　板式压榨过滤机

3. 压榨过滤

板框式压榨过滤机广泛用于各种悬浮液的固液分离，属于间歇式过滤。由很多成对的包覆有织物的板片组成，板片紧压在一起，在板间注入的浆状物质受高压压实，液体经织物滤出而固体留在织物表面。接着板片分开，固体层落下。板框式压榨过滤机如图 8-15 所示，应用于化工脱水及污水处理等。

过滤织物选择涤纶、锦纶及丙纶长丝或短纤维机织物，组织可以是平纹、斜纹、缎纹或人字纹等，有些织物需要拉毛处理，有些织物每隔 1cm 长度加一根导条纱防静电。耐酸碱性要求较高时需选择丙纶机织布。

某丙纶过滤布，经纬向线密度为 59tex×2，经向密度为 240 根/10cm，纬向密度为 112 根/10cm，织物平方米重量为 420g/m²，经纱方向每隔 30 根纱线加入一根导电纱，200Pa 压力下透气量为 14L/（m²·s）。

耐高温的过滤布选择无碱玻纤机织布作基布，在其上针刺芳纶或聚酰亚胺短纤维网构成耐高温针刺毡。

4. 离心过滤

离心过滤机实质是带有滤布或滤网的离心脱水机，滤布必须具有较高的强度，选择合成纤维长丝的斜纹织物。

5. 膜分离技术

膜分离技术是利用一种特殊制造的、具有选择透过性能的薄膜（厚度从几微米、几十微米至几百微米）组成，在外力推动下对混合物进行分离、提纯、浓缩的一种分离新方法。如图 8-16 所示，由于薄膜孔径的限制，原液在加压的情况下，体积最小的颗粒能通过，中等或大的颗粒不能透过膜。根据这一特性，可以设计使某些物质通过、某些物质不能通过来完成物质的分离，如果汁的浓缩、海水淡化等。根据膜层孔隙的大小，可分为微滤膜、超滤膜、纳滤膜和反渗透膜等。

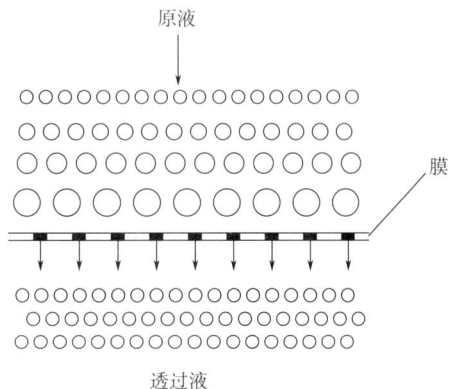

图 8-16　膜分离技术原理

传统的制膜方法是在成膜原液或熔体中加入水溶性的造孔剂，成膜后再把膜中的水溶性物质萃取而去除，其在膜中所处的位置即成为孔洞。控制致孔剂的使用量和分子量，能控制膜的孔隙率和孔尺寸。

四、产品收集用纺织品

产品收集用纺织品又称吸附分离纤维，利用吸附剂对液体或气体中某一组分具有选择性吸附的能力，使其富集在吸附剂表面，再用适当的洗脱剂将其解吸，达到分离纯化的目的。广泛应用于溶液的物质分离、提纯、浓缩技术，稀有金属回收，目标产物提取、浓缩和粗分离等。分离技术是通过纤维膜，特别是中空纤维膜实现的。

1. 巯基棉

巯基棉是将棉纤维浸泡在巯基乙酸溶液中加热，或用巯基乙酸蒸汽与棉纤维接触，让巯基接到纤维素大分子上而制得。巯基非常活跃，利用其氧化、还原、络合及离子交换等作用，吸附金属离子。优先吸附与其结合强力较强的元素，已被吸附的元素还可以被结合能力更强的元素置换。吸附强弱顺序如下：

$Pt(4+) \approx Pd(2+) > Au(3+) \approx Se(4+) > Te(4+)$、$As(3+)$、$Hg(2+)$、$Ag(+) > Sb(3+) >$
$Bi(3+) > Sn(2+) > CH_3Hg+ > Cu(2+) > In(3+) \approx Pb(2+) > Cd(2+) > Zn(2+)$

巯基棉用于重金属离子的收集，各种重金属离子与巯基的结合能力不同，可通过溶液酸度进行选择性吸收。吸附后的解吸用洗脱法，吸附能力较强的重金属离子如 Pt、Pd、Au、Se^{4+} 需用较浓的酸温浸或加热煮沸才能定量解析。

2. 离子交换纤维置换

离子交换纤维本身带有固定离子和活动离子，与电解质接触时，纤维上的离子能与溶液中的离子作选择性交换。离子交换纤维分为阴离子交换纤维、阳离子交换纤维及两性离子交换纤维，阴离子用于碱性溶液，阳离子用于酸性溶液。离子交换纤维的直径为 $1 \sim 50 \mu m$，甚至有低于 $1 \mu m$，因此具有巨大的比表面积。使用时常被制成纤维状、非织造布状、织物状或膜状。

制备离子交换纤维的材料为聚烯烃、聚乙烯醇、聚氯乙烯或聚酰胺等。如聚乙烯醇经缩醛后，与硫化钠交联，再与亚硫酸钠反应可制得强酸性阳离子交换纤维。聚乙烯醇半碳化纤维与环氧氯丙烷反应，再与叔胺反应可制得强碱性阴离子交换纤维。

离子交换纤维用于湿法冶炼贵重金属、海水提铀、稀土元素的分离回收与纯化、医药有效成分的分离和提纯、杀菌除臭、水的脱盐软化及工业废水净化。离子交换纤维不仅适用于无机离子混合物的分离，也用于有机物的分离，如氨基酸、核酸、蛋白质等。

3. 螯合纤维

螯合纤维存在大量具有未成键孤对电子的 N、O、S、P 等杂原子，可与金属离子形成配位键，是一类能与金属离子形成多配位络合物的纤堆状吸附功能材料。与金属离子结合力强，可用于贵重金属的回收、稀土元素的分离、重金属废水处理，还可用于从海水中富集铀。用螯合纤维在废水中去除重金属铅的反式如下：

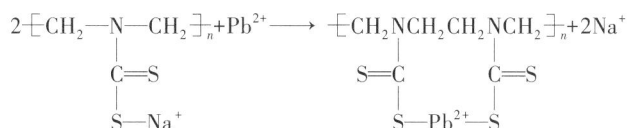

不同的重金属与螯合剂形成的螯合结构是不相同的，但最终的结果都是形成高分子重金

属离子螯合物。

五、工业废水（废液）处理用纺织品

处理工业废水废液的方法有化学处理法、物理化学处理法以及生物处理法，而物理化学法以及生物法都要用到纺织材料。物理化学法用纺织品吸附废水废液（活性炭纤维）或用离子交换纤维置换分离等。生物法用非织造布作填充物，该材料能固定微生物菌类，再利用微生物将油污分解。

1. 活性炭纤维吸附

活性炭纤维（activated carbon fiber）是有机纤维经高温炭化、活化制备而成的一种多孔性纤维状吸附材料，是一种非极性吸附剂，广泛应用于工业废水（废液）的处理。根据前驱纤维的不同，活性炭纤维分为黏胶基、酚醛基、聚丙烯腈基和沥青基，图8-17所示为黏胶基和聚丙烯腈基活性炭的制造过程。

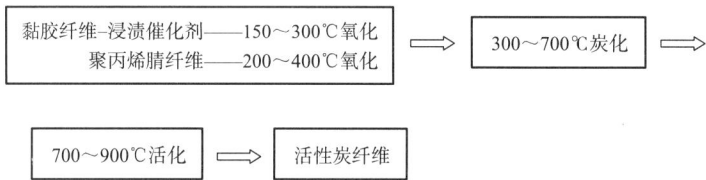

```
黏胶纤维–浸渍催化剂——150~300℃氧化      300~700℃炭化
聚丙烯腈纤维——200~400℃氧化
```

```
700~900℃活化      活性炭纤维
```

图8-17　活性炭纤维制造过程

活性炭纤维具有巨大的比表面积（多数在800~1500m²/g），表面开有大量的微孔，吸附和脱附速率快。活性炭纤维的主要成分是C，但也存在微量的杂质原子，包括O、H，此外还有N、S等，因此具有氧化还原能力，可将贵金属离子及其他离子还原为低价离子或金属单质。活性炭纤维适用于各种有机废水的处理，对于化工、冶金、炼焦及轻工业产业产生的废水及生活污水的处理有其独特的效果，对酚类废水有良好的去除效果。

2. 聚酰胺吸附

聚酰胺纤维的分子结构中有许多酰胺基，可与酚类、醌类、黄酮类形成氢键，因而产生吸附作用。芳香族、共轭双键越多，吸附越强。除去多元酚类杂质可用聚酰胺。

六、食品工业过滤用纺织品

过去食品的杀菌是用高温，但高温会破坏有用成分，且细菌的尸体还留在食品或药品中。现在普遍采用的是过滤除菌。食品工业如葡萄酒、烈酒和啤酒去除悬浮物、沉积物；食用油中颗粒的去除及抛光；酱油生产；糖业生产精制糖；果汁浓缩；食品和饮料的杀菌；淀粉加工；牛奶加工及软饮料灌装前的过滤；各种工业用水的过滤等。

根据过滤介质截留的物质颗粒大小，分为粗滤、微滤、超滤、反渗透四种。常用的滤材有纸状、布状、多孔陶瓷及高分子膜材，其中微滤、超滤、反渗透、电渗析属于高分子膜分离材料。它们的主要特性和用途见表 8-3。

表 8-3　四种过滤的主要特性及用途

类别	截留的颗粒尺寸	截留的主要物质	过滤介质
粗滤	>2μm	酵母、霉菌、动植物细胞、大颗粒固形物	滤纸、滤布、多孔陶瓷滤板、玻璃纤维
微滤	0.2~2μm	细菌、灰尘	微滤膜
超滤	20Å~0.2μm	病毒、生物大分子	超滤膜
反渗透	<20Å	生物小分子、离子、盐	反渗透膜

　　要选用孔径大小适当、孔的数量较多又分布均匀的滤材。粗滤材料有化纤长丝机织布、针刺非织造布、湿法非织造布等。根据过滤推动力的不同，粗滤又分为常压过滤、加压过滤和减压过滤。常压过滤以重力为动力，悬浮液置于过滤介质的上方；加压过滤以压力泵或压缩空气为过滤的推动力，可添加助滤剂；减压过滤又称真空过滤或抽滤，通过在过滤介质的下方抽真空的方法，增加过滤介质上下方的压差，推动液体通过过滤介质，从而把大颗粒截留。粗滤参见本章"液体分离和过滤用纺织品"。

　　食品行业品种繁多，适用于所有产品的标准过滤产品是没有的。食品工业的过滤有些是滤饼和滤渣都需要留用，作为不同层次的制品或需要再循环使用。

七、香烟过滤嘴用纺织品

　　用来过滤香烟烟雾中的不完全燃烧产物。香烟过滤用纺织品目前醋酯纤维的用量最大，如图 8-18 所示。纤维素大分子上的三个羟基（—OH）同醋酸发生酯化反应得到醋酸纤维素，相当于纤维素大分子长链上长了许多细小的绒毛。醋酸纤维截面近似 Y 形，而卷曲的 Y 形纤维滤棒对烟气具有较好的截留率和吸附效果。

图 8-18　香烟过滤嘴

八、筛网类纺织品

　　筛网是采用桑蚕丝、合成纤维丝、金属丝及金属合纤复合丝等原料织制的、表面有均匀而稳定的透气孔、具有筛选和过滤作用的工业用纺织品。筛网的规格常以单位长度的孔数表示，孔径 0.15~1mm。按组织不同，可分为平纹组织筛网、方平组织筛网、斜纹组织筛网、全绞纱组织筛网、半绞纱组织筛网和苇席组织筛网等。按材料分类又有桑蚕丝筛网、合成纤维筛网、金属丝筛网等。

1. 桑蚕丝筛网

　　桑蚕丝筛网规格为 4~62 孔/cm，主要用于粮食工业筛选，如标准粉和精白粉的筛选，也用于磨料工业的粗细砂筛选。桑蚕丝网最早用于印花及印刷行业，与感光胶膜的结合性好，但耐磨性和耐化学药品性差，成本高。

2. 合成纤维筛网

以尼龙长丝或涤纶长丝制作，长丝单丝细度用 15~30 旦，规格有 19~240 目/cm（单位长度内的网格数称为目），多用作印刷、印花、过滤、磁粉和荧光粉的筛选。丝网织造组织有平纹、斜纹、半绞纱组织及全绞纱组织。平纹组织交织点最多，网孔均匀，应用最多。斜纹用于密网，多见于 120 目/cm 以上的丝网。绞纱组织用于低密度的尼龙网，全绞纱为 7~28 目/cm，半绞纱为 29~62 目/cm。

丝网印刷是四大印刷方式之一，因丝网模板的部分网孔能透过油墨，漏印至材料表面，而模板上其余部分的网孔则被堵死不能透过油墨，因而在材料表面形成图像。丝网印刷不仅用于印染行业、印刷出版业，也广泛用于印刷电路和厚膜集成电路制造。

锦纶单丝制作的丝网，表面光滑、强力高、耐磨性好、寿命长、透墨性及回弹性好，有恰当的柔软性，但锦纶的弹性模量小，延伸率大，不适合高精度产品丝印。涤纶制作的丝网拉伸小，热稳定性好，耐酸性好，使用寿命长，价格便宜。但因为涤纶吸湿性低，透墨率低于尼龙丝网，对感光材料黏着力也较差。涤纶丝制作的丝网印花框如图 8-19 所示。

3. 金属丝筛网

金属丝筛网是用铜丝、不锈钢丝、铁丝或钢丝为原料以平纹、斜纹织成，强度和弹性模量大，平面稳定性好，用于精密丝网印刷，也用于飞机、轮船、汽车运输系统中油料的过滤、印制电路制造、冶金粉末的筛选。图 8-20 所示为金属丝筛网。

图 8-19　涤纶丝网

图 8-20　金属丝筛网

不锈钢丝网由不锈钢单丝织造而成，透墨性好，耐热，耐化学腐蚀性好，适用于热熔性印料印刷，但回弹性差，受外力易折伤，价格贵。

4. 复合丝网

在涤纶单丝表面镀上一层厚度为 2~5μm 的金属镍构成镀镍聚酯丝网，具有聚酯网与金属网的优点，克服了金属网因疲劳而松弛、聚酯网与模板结合力差的缺点，具有良好的回弹性、耐磨性、抗静电性，适用于高精度的印刷。

涤纶纺丝液中加入石墨，制造的涤纶具有导电性，能减少丝网印刷时的摩擦静电，而且印刷的图像清晰，油墨也不会发生渗化。

九、其他过滤用纺织品

生物制药使用的一次性深层过滤，可以用亚微米级过滤介质分离粒径<1μm的细菌、支原体、病毒及噬菌体等。过滤介质是湿法非织造布，纤维必须是5μm以下的超细纤维，材质有聚偏氟乙烯（PVDF）、聚乙烯、聚醚砜、锦纶66、聚四氟乙烯等。将湿法非织造布制成打褶形态，如图8-21（a）所示。再按图8-21（b）所示形状制成滤芯，安装在图8-21（c）所示的不锈钢滤筒中。过滤介质还有助滤剂，如精细硅藻土、珍珠岩、活性炭及带电树脂，具有一定的润湿拉伸强度并且表面带有正电。

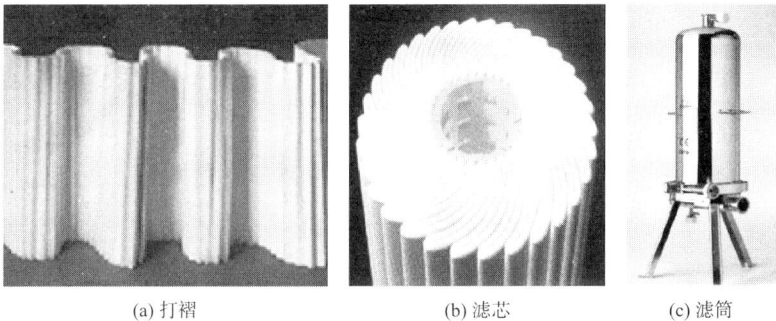

(a) 打褶　　　　　　(b) 滤芯　　　　　　(c) 滤筒

图8-21　深层过滤系统

生物制药深层过滤，适用于大批量的生物制药工艺。网状结构的滤芯中，纤维之间的孔隙用于捕捉料液中的颗粒，随着过滤的进行，颗粒堆积在表面形成滤饼，会提高过滤的效率。同时，随着滤饼越来越厚，也会降低过滤速度。在纤维中加入硅藻土，可以提高在形成滤饼后的过滤速度。

深层过滤介质的第三个组分是树脂，它有两方面作用，一是黏结纤维，二是提供过滤介质表面的正电荷。这些正电荷可以吸附带负电、比过滤孔径小很多的细胞碎片等杂质。

👉 思考题

1. 干法过滤和湿式过滤，对过滤织物的主要要求是什么？
2. 对1000℃以上的高温气体进行过滤，需要选择什么材料？
3. 非极性吸附过滤选择什么材料？
4. 什么是驻极体过滤材料？用什么方法生产？
5. 光催化过滤有机物的原理是什么？

6. 离子交换纤维的作用是什么？

7. 举出两种耐酸耐碱性能优越的纤维。

8. 香烟过滤嘴是用什么纤维制造的？

👉 参考文献

[1] S. 阿桑达. 产业用纺织品手册 [M]. 徐朴, 译. 北京：中国纺织出版社, 2000.

[2] 熊杰. 产业用纺织品 [M]. 杭州：浙江科学技术出版社, 2007.

[3] 宗亚宁. 新型纺织材料与应用 [M]. 北京：中国纺织出版社, 2014.

[4] KUMAR V, 张威. 纺织品过滤材料及其应用 [J]. 国外纺织技术：纺织针织服装化纤染整, 2004 (1)：34-40.

[5] 周翔. 高温气体过滤除尘材料的研究进展 [J]. 材料开发与应用, 2008, 23 (6)：4.

[6] 朱孟钦. 国内外高温与超高温气体过滤材料新进展 [J]. 玻璃纤维, 2009 (4)：21-24.

[7] 中国产业用纺织品行业协会. 2014/2015 中国产业用纺织品技术发展报告 [M]. 北京：中国纺织出版社, 2015.

[8] 王一帆, 钱晓明. 气体过滤用纤维材料的设计与选用 [J]. 化纤与纺织技术, 2016, 45 (4)：5.

[9] 闫佳欣, 等. 醋酸纤维纺丝原液用机织过滤布的设计与性能研究 [J]. 产业用纺织品, 2017, 35 (11)：22-26.

第九章　土工用纺织品

教学要求

了解土工用纺织品的用途；掌握土工用纺织品的纤维原料及生产技术。

主要知识点

1. 纺织品在土木工程中的作用。
2. 长丝土工织物的生产技术（机织、针织及非织造）。
3. 土工用纺织品的性能测试。

土工用纺织品是由各种纤维材料通过机织、针织、非织造和复合等加工方法制成的，在岩土工程和土木工程中与土壤或其他材料相接触使用的，具有隔离、过滤、增强、防渗、防护和排水等功能纺织品的总称。该类产品包括：土工布、土工格栅、土工网、土工网垫、土工格室、土工筋带、土工隔垫、防渗土工膜、土工复合材料、其他土工用纺织品。

第一节　概述

土工用纺织品也称土工织物或土工布，一般消费者不常见到，它通常隐藏在铁路、公路、堤坝和河流的下面，在施工时可以看见，一旦完工就默默地担负着水土保护等作用。土工织物多由合成纤维和高性能纤维制作，因此具有足够长的使用寿命，可减少工程的维护成本。

一、土工织物的质量要求

（1）土工布应该具有各向同性和匀质性。强度、弹性、弹性伸长率、渗透性基本相同，厚度和密度应均匀。

（2）纤维的力学性能好。断裂强力及断裂伸长率高，抗蠕变性能好，干湿态下都具有很好的强力和伸长。能承受一定的集中应力而不致破坏，即拥有较高撕裂强度，具有较高的耐冲击性能。

（3）良好的渗透性。纤维之间孔径尺寸和孔隙率能提供良好的透水性。

（4）由于土工织物要在不同酸碱度的泥土和水中长期保存，必须具有良好的耐久性、耐物理破坏性、耐化学破坏性、耐紫外线破坏性、耐生物性、防霉抗蛀性。

（5）土工织物之间以及织物与土壤间的摩擦系数较大。

（6）合理稳定的尺寸，幅宽大，可减少缝结。如需缝结，缝合线与土工布应有明显的色差，便于检查。缝结强度要高。

二、土工织物原材料选择

土工织物使用的纤维原料主要有丙纶、涤纶、锦纶、维纶、氯纶，其中最常用的是丙纶和涤纶；为了满足特殊性能要求，超高强度聚乙烯、玻璃纤维、金属纤维、聚乳酸纤维及黄麻等，也用于土工布的制造。纤维原料的形态有单纤、复丝、切断短纤维、膜裂纤维及切膜扁丝等。

天然纤维易腐烂、强力较差且寿命较短，过去在土木工程中较少使用，现在黄麻、椰子壳纤维及竹浆纤维在护岸、控制土壤侵蚀等领域有应用。

聚乙烯用于制作土工膜和土工格栅，成本低；聚丙烯用于制作土工布和土工格栅，这两种材料都具有较强的化学稳定性和耐酸碱特性，甚至在强酸和强碱环境中也很稳定。但这两类材料耐光性较差，需要添加炭黑等抗老化剂，提高其耐紫外线性能。聚丙烯的密度为 $0.91g/cm^3$，聚酯纤维为 $1.38g/cm^3$，聚丙烯仅为聚酯密度的 66%，制成同样厚度的土工织物节省材料 34%。且聚丙烯熔点为 160~170℃，树脂熔融及气流拉伸耗电成本都更低，更容易制成细特纤维。聚丙烯具有较好的芯吸性能，能使水分沿纤维轴传递到外表面。但聚丙烯和聚乙烯纤维的抗蠕变性能差，作加筋材料对控制工程的变形量是不利的。

聚酯纤维制作的土工布和土工格栅，有较好的耐光性，但耐化学性较差。聚酯在碱性条件下会发生不可逆的水解反应，使涤纶土工布的力学性能急剧降低，直至完全丧失。因此，聚酯材料仅推荐用于 3<pH<9 的环境中，如果需要与盐碱地、水泥、石灰等直接接触的环境，不宜采用聚酯类材料。但聚酯纤维力学性能好，尺寸稳定性好，具有优良的韧性和抗蠕变性，熔点高（258℃），耐老化，适合作加筋土工布。

聚酰胺纤维用于制作土工尼龙绳，具有极好的耐磨特性。但耐碱不耐酸，不适于在酸性环境中长期使用。

用玻璃纤维制作的土工材料可用于高温和酸性环境，不宜与水泥及石灰直接接触。该类土工材料模量高，抗变形能力强，但耐磨性较差，耐酸不耐碱。

三、土工织物的制造

土工织物的制造方法有非织造法和织造法，见表9-1。机织或针织生产的土工布强度和模量更高，但成本更贵。非织造生产工艺流程短，自动化程度高，生产效率高，生产成本低，同时能制成较宽幅制品。机织或针织生产要使用纱线，纱线被土壤中砂石磨坏后，纱中纤维就会不断地冒出来，破洞就会越来越大。而非织造布是纤维通过缠结及黏合形成的织物，纤维之间是各自独立的，纤维被磨坏后不会传递给旁边的纤维。衬经衬纬经编织物比机织物制作的土工布受力更好，更耐用。机织物的孔隙是直通的，针织物的孔隙较大，多层针织物孔隙是弯曲非直通的。非织造布是由纤维构成的三维立体织物，纤维之间的孔隙较小且非直通，因此在过滤作用方面非织造土工布是最好的。

表 9-1　土工织物制造方法

生产方法	纤维原料形态	纤维固结
织造	单纤丝、复丝、变形丝、膜裂纤维及切膜扁丝	机织、针织、编织
非织造	长丝、短纤维	针刺、热黏合、化学黏合

（一）机织土工布生产

机织土工布生产工艺流程：有网络转化纤复丝→络丝→整经→自动穿经→剑杆织机织造。使用有网络结的化纤复丝织造机织土工布，可以不经上浆工序。

机织土工布抗蠕变性能好，但弹性不足，孔隙大，工艺流程长，产量低，成本高。

（二）经编土工布生产

经编生产的土工用纺织品包括经编土工格栅、双轴向经编土工布、经编间隔织物土工布以及经编和非织造复合土工布等。双轴向衬经衬纬经编土工布由于高性能纱线在结构中呈现平行顺直排列状态，纱线的潜能能够充分发挥出来，因此受力更好，衬经纱和衬纬纱如图9-1所示。而机织物中的经纬纱在结构中呈过度的弯曲状态，影响了纱线强度发挥。

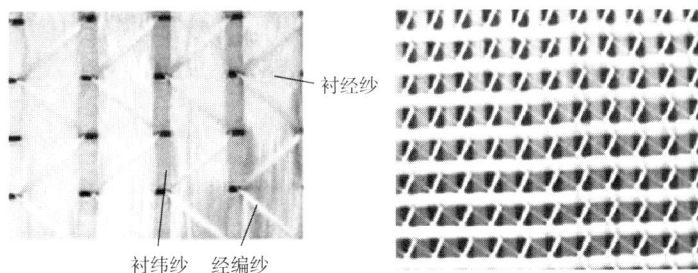

衬经纱

衬纬纱　经编纱

图 9-1　衬经衬纬双轴向经编土工布

织造型土工布能保持形状结构的稳定性，常与非织造土工布复合，以土工袋、土工管以及土工容器等形式使用。玻璃纤维或碳纤维经编双轴向织物、间隔织物增强的水泥管（图9-2），管材重量较轻，且具有良好的承载能力、抗裂性能，提升了管道的抗渗性和耐久性。该类管道用于建设城市地下综合管廊，称"海绵城市"。

（三）非织造土工布生产

非织造生产法就是先将长丝或短纤维铺成松散的纤网，然后进行热黏合、化学黏合或针刺加固成

图 9-2　经编织物增强的水泥管网

布，厚型土工布使用针刺加固。

1. 短纤非织造土工布的生产过程

纤维准备、均匀喂入→开清→非织造布专用梳理机→机械铺网→预针刺→主针刺→末针刺→（后整理）→卷绕

短纤土工布生产线一次性投资费用小，生产中方便与其他原料复合，灵活性较高。产品厚度大、结构蓬松、吸水和透水性能更好，但抗形变能力差、断裂强度低，适合作过滤材料。

聚酯短纤非织造针刺土工布生产线如图9-3所示。

图9-3　聚酯短纤非织造针刺土工布生产线

2. 长丝非织造土工布的生产过程

聚合物切片（PP或PET）→切片烘燥（PP不经烘燥）→熔融挤压→纺丝→冷却→气流牵伸→分丝→铺网机→预针刺→主针刺→（后整理）→卷绕

长丝土工布生产流程更短，产品的抗拉强度、抗撕裂强度、断裂强度和断裂伸长更好，是目前制造土工织物的主要生产方式，非常适合作加筋材料。但设备投资大，成网均匀度比梳理成网稍差，产品变换的灵活性差，不适应小批量多品种的生产。长丝土工布只需要两道针刺，而短纤土工布生产线需要三道针刺。

聚丙烯长丝土工布生产过程如图9-4所示。

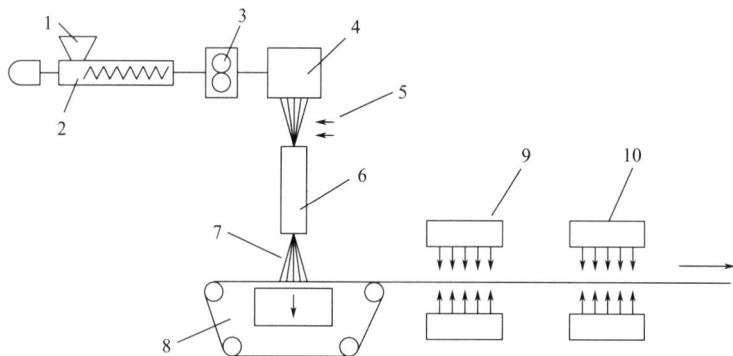

图9-4　长丝土工布生产线

1—PP料斗　2—螺杆挤出机　3—计量泵　4—纺丝箱　5—冷却风　6—拉伸装置
7—分丝　8—成网装置　9—预针刺机　10—主针刺机

3. 防渗土工布的生产过程

防渗土工布的生产过程如图 9-5 所示。水库、沟渠、垃圾处理场、尾矿处理都需要用防渗土工布作衬垫层，可防止渗漏、防止污染土壤。防渗土工布使用时承压较大，最好选择长丝土工布作基材。

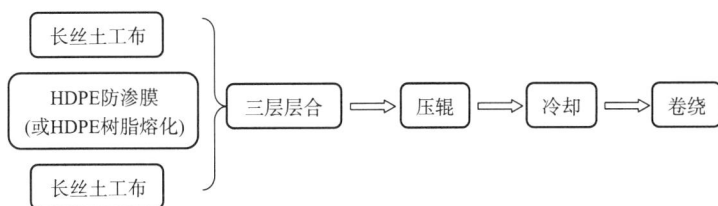

图 9-5　防渗土工布的生产过程

四、土工织物的作用

土工织物主要起隔离、加筋（增强）、过滤、排水、防渗及防护作用，在实际工程中应用时，往往是一种功能起主导作用，而其他功能不同程度地在起作用。例如，在道路建设中起隔离、增强、滤层和排水功能；在挡土墙时起到加筋、反滤和排水功能。

1. 隔离作用

土工织物可作为铁路道砟与路基之间的隔离层，或路基与软基之间的隔离层，已广泛应用于铁路和公路路基、土石坝工程、软弱地基处理、不同冻土层之间的隔离。如图 9-6 所示，无土工织物的承重路基受外部荷载作用时，砾石容易嵌入软泥里，长久使用后路面起伏不平；而有非织造布的路基，虽然材料受力互相挤压，而由于土工织物在中间隔开，可以调节不均匀沉降，不使其互相混杂或流失，保持材料的整体结构和功能。隔离作用在高速公路和铁路修建时遇到软泥地带可提高构筑物的承载能力。

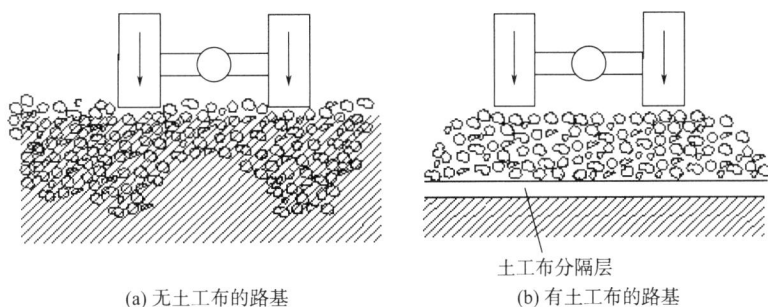

(a) 无土工布的路基　　　　　　　(b) 有土工布的路基

图 9-6　起隔离作用的土工织物

2. 加筋作用

加筋作用可改善土体的整体受力条件，广泛应用于软弱地基处理、陡坡、挡土墙等边坡稳定方面。在软泥地带、沼泽地带施工，地基的承载能力不足，将土工织物或土工格栅按设

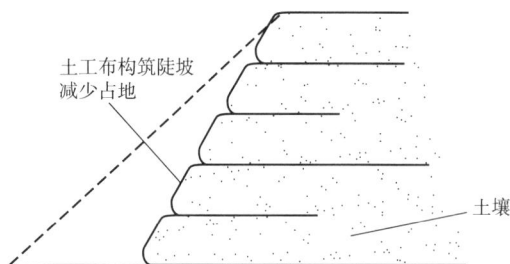

图 9-7　土工布在挡土墙起加筋作用

计要求垫入软体中，通过加筋来提高地基的承载能力。如图 9-7 所示，挡土墙是将土工织物埋置在土体之中，分层加筋、分层压实，可防止土体崩溃，能适应地基轻微的变形。土工布用于加筋的用量是非常大的，可降低路基的厚度，还可以构筑陡坡，减少占地，同时避免了长期使用的维护问题。在临时道路或施工平台上，如果地基土壤太软无法支持初始的施工作业，铺设土工布可降低施工设备进入现场所需铺设的碎石厚度。

强度高而变形小的土工格栅、长丝土工布、经编土工布等可用于土体加筋，土工格室适合沙漠地质条件的加筋材料，土工筋带用于高层建筑或多层建筑地基的加筋作用。作土壤加筋材料要求高分子聚合物的蠕变性小，聚酯纤维在这个指标上优于聚丙烯纤维和聚乙烯纤维。

3. 过滤（反滤）作用

非织造土工织物在过滤时起到过滤器的作用。如图 9-7 所示，土工布铺设完毕以后，土层中的水流可顺利通过土工布，但是砂土颗粒却被阻挡，这个挡土墙除了加筋作用外，对背后的土墙还起到排水反滤作用。排水反滤可以疏干墙后土体中的水，防止地表水下渗，墙后积水，使墙身承压。

过滤土工织物采用非织造土工布，短纤维梳理成网针刺加固，或长丝直接成网针刺加固，后者具有更好的力学性能，且渗透系数与短纤土工布在同一数量级。非织造布作为过滤用纺织品，孔隙率高，孔径尺寸多，且气孔非直通孔。

滤层土工布的典型应用领域还有堤岸的防水流侵蚀（图 9-8），碎石排水暗沟铺放土工布滤衬（图 9-9）等。

图 9-8　堤岸的防水流冲蚀

图 9-9　碎石排水暗沟铺放土工布滤衬

4. 排水作用

土工布的排水作用是使液体在土工布平面流动，而反滤作用是液体穿过土工布，这是排水作用和反滤作用的最大区别。排水所需的土工织物多是复合土工材料，如排水板

（带）、软式排水管、透水硬管、长丝热黏合排水体及三维立体复合排水网等，这些材料外表面均需要包裹非织造土工织物过滤层。另外，经编间隔织物（图9-10）也用于土坝或土堤中排水，比非织造针刺土工布具有更强的水平传输液体能力，且具有较好的整体性和抗压性。

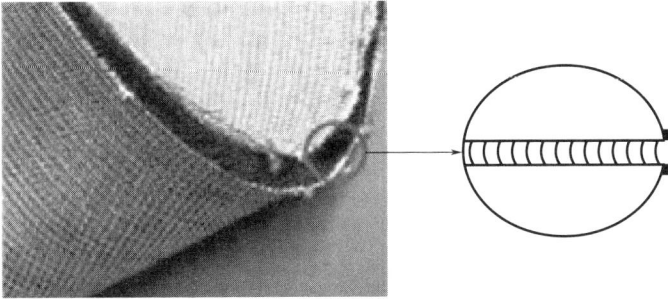

图9-10　经编间隔织物

5. 防渗作用

用于防渗作用可以选土工膜、防渗土工布及膨润土防水毯等。防渗土工布由土工布和土工膜复合，有两布一膜、一布一膜、两膜两布及两膜一布等形式。土工膜材料常用HDPE膜，手感柔软。生产方法是在熔融复合机上将土工织物与HDPE膜进行复合，或在土工布上涂层熔融的聚氯乙烯。HDPE膜是不透水的，阻断了水渗透到土壤基层中。防渗土工布接缝采用热熔机焊接，焊接温度为180~290℃（视纤维材料而定）。

水库或沟渠的防渗、护坡是重要工程，因为库底渗漏严重就不能正常蓄水。图9-11所示为两布一膜复合土工布用于水库防渗漏，土工布为土工膜提供长期的保护作用，使其在铺设时和铺设后避免穿孔、磨损等机械损伤。实际操作中还需先清除一切可能刺破防渗膜的尖锐物体，压实土壤后铺设防渗土工布，还要在土工布上面铺设30cm的砂层或土层，方能保证水库水位和灌溉水质。防渗土工布还用于污水池、废物池、尾矿、垃圾填埋场、养鱼塘的侧壁及底部敷设，防止水和有毒液体的渗入。

图9-11　防渗土工布用于水库

图9-12为水库、公路、隧道及挡土墙施工中排水及防渗示意图，（a）和（e）是土工布防渗斜墙坝，（b）是土工布防渗心墙，（c）和（g）是土工布横向排水，（d）是挡土墙背后排水反滤，（f）是土工布用于隧道内排水，（h）是公路或铁路路基软泥地带沙石下的排水板。

6. 防护作用

土工织物通过吸收和储存大量的水，可以减缓雨水对土壤表面的冲蚀和破坏，实现对土

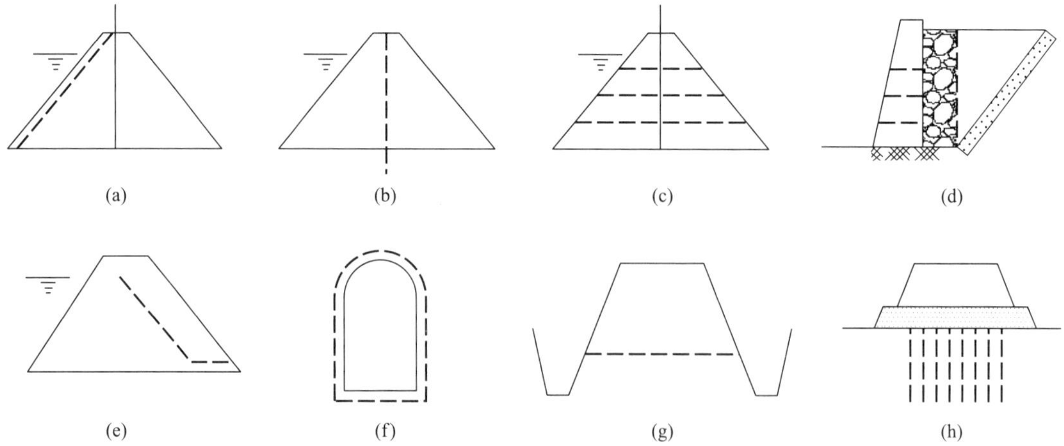

图 9-12　排水和防渗作用示意图

壤的侵蚀防护。天然纤维制作的土工织物非常适合作草坡的覆盖材料，如缓慢流动水道旁边的山坡侵蚀防护，还可以随时间降解，为土壤提供一定的肥力，促进植被的生长。

　　公路路基坡面防护可采用三维土工网、平面土工网、土工格栅、土工格室等；沿河或海岸路基冲刷防护可采用土工织物软体沉排或土工模袋等。土工格栅喷射混凝土可用于低等级公路的边坡防护。用经编/非织造复合土工布作成尺寸较大的土工管，将混凝土填充到管中可作海洋中的防坡堤，用来保护海岸线及海床。

第二节　土工用纺织品种类

　　土工用纺织品种类繁多，选用基材复杂，制造方式也千差万别，其分类存在很大难度。国家标准 GB/T 30558—2014 将土工用纺织品分为以下 10 类产品。

一、土工布

　　土工布的制造可以是机织、针织或非织造方法生产。图 9-13 所示为机织土工布，图 9-14 所示为非织造土工布，常用克重为 $80 \sim 800 \mathrm{g/m^2}$。非织造生产的土工布具有较好的透水性，由于内部通道是弯曲的，过滤泥沙效果好。用聚合物切片熔融直接纺丝铺层，或涤纶短纤维梳理成网，再由针刺加固得到非织造布。前者称长丝土工布，后者称短纤土工布。在力学性能上，长丝土工布性能优于短纤土工布。土工布可用于两种介质间的隔离、路基防排水、防沙固沙、构筑物表面防腐、路面裂缝防治等，高强度的土工布可用于加筋。

　　图 9-15 所示为经编多轴向土工布，具有很高的强度、抗撕裂性和耐久性等优点。图 9-16 所示为经编/非织造复合土工布，该产品综合了非织造纤维网和经编双轴向织物的优点，可以发挥两种织物的优势。

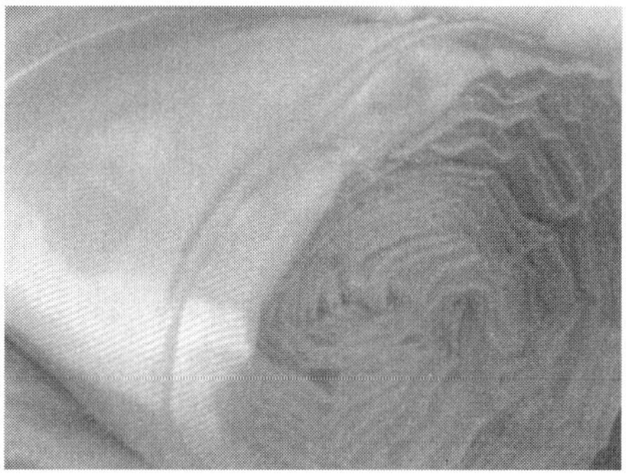

图 9-13 织造土工布

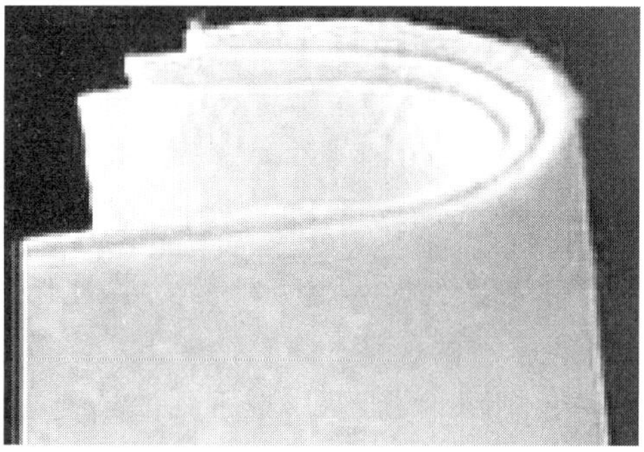

图 9-14 非织造土工布

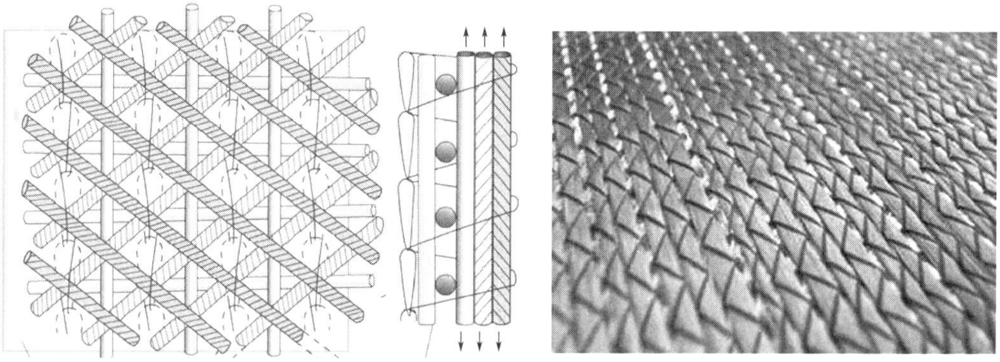

图 9-15 多轴向经编土工布

图 9-16 经编/非织造复合土工布

二、土工格栅

土工格栅强度高，延伸率低，用于路基加筋、路基不均匀沉降防治、软土地带路基处理等。土工格栅按制造方法分为高分子材料整体拉伸格栅、经编格栅、黏结或焊接格栅；按受力性能分为单向、双向及三向格栅，如图9-17所示；按材料分为塑料土工格栅、钢塑土工格栅、玻璃纤维或玄武岩纤维土工格栅和经编涤纶长丝土工格栅等。塑料土工格栅由PE或PP高分子聚合物通过熔融挤压成薄板，再冲孔成网后在单向、双向或三向拉伸而成，适用于大面积永久性承载的地基补强。钢塑土工格栅以高强度钢丝为基材，将PE熔融挤出复合在钢丝外表面，具有强度高、尺寸稳定、蠕变小、耐腐蚀的优点，可满足永久工程100年以上的使用要求。玻璃纤维（或玄武岩纤维）土工格栅选用无碱玻璃编织成网状基材，再经表面涂覆处理而得半刚性制品，用于沥青路面、水泥路面的路基增强及裂缝防治。经编涤纶长丝格栅选用高强度涤纶长丝，由经编机织成网格布，经涂覆加工成格栅，该产品抗撕裂强度大，用于公路、铁路、水刺等软土地基增强加筋。

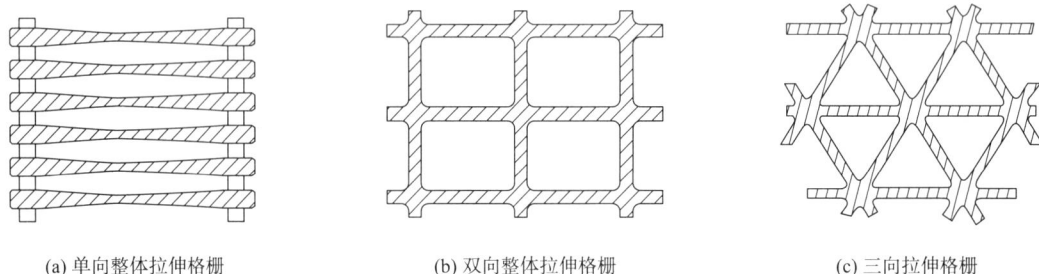

(a) 单向整体拉伸格栅 (b) 双向整体拉伸格栅 (c) 三向拉伸格栅

图9-17 土工格栅

三、土工网

土工网按制造方法分为挤出网和经编网，塑料平面土工网是用高密度聚乙烯经挤出成型制造，经编平面土工网采用玻璃纤维或高强度聚酯长丝由经编机制造，如图9-18所示。土工网主要应用在软基处理、路基增强、边坡防护、桥台加固、海岸边坡防护、水库库底加固等工程。用土工网制成石笼用于堤坝、岩石表面的防护，可防止侵蚀、避免塌方和水土流失。

四、土工网垫

土工网垫又名三维网垫，由高密度聚乙烯加抗紫外线助剂加工而成，具有抗老化、耐腐蚀的特点。由多层塑料凹凸网和双向拉伸平面底网构成，并在交接点处热熔黏结，形成表面凹凸泡状的立体网状结构，如图9-19（a）所示。土工网垫的厚度一般为8~12mm，用于公路、铁路、河道、堤坝、山坡等坡面防护。土工网垫质地疏松、柔韧，留有90%的空间可充填土壤、沙砾和细石，植物根系可以穿过其间。在草皮没长成之前，可以保护土地免遭风雨侵蚀，草皮长成后与网垫、泥土表面牢固地结合在一起，如图9-19（b）所示。

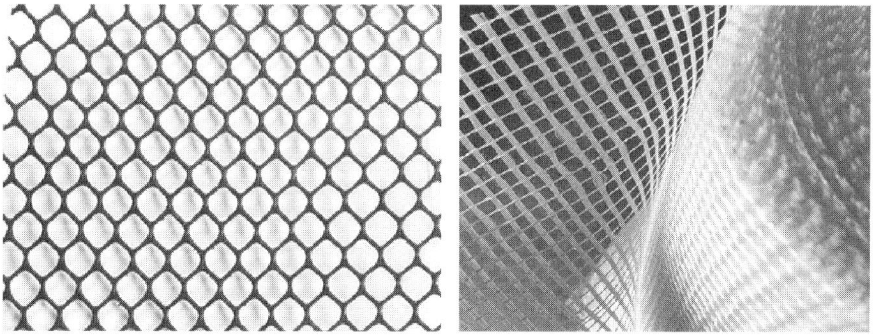

(a) 塑料平面土工网　　　　　　　　　　　(b) 玻璃纤维土工网

图 9-18　土工网

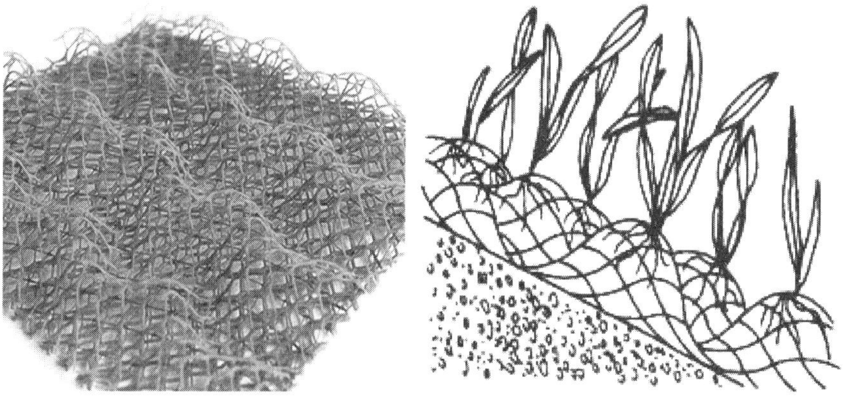

(a)　　　　　　　　　　　　　　　　　(b)

图 9-19　土工网垫

五、土工格室

　　制造土工格室选用高强度聚乙烯（HDPE）片材，接缝用超声波焊接，因工程需要，有的在膜片上进行打孔，如图 9-20 所示。土工格室可折叠，展开后呈蜂窝状的立体三维结构，高度为 5~20cm。铁路路基在列车动载荷作用下沉降的同时向两侧扩张，并伴随有路肩的隆起，如果土工格室布置在这个区域，利用 HDPE 的强度，可改善载荷重力向路基两侧的扩张。

　　土工格室运输时折叠起来，使用时拉开呈网状，填入泥土、碎石、混凝土等松散物料，构成具有强大侧向限制和大刚度的结构体。土工格室片材突破了土工织物传统的加筋概念，实现了对土体的三维加固。在风沙地区路基的重承载要求，用土工格室可以对松散填料起到侧限作用，保障路基具有高的刚度和强度，以承受大型车辆的荷载应力。土工格室高度有 5cm、8cm、10cm、15cm、20cm 等规格，制作 HDPE 片材的厚度有 1.0mm、1.1mm、1.2mm 和 1.5mm 四种。

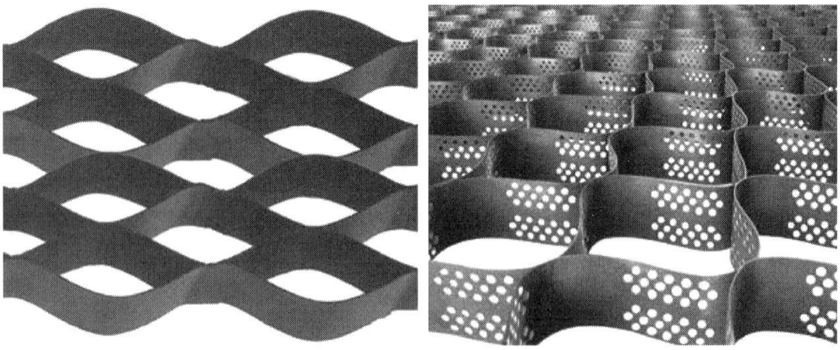

图 9-20　土工格室

六、土工筋带

土工筋带是在土木工程中与土壤或其他材料接触的、宽度不大于 200mm 的条带状聚合物材料。土工筋带是一种新型的地基处理材料，多用于中、高层楼房的地基处理加筋垫层，及软弱地基路基加固、挡土墙地基加固等道路、边坡工程。土工筋带有两种类型，一种叫玻纤复合筋带，是玻璃纤维外覆聚丙烯，用于加筋垫层、软地基增强作用；另一种叫钢塑复合筋带，是高碳钢丝外覆聚丙烯或聚乙烯，用于地方有限的高强度垂直挡墙。

图 9-21　土工筋带

土工筋带使用如图 9-21 所示，将土工筋带套在装有灰土的非织造布袋子上，将袋子置于地基的边缘，在地基的东西及南北方向都布置土工筋带，层数为 2~5 层。由于筋带垫层的约束，阻止软地基的侧向挤出和隆起，增强了垫层的整体性和刚度，减小地基的沉降变形。加筋垫层属于柔性结构物，能很好地吸收地震能量，抗震性好。土工筋带有质轻、经济、施工方便等优点，应用于地基比一般桩基处理节约造价 30%~50%，工期缩短 2/3。

七、土工隔垫

土工隔垫用于在岩土工程和土木工程中在土层或其他材料中形成空气层的三维聚合物结构体，用于排水排废气。土工隔垫如图 9-22（a）所示，用熔融粗旦化纤长丝铺网而成，耐压高、开孔密度大。土工隔垫外包非织造土工布作为滤材，能将汇集渗透过土壤覆盖层的雨水或堆场本身排放的污水，从隔垫夹层中有序排放。既能排水，也能排放土壤（特别是垃圾废弃物）中因发酵产生的沼气，在垃圾填埋场中尤其适用。制作土工隔垫时可缠结成不同形状的排水体，如图 9-22（b）所示。

(a)   (b)

图9-22　土工隔垫

八、防渗土工膜

由土工布和防渗膜复合而成，用于水库和沟渠等蓄水排水、废物池、防渗管、建筑物的防渗漏等。防渗土工布有一布一膜、两布一膜、一布两膜、两膜两布及多膜多布等，用得最多的是两布一膜，如图9-23所示。

防渗土工布的代号：□m/□n-□-□-□

第一个框代表基材，SN为短纤针刺土工布，FN为长丝纺粘针刺土工布，m为基材层数，当层数为1时，m可省略；第二个框代表膜材，膜材为PE、PVC、CPE等；n为膜材层数，当层数为1时，n可省略；第三个框体是标称强度，单位为kN/m；第四个框表示非织造布单位面积质量（g/m²），当非织造布为两层及以上时，为总质量（g/m²）；第五个框表示膜厚度，以mm为单位。

图9-23　防渗土工布

示例，SN2/PVC-16-400-0.35表示产品为：短纤针刺非织造/PVC复合土工膜，二布一膜，标称断裂强度为16.0kN/m，非织造布单位面积总质量为400g/m²，膜厚度为0.35mm。

图9-24所示为防渗土工布用于沟渠，图9-25所示为防渗土工布用于垃圾填埋场。

九、土工复合材料

1. 土工模袋

土工模袋是由上下两层非织造土工布制作而成的大面积连续袋状材料，用高压泵把混凝土或水泥砂浆灌入模袋中，混凝土或水泥砂浆的厚度通过袋内吊筋绳（聚合物如尼龙等）的长度来控制，混凝土或水泥砂浆固结后形成具有一定强度的板状结构，土工模袋如图9-26所

图 9-24　防渗土工布用于沟渠

图 9-25　防渗土工布用于垃圾填埋场

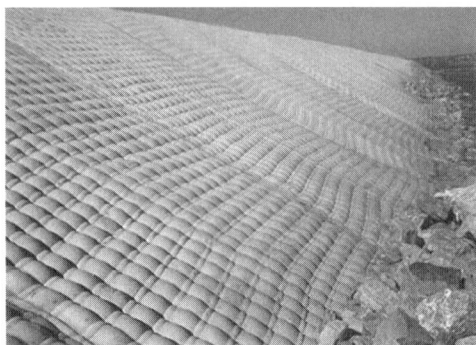

图 9-26　土工模袋

示。因为一次喷灌成型，施工简便、速度快；能适应各种复杂地形，在深水护岸、护底等，不需要围堰；坡面面积大，整体性强，稳定性好，使用寿命长；具有一定的透水性，增加混凝土的抗压强度。土工模袋主要用于护坡，如沿海海岸、河道边坡等。

2. 膨润土防水衬垫

膨润土是以蒙脱石为主，吸水后会膨胀几倍至几十倍的黏土岩，钠基膨润土吸水膨胀性更好，将其填充在塑料扁丝和非织造布之间。膨润土防水衬垫的生产有三种工艺方法，第一种是由一层非织造土工布和一层塑料扁丝编织布包裹膨润土颗粒针刺而成；第二种是在第一种产品的土工布外表面再复合一层 HDPE 薄膜，如图 9-27（a）所示；第三种是用胶黏剂把膨润土颗粒相互黏结，再用塑料扁丝编织布和聚乙烯薄膜把它包裹在中间。膨润土防水毯遇水时在衬垫内形成均匀高密度的胶状防水层，能有效防止水渗漏。用于地下室、屋面种植防水、防渗；垃圾填埋场防渗污；人工湖、水坝防渗等。当防水材料被轧破、穿孔而失去防水作用时，膨润土防水毯的高膨胀性能修补细小的裂缝。膨润土防水毯如图 9-27（b）所示。

3. 排水板（带）

排水板（带）又称塑料排水板，中间为挤出成型的塑料芯带，是骨架和水的通道，外覆以非织造土工布作滤层。宽度大于 100mm 的称为排水板，小于或等于 100mm 的称为排水带。排水板（带）的结构如图 9-28 所示。

在处理软土地基时，用插板机将排水板插入软土地基中，在地基的上部施加压荷作用，软土地基中的孔隙水由非织造布排到塑料管中，再由平面排水排到两边的沟渠。塑料芯带起

(a)

(b)

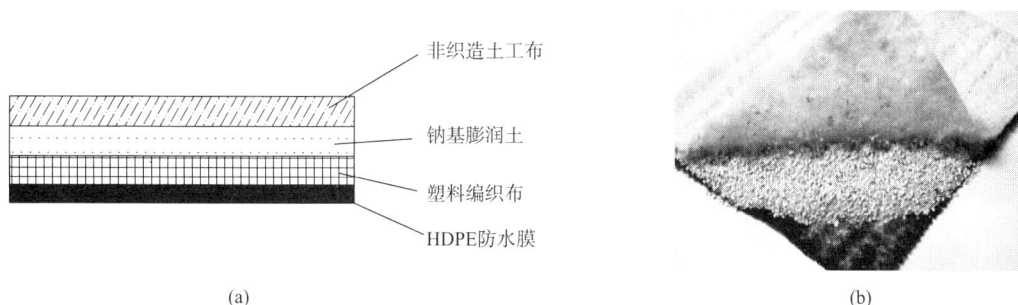

图 9-27　膨润土防水衬垫

支撑作用，因压力作用将滤层渗进来的水向上挤压排出。使用排水带大幅缩短软土固结时间，常用于填海造陆围堰工程，或软泥地带修建筑物等。图 9-29 为路基用排水带纵向排水剖面图。

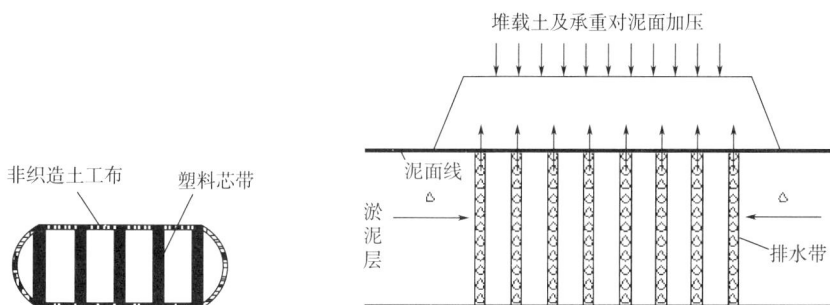

图 9-28　排水板（带）

图 9-29　排水带纵向排水剖面图

4. 帽状芯材复合排水板

由高强度 HDPE 塑料制成帽状芯材（图 9-30），外面与 PP 非织造土工布焊接，由土工布作滤材，构成复合排水板。这种复合材料还可以置于屋顶，作保温材料。

5. 软式排水管

软式排水管具有反滤作用，集吸水、排水、透水为一体。结构如图 9-31（a）所示，它由内衬钢丝、透水层、过滤层和被覆层构成。内衬钢丝由高碳钢制成，钢丝外表层涂 PVC 防腐蚀，缠上丙纶丝形成透水层，过滤层是非织造布，被覆层是聚酯纤维机织物。软式排水管如图 9-31（b）（c）所示，环刚度较高，

图 9-30　帽状芯材

易于安装，管径一般为 30~150mm，主要用于路基边坡斜排水，路基支挡结构内部排水，以及增强碎石渗沟的排水能力。

(a)

(b)   (c)

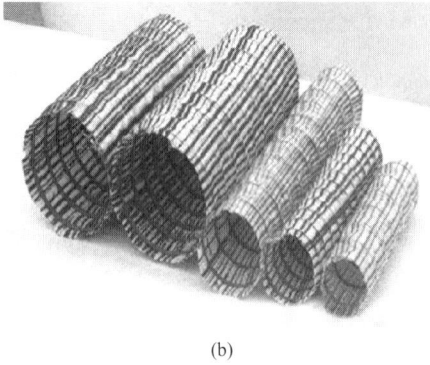

图 9-31　软式排水管

6. 透水硬管

以高分子聚合物制成的多孔管材，使用时要在管外面包覆土工织物作为滤材，如图 9-32 所示。在农田的下面埋这种管，用于给植物根系供水。

7. 三维复合排水网

三维复合排水网又名三维立体排水板、隧道排放水板，结构如图 9-33 所示。用高密度聚乙烯为原料，用特殊的机头挤出肋条，三根肋条按一定间距和角度排列，形成有排水导槽的三维空间结构。将三肋条塑料立体网黏合在两层土工布的中间，组合了土工布（反滤作用）和土工网（排水和保护作用），提供完整的"反滤—排水—保护"功效。独特的三根挤压肋

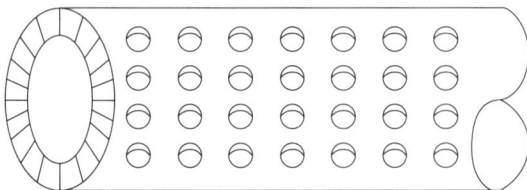

图 9-32　透水硬管

图 9-33　三维立体复合排水网

170

条设计，使排水通道在较高载荷下不容易形变，抗压能力强，保证排水管道通畅。

8. 土工管袋

土工管袋用于清淤脱水，如河流、湖泊、水库、港口以及市政淤泥处理、工业污泥处理，如图 9-34 所示。先将废水和污泥加药剂后，通过泵打入土工管袋，再将清洁水充入管袋，利用管袋的有效孔径和袋内压力两个因素，通过药剂促使水和泥的分离，水渗出管袋外，污泥留存在管袋中，渗出水完全达到排放标准。

图 9-34 土工管袋

十、其他土工用纺织品

1. 石墨烯复合导电土工布

石墨烯是一种强度极高的纳米材料，具有高的导热性和优于铜的导电性。用石墨烯涂层生产导电土工布，可以及时有效地发现填埋场的渗漏点。因为石墨烯导电土工布没有被渗出液所浸泡时，其电阻为一常值，漏液浸湿土工布后电阻会发生改变，连接于导电土工布的专用设备可以实时检测到电阻的变化。因此，通过不同位置检测点的数据对比确定渗漏点的位置，从而及时对漏液点进行修复。目前主要用于垃圾填埋、采矿设施等的漏液检测领域，因为传统监测无法及时发现渗漏和确定渗漏点的位置。

2. 土工类保温隔热材料

由聚丙烯腈、聚酯、聚乙烯、聚丙烯及聚氨酯等纤维材料构成的蓬松棉，用热风加固，或用经编组织加固。

第三节　土工布的性能及其检测

土工布的物理性能是厚度、单位面积质量和挠曲性；土工布的主要力学性能是可压缩性、拉伸断裂强度、撕裂强度、顶破强度、接合强度、撞击和刺破强度。织造土工布和热黏合非织造土工布的压缩性较小，针刺土工布具有较大的压缩性。土工布受压缩后，内部孔隙结构会发生变化，其导水率和透水率会减小。

下面仅介绍几个常用的土工布性能的测试方法。

一、土工布的单位面积质量

试验之前先将试样在标准大气条件下调湿 24h，按 GB/T 13760—2009 规定裁取面积为 100cm^2 的试样至少 10 块，如图 9-35 所示。取样应距离样品边缘至少 100mm。如果 100cm^2 的试样不能代表该产品的全部结构，应增加试样面积以保证测量的精度。具有较大网孔的土工格栅或土工网，应从构成网孔单元两个节点连线中心处剪切试样，试样在纵向和横向都应该包含至少 5 个组成单元。

分别对每个试样称重，精度为 10mg。按式（9-1）计算每个试样的单位面积质量。

$$\rho_A = \frac{m \times 10000}{A} \qquad (9-1)$$

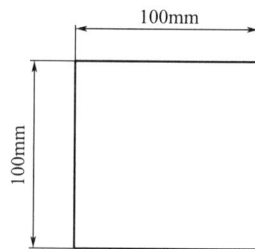

图 9-35　单位面积质量试验取样尺寸

式中：ρ_A——单位面积质量，g/m^2；

　　　m——试样质量，g；

　　　A——试样面积，cm^2。

计算 10 块试样的单位面积质量平均值，结果修约至 1g/m^2，并计算变异系数。

二、土工布的厚度

土工布的厚度测试是将试样放置在基准板，用与基准板平行的圆形压脚对试样施加规定的压力（压脚尺寸及施加压力值见表 9-2）一定时间后，测量两块板之间的距离。

表 9-2　压脚尺寸及施加压力值

土工布种类	压脚尺寸	施加压力/kPa
土工织物、沥青防渗土工膜	直径为（10±0.05）mm	20±0.1
其他土工合成材料	面积为（25±0.2）cm^2	2±0.01

试验之前先将试样在标准大气条件下调湿 24h，按 GB/T 13760 规定裁取直径不低于 17.5mm 的试样至少 30 块。将试样放置在基准板和压脚之间，使压脚轻轻压放在试样上，并对试样施加恒定压力 30s 或更长时间，读出厚度指示值。除去压力，取出试样。

第一种试验方法是在每个指定压力下测试新试样的厚度，需要测试 30 个试样。第一步至少测定 10 块试样在（2±0.1）kPa 压力下的厚度；重复上述操作，测定 10 块新试样在（20±0.1）kPa 压力下的厚度；重复上述操作，测定 10 块新试样在（200±0.1）kPa 压力下的厚度。

第二种试验方法是逐渐增加载荷，测定同一试样在各指定压力下的厚度，需要测试 10 个试样。第一步至少测定 10 块试样在（2±0.1）kPa 压力下的厚度；第二步不取出试样，增加压力至（20±0.1）kPa，对试样继续加压 30s 或更长时间读出厚度指示值；第三步也是不取出试样，增加压力至（200±0.1）kPa，对试样继续加压 30s 或更长时间读出厚度指示值。

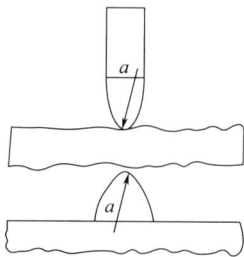

图 9-36　厚度不均匀的土工膜的压力装置示意图

a 为压头尖端半径，a =（1.0±0.1）mm

第三种试验方法用于测试厚度不均匀的聚合物及沥青防渗土工膜，将试样放在图 9-36 所示的两压头之间，使压头轻轻压在试样上，并对试样施加 0.6N 的力，5s 或更长时间读取厚度指示值。重新上述操作，测试完 10 块试样。此试验方法用于测试防渗土工布的总厚度。

当测定厚度不均匀的材料时，如土工格栅，需经有关各方协商后才能测试，并应在试验报告中说明测试方法。

将每块试样测试结果填入表格，计算出指定压力下的平均厚度和变异系数，精确到 0.01mm。如有需要，给出试样厚度的平均值与所施加压力的关系图。

三、土工布的拉伸强力试验

按照 GB/T 15788—2017 国家标准进行宽条拉伸试验，土工布拉伸试验可得到拉伸断裂强力最大值、断裂伸长率及模量。试样的夹持长度为 100mm，取样时应保证试样有足够的长度以满足夹持距离，建议上下各增加 50mm，如图 9-37 所示。非织造土工布试样宽度为（200±1）mm。如果是机织土工布，因为有拆边纱，因此取样要比 200mm 多 10%。对于横向节距小于 75mm 的产品，在其宽度方向至少有 5 个完整的抗拉单元；对于横向节距大于 75mm 的产品，在其宽度方向至少有 3 个完整的抗拉单元。

在 GB/T 6529—2008 规定的标准大气条件下对试样进行调湿，含水太多的试样需要进行预调湿。聚丙烯纤维的试验结果不受相对湿度的影响，可不进行调湿实验。用于进行湿态实验的试样应浸入（20±2）℃ ［或（23±2）℃，（27±2）℃］的水中，浸泡时间不低于 24h，且足以使试样完全湿润。湿态试样从水中取出须 3min 内进行试验。

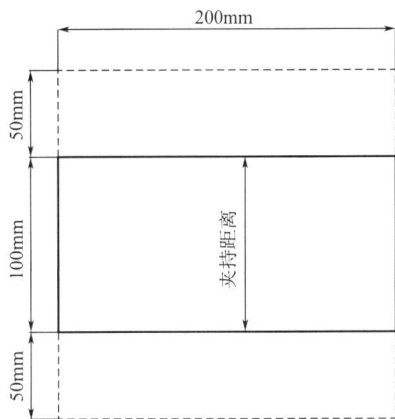

图 9-37　土工布拉伸强度试验取样图

将等速伸长拉伸试验机的夹具隔距调至（100±3）mm，选择负荷量程，使断裂强力在满量程负荷的 10%~90%。设定试样机的拉伸速度，使试样的伸长速率为隔距长度的（20±5）%/min。开动拉伸试验机并连续运行至试样断裂，记录最大负荷和伸长率，精确至一位小数。每个方向至少试验 5 块试样。

如果试验过程中试样在夹钳中滑移，或者试样在距夹钳口 5mm 以内的范围内断裂而试验结果低于所有结果平均值的 50% 时，该试验值应剔除，另取一试样进行试验。

断裂强度：

$$\alpha_f = F_f c \qquad\qquad (9-2)$$

式中：F_f——拉伸试验记录的最大负荷，kN；

α_f——拉伸强度，kN/m；

c——系数，对于非织造土工布、紧密机织物或类似材料，该数据为 5（$c=1/0.2$）。

分别对纵向或横向两组试样的断裂强度、断裂伸长率计算平均值及变异系数，拉伸强度精确至三位有效数字，伸长率精确至 1%，变异系数精确至 0.1%。

四、土工布的撕破强力试验

按照 GB/T 13763—2010 国家标准进行梯形法撕破强力试验，适用于各类土工布和防渗土工膜。按照图9-38 所示进行取样，按 GB/T 6529—2008 调湿试样。如果要测试试样在湿态下的撕破强力，应放在温度（20±2）℃的去离子水中浸渍，至完全湿透。

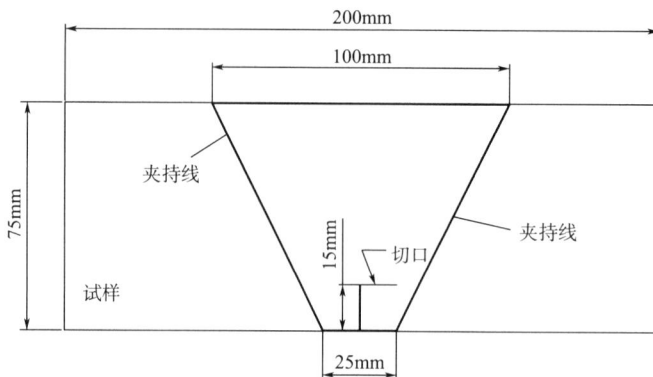

图 9-38　土工布拉伸强度试验取样图

将等速伸长拉伸试验机两夹钳口的距离设定为（25±1）mm，拉伸速度为 50mm/min。将梯形的两腰分别夹持在上下钳口，长边处于折皱状态。启动仪器，拉伸并记录最大的撕破强力值，单位为牛（N）。若撕裂不是沿切口线进行或试样从夹持钳口中滑出，则应剔除此试验值，另取一个试样测定。

实验结果分别计算经向或纬向 10 块试样的最大撕破强力的平均值，结果保留一位小数。计算变异系数，精确到 0.1%。

五、土工布的刺破强力试验

刺破强度试验是由底座夹持试样，由顶杆顶压试样直至破裂的过程中测得的最大力。夹持试样的夹具由环形夹具和夹具底座组成。环形夹具为一中央有孔的圆盘，如图9-39（a）所示，内径为 450.025mm，其中心与顶压杆的轴心在一条线上，夹具表面有沟槽，能夹持住试样不产生滑移。顶杆为（80±0.01）mm 的实心钢质杆，如图9-39（b）所示。根据 GB/T 13760—2009 选择试样直径为 100mm 的试样 10 块，为便于夹持，在试样的恰当部位开槽或挖孔。依据 GB/T 6529—2008 调湿试样。

将顶杆和夹具座安装在等速伸长试验机上，保持夹具在顶杆的轴心线上。选择力的量程使输出值在满量程负荷的 10%～90%。设定试验机的拉伸速度为（300±10）mm/min，试样在没有张力和皱折的情况下，固定在环形夹具上，确保试样不会产生滑移。开动试验机运行，直到试样被刺破，记录最大值为试样的刺破强力，单位为牛（N）。如果在试验过程中试样滑脱，应剔除掉该实验数据，另取一试样测定。

计算 10 块试样顶破强力的平均值，修约到三位有效数字。计算试样的变异系数，修约

$\phi 8$

$\phi 45 \pm 0.025$

$\phi 100 \pm 0.025$

130

18

50

8

$0.8 \times 45°$

(a)

(b)

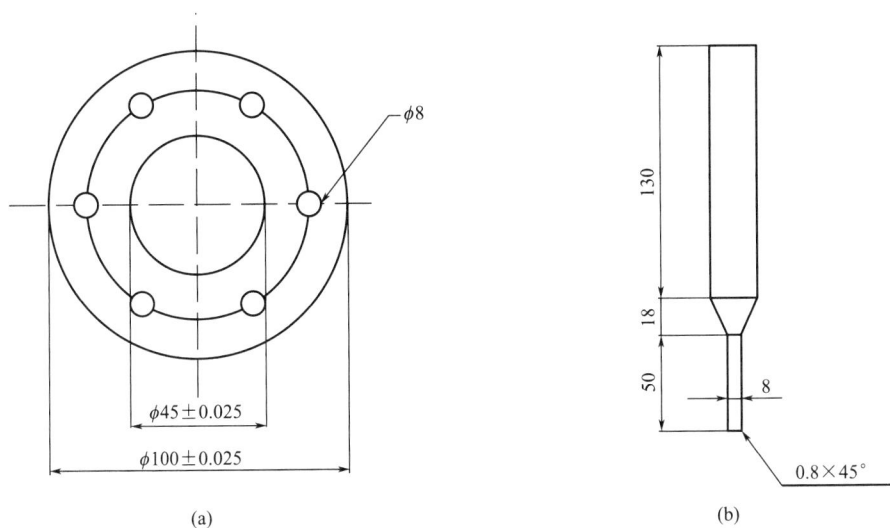

图 9-39　土工布顶破强力试验夹具（单位：cm）

到 0.1%。

六、土工布的缝接方法

1. 重叠接缝

搭接宽度不宜小于 15mm，如有多层搭接，不同层面的搭接位置应相互错开。接缝种类有平行缝合、J 型缝合、双 J 型缝合、蝶形缝合，如图 9-40 所示。

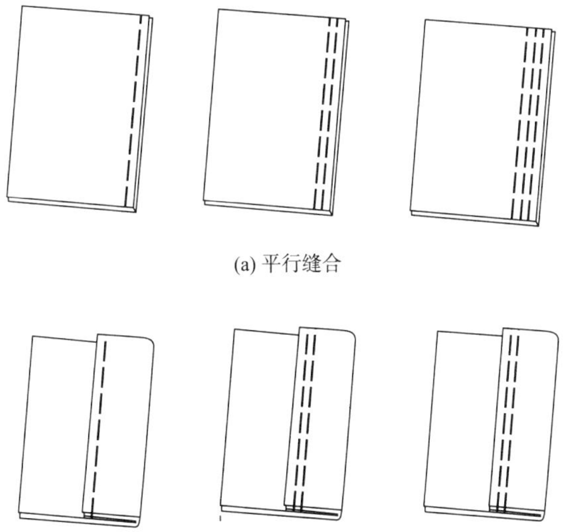

(a) 平行缝合

(b) J 型缝合

图 9-40

(c) 双J型缝合

(d) 蝶形缝合

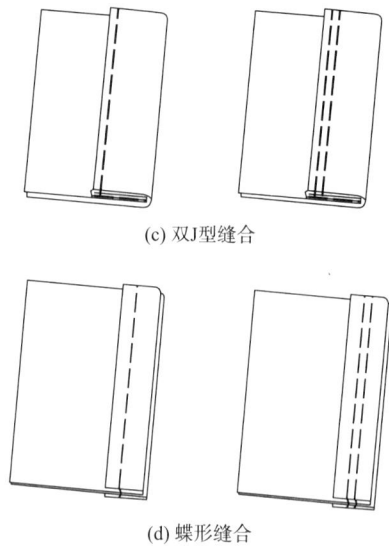

图 9-40　土工布的接缝方法

2. 黏接缝合

黏接缝合又称焊接缝合，防渗土工布采用的是这种缝合方式，缝合严密，不渗水。黏接宽度不低于 50mm，用加热的压辊将两层土工布热黏合在一起。黏接强度不得低于材料的抗拉强度。黏接温度由纤维材料的熔点决定。

思考题

1. 聚酯纤维作土工材料有什么优点和缺点？

2. 写出聚酯短纤维非织造土工布生产过程。

3. 写出聚丙烯长丝非织造土工布生产过程。

4. 简述土工布的加筋功能、反滤功能、隔离功能、排水功能、防渗功能和防护功能的作用原理。

5. 经编土工布有什么优点？

6. 用于加筋作用的土工材料有什么要求？哪些土工用纺织品可以作加筋材料？

7. 复合土工材料有哪些？

8. 土工布的隔离作用有什么重要意义？

9. 土工布的排水反滤功能常用在什么地方？

10. 土工模袋用在什么地方？

11. 塑料排水带是怎么构成的？它是重力排水还是压力排水？用于什么地方？

12. 防渗土工布由什么构成？常用于什么地方？

13. 膨润土防水毯由什么材料构成的？它有什么优点？

14. 列出你学过的用来起排水作用的土工纺织品。

15. 怎么防护海岸或沿河路基的冲刷？

16. 为什么非织造土工布的过滤和排水性能比机织物和针织物更好？

17. 复合土工膜规格为 SN2/PE-12-400-0.3 和 SN/PE-12-400-0.3，它们的含义是什么？有何区别？

☞ 参考文献

［1］S. 阿桑达. 产业用纺织品手册［M］. 徐朴，译. 北京：中国纺织出版社，2000.

［2］张玉惕. 产业用纺织品［M］. 北京：中国纺织出版社，2009.

［3］崔世忠，王善元. 经编土工布的应用及其特点［J］. 产业用纺织品，1995（10）：30-33.

［4］邱冠雄. 经编土工合成材料［J］. 针织工业，2000（1）：17-19.

［5］陈志国. 土工织物在堤坝防渗工程中的应用［J］. 水利技术监督，2016（3）：97-99.

第十章 工业用毡毯（呢）纺织品

教学要求

掌握工业用毡毯（呢）纺织品的材料选择及织造设计。

主要知识点

1. 毡毯（呢）纺织品在工业生产上的用途。
2. 毡毯（呢）纺织品的生产方法。

以纺织纤维为原料经湿、热、化学、机械等作用而制成的片状纺织品称为毡，具有丰厚绒毛的纺织品称为毯；把应用于工业领域具有特定功能特征的毡毯统称为工业用毡毯类纺织品。工业用毡毯类纺织品采用天然羊毛或其他纤维，经缩绒或其他特殊工艺加工黏合而成，富有弹性，可作为防震、密封、衬垫、抛光材料及弹性钢丝针布底毡材料。

该类产品包括纺织工业用毡毯（呢），造纸毛毯（造纸网），过滤用毡毯（呢），印刷业用毡毯（呢），电子工业用毡毯（呢），隔音毡毯（呢），密封毡毯（呢），清污、吸油毡毯（呢），防弹、防爆毡毯，抛光毡（呢），其他工业用毡毯（呢）。

一、纺织工业用毡毯（呢）

如弹性针布梳理机的钢丝针布呢，纺纱工序中的并条、粗纱和细纱牵伸皮辊用到的清洁用呢，印染热转印机用耐高温毯（需要选用芳纶或聚苯硫醚制作）等。图 10-1 所示为并条机皮辊清洁用呢，图 10-2 所示为热转印机用高温毯。

二、造纸毛毯

造纸毛毯是造纸用织物的总称，用于造纸的成型、压榨和干燥过程中。如图 10-3 所示，含有 0.5% 纤维及 99.5% 的水所形成的纸浆，被铺在织物上成型，通过织物把多余的水滤出，由织物输送进入压榨区。在这里通过压辊进一步去除水分，使纸片固化，再输送到干燥区烘干就得到纸。

现代造纸机所用的造纸毯长度很大，不光能顺利留住纸浆，让水通过，而且在高速运转的设备上，其强度要高，伸长要小，使用寿命要长。

图 10-1　并条机皮辊清洁用呢　　图 10-2　热转印机用高温毯　　图 10-3　纸片成型示意图

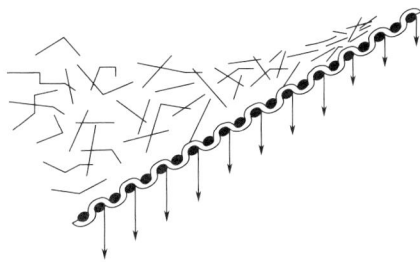

（一）造纸成型用织物

成型织物有单层、双层和三层之分，多层织物的造纸质量更好，单层织物已很少采用。目前成型织物都是用聚酯或聚酰胺单纤长丝织成，选用高模量的合成纤维可以减小织物使用时的伸长。采用分条整经，织机则限于有梭织机，因为造纸生产上的织物必须是有布边的。由于造纸机幅宽较大，可以用平行织造或环形织造。

如双层织物，纬二重组织，表里纬纱之比为 2：1，即上层纬纱数为下层纬纱数的 2 倍，且上层纬纱更细。由于上层纱线细密，改进了纸浆中小颗粒滞留能力，提高了其承托纸片的作用和纸张质量。下层纱线较粗且密度小，提高了耐磨性和脱水能力。

三层织物，有两组经纱和两组纬纱，另外还需要一层中间纱线将上层和下层接结在一起。顶层经纱和纬纱都比底层经纬纱细，顶层经纱和底层经纱的排列比 2：1，纬纱也是这样。

（二）压榨毡毯

压榨织物是除去纸片中的水分，承托并运送纸片，防止压破纸片。最早的压榨毡毯是羊毛毯，但新型的造纸机都是使用针刺毡毯，可以提高脱水性，节省能源，还可延长使用寿命。新兴的针刺毡毯有以下几种类型：

1. 带底布的针刺毡毯

基布为短纤维纱机织布，原料可以是羊毛或锦纶。将梳理成网的短纤维用针刺法固结到基布上形成毡毯。或底布基材是纯合纤长丝，如 100% 的单纤长丝、单丝和复丝结合、全部高捻复丝、高捻复丝再经树脂整理等。合纤长丝织成环形机织物，再将梳理成网的纤维用针刺法固结在基布上。

2. 无基布毡毯

只用纤维网针刺加固成型，因为不存在基布，能减少斑痕，适合于真空压榨、沟纹辊压榨和伸缩套筒压榨。主要用于生产高档纸和纸板造纸机。

3. 无屈曲基布毡毯

基布由经纱层和纬纱层构成，但经纱和纬纱不交织。有单层、双层或更多层，单层就只有经向纱线，双层就是将纱线在经向和纬向各排一层。这类无屈曲的基布刺上纤维絮绒，纸屑和尘杂被组织点带住的可能性减小，还能减少纸片斑痕，提高脱水效率。图 10-4 和图 10-5

179

分别为无屈曲基布单层压榨毡毯和双层压榨毡毯。

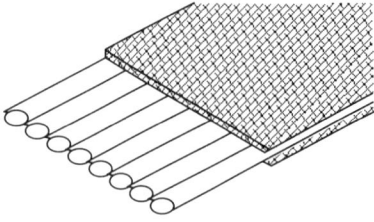

图 10-4　单层无屈曲基布压榨毡毯

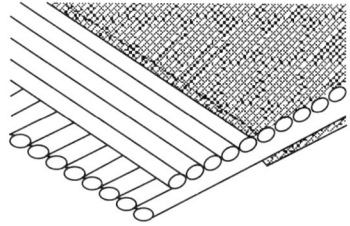

图 10-5　双层无屈曲基布压榨毡毯

4. 叠层压榨毡毯

毡毯中是多层不同结构的基布，顶面一层通常为单层织物，底面可以是一层、二层或三层整体织物。由于毡毯中有多层不同结构的基布，表面的绒类纤维占比例减小，但承压均匀性好。

新兴的针刺毡毯在基布得到后，都要使用针刺法将短纤维固结在基布上形成絮垫。被固结的短纤维选择长度不同、直径有差异的纤维，细的纤维置于表面，粗的纤维靠近基布，得到层次结构的絮垫材料。

（三）干燥织物

干燥织物的功能是使纸片干燥，因为在高温高湿的环境下作业，首先应该考虑的是纤维材料的耐热性，最早采用的织物是由棉/石棉材料制成，现在普遍选用聚酯、间位芳纶（Nomex）、聚苯硫醚（PPS）等，或相互混合使用。使用聚酯纤维需要加入饱和烃氧基提高其抗水解性。还要求干燥织物能最大限度地传导热量和传输水分。增大织物接触面积可增强导热作用；提高织物的渗透性可增加传送水分质量；加大造纸机上织物的张力也能增强导热作用。

干燥织物是化纤单纤单层织物，性能要求是渗透性小、厚度薄、携带空气少和易缝接。单丝为直径 0.4 ~ 0.5mm 圆形，或 0.27×0.54 ~ 0.57×0.88（单位：mm）扁平丝。单纤长丝织物可通过添加充填纱来控制透气率。干燥织物常用的螺旋织物结构如图 10-6 所示，有很多的孔眼通道，透气率高。

图 10-6　螺旋织物

三、过滤用毡毯（呢）

过滤用毡毯可用于气体过滤，也可以用于液体过滤。过滤用毡毯（呢）可以用机织双层织物、针织多轴向衬垫织物，但用得最多的还是非织造布，短纤维梳理成网、短纤维气流成网或长丝直接成网均可。如针刺滤气呢，用于发电厂和炼钢厂废气过滤。

可参见第八章过滤及分离用纺织品。

四、印刷业用毡毯（呢）

印刷滚筒表面必需包覆一层弹性的衬垫物，利用其弹性变形来降低滚筒与印版之间的直接接触而产生的磨损，提高印版的耐印力。衬垫厚度可影响印刷压力，也影响印刷图文尺寸。

印刷用衬垫分为软性衬垫、中性衬垫及硬性衬垫，一般由中间基材层、两面涂胶层、单面或双面保护纸等组成，如图 10-7 所示。衬垫基材的生产方法，一种是用纺粘法聚酯纤维网涂层乙烯基树脂，一般用于较薄的柔性版衬垫；另一种方法是用聚烯烃纤网涂层聚氨酯，弹性更好。硬性衬垫在印刷时油墨转移要好些；软性衬垫弹性好，但可能造成印版上的油墨没有完全转移到承印材料上，适合印刷密度较小的制品。

图 10-7　印刷衬垫

五、电子工业用毡毯（呢）

由玻璃纤维长丝机织布（图 10-8）涂环氧树脂制造的复合材料大量用于电子工业的印刷电路板（图 10-9），这类玻璃又称 E 玻璃，即电子工业用玻璃（electricglass），碱金属氧化物的含量在 0.5% 以下。

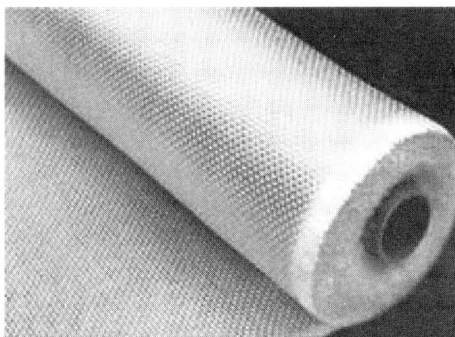

图 10-8　玻璃纤维基布

图 10-9　印刷电路板

芳纶和聚酰亚胺是有机纤维，柔韧性比玻璃纤维更好。高密度芯片载体用对位芳纶机织物（或湿法成网，或干法成网浸渍黏合法加工成布），再用黏合剂把铜箔与基布黏合。这种电路板用激光钻孔或按形状随意加工。由于芳纶的耐高温性，克服了旧式芯片铜材和环氧树脂的热膨胀，能在较小的空间容纳更多的电子接点，适合制作多层印刷电路板，适合于高速线路传输，有利于电子设备的小型化和轻量化。这种芯片的抗震性好，抗故障失效能力强，故用于军用火箭和飞机。

六、隔音毡毯（呢）

具有微孔结构的纤维材料具有较好的隔音效果，如麻类纤维、木丝纤维及毛纤维。羊毛

181

纤维表面是鳞片结构，具有缩绒性，利用该性能制成的羊毛毡里面有很多微孔，有很好的隔音作用。织物设计上，绒类织物、多层网孔织物及非织造布织物具有较多孔隙，有较好的隔音效果。具有较多孔隙的非织造布是较好的隔音吸声材料，机织物或针织物要具有较好的吸音效果，使用割绒织物，增加绒的高度和密度可提高吸音效果。

最新的隔音设计将声学原理和材料性能进行互补，使用密度可调的材料制成吸音材料，可在不同频率下实现对声波的选择性吸收。如聚酯纤维吸音棉，由熔喷法生产的直径 $1\sim4\mu m$ 的超细纤维及直径 $20\sim30\mu m$ 的三维螺旋卷曲短纤维共同组成，产品的克重及厚度降低，而吸音效果较好。

将不锈钢金属纤维制成异形截面，直径 $8\sim12\mu m$，气流成网，再用针刺法加工成金属毡。由于纤维之间孔隙曲折相连，改变了声波的直线性，形成黏滞流动而使声音能量受到损失。这种金属毡作为消音材料，用于发动机辅助机组的进气、排气处理。

七、密封毡毯（呢）

密封毡毯既用于壳体的结合面密封结构，也用于制作密封垫片。如汽车发动机气缸盖垫，需要对空气、冷却液、燃烧和发动机油进行密封。变速器壳体、液体或气体管道设施密封都需要使用密封衬垫，如水泵密封垫。带纤维的浸胶垫密封性能更好，图 10-10 为发动机气缸垫。

密封垫片没有耐热要求的，可用天然纤维或合成纤维用非织造方法成网，然后与氯丁橡胶、丁腈橡胶、硅橡胶、聚四氟乙烯树脂或其他物质的化学材料复合制造。有耐热要求的垫片及气缸垫，可用芳纶、聚醚醚酮（PEEK）、聚苯硫醚（PPS）等耐热纤维制成纤网，再与树脂复合，树脂也要选择耐高温的。密封垫片与树脂复合浸渍烘干后，切割成所需要的形状，有些还做成螺旋状、绳状缠绕在轴的周围。

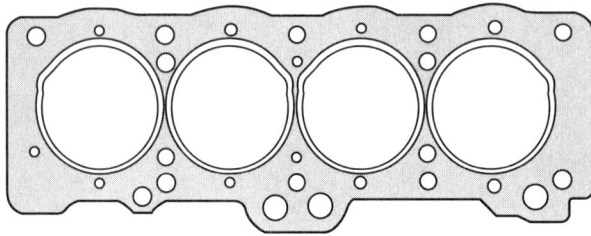

图 10-10　发动机气缸垫

八、清污、吸油毡毯（呢）

清污、吸油毡毯属于环境保护材料，用于机械制造产生的冷却润滑液及乳化液废水吸附，皮革、造纸、纺织、食品加工等行业产生的含油废水吸附等。目前，处理浮油的方法主要是物理吸附法，如包藏法，利用纤维自身微孔结构的毛细管作用吸附油污并保持在毛细管内，如熔喷法超细丙纶、聚氨酯泡沫等。聚丙烯（PP）具有很好的亲油疏水性，密度小（$0.91g/cm^3$），具有较大比表面积。PP 熔喷法生产非织造布的吸油量是自身重量的 $15\sim17$ 倍，且可以重复使用，图 10-11 所示的吸油毡是熔喷法生产的超细丙纶毡。吸油毡还广泛应用于海事溢油应急处理及各种油品、化工品泄漏处理、石油开采、石油化工、船舶制造、油港、码头、机械等工业领域。

纤维的比表面积越大，纤维表面有孔洞、缝隙及凹槽等，吸油率更高。因此，吸油毡除了熔喷法生产的聚丙烯超细纤维，还可以用海岛型超细纤维，或桔瓣型复合纤维制造法生产的涤/锦复合纤维。

木棉纤维是一种天然吸油材料，它有很高的吸油性，可吸收自重约 30 倍的油，是聚丙烯纤维的 3 倍，而且木棉纤维的耐酸碱性都比较好。木棉纤维表面含蜡质，中段较粗，两端封闭，中空度可达 80%~90%，将木棉纤维制成毡具有优良的吸油性能，木棉纤维的横截面结构如图 10-12 所示。

图 10-11　吸油毡

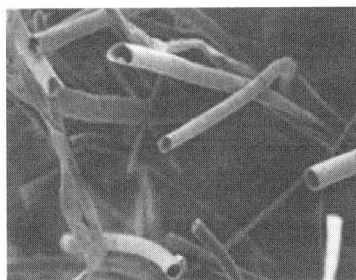

图 10-12　木棉纤维的横截面

九、防弹、防爆毡毯

防弹、防爆毯主要用于爆炸物的隔离或临时储存及处置爆炸物品，是公安、武警、民航、铁路、港口、海关等防爆安全检查部门必备的装备。如当手榴弹爆炸时，覆盖在手榴弹上面的防爆毯和防爆围栏能够有效阻挡爆炸冲击波和破片的横向效应，保护周围人员和物体不会受到爆炸冲击波和碎片的伤害。

防爆毯由对位芳纶或超高强度聚乙烯纤维多层织物复合制作，能有效减小爆炸物爆炸时所产生的冲击波和碎片对周围人和物造成伤害的一种临时防护装置。防爆毯的缝制工艺能保证碎片能量被充分吸收。防爆毯一般由一条盖毯和大小不同的两个围栏组成，所选纤维材料必须具有阻燃性。盖毯的外形尺寸应 ≥1200mm×1200mm；防爆围栏内径尺寸应 ≥400mm。在使用防爆毯时先用防爆围栏将可疑爆炸物罩住，尽量将可疑爆炸物放置在中心，然后将防爆毯盖在围栏之上，最后引爆。由于爆炸时会有很强的气体产生的冲击波，因此防爆毯中央开有 1 个直径为几百毫米的泄爆孔，可降低防爆毯爆炸时的升空高度。防爆毯不适合用在人多或封顶的场所。

十、抛光毡（呢）

选择羊毛、聚酰胺纤维、聚酯纤维或金属纤维，采用梳理成网、气流成网或纺丝直接成

图 10-13　抛光毡

网，针刺加固成毡。用黏合剂将磨料喷涂或浸轧在非织造布基材上，就制成了抛光毡。非织造布基材的抛光毡不仅用于金属材料的精密磨削、清理、抛光和去毛刺，也用于皮具的研光、木材的精磨、玻璃和陶瓷的抛光整理。聚酰胺纤维和聚酯纤维强力高、耐磨性好、软化点高，生产的磨具综合性能好。现在也有用金属纤维和芳纶制作的耐高温磨具。抛光毡如图 10-13 所示。

生产抛光毡用针刺加固的非织造布通透性好，力学性能优良，可用作高性能磨具基体材料；用水刺法加固的非织造布柔软、悬垂性好，可用作柔性磨具基体材料；热轧黏合加固经过加热、加压，用于制作耐高温的涂覆磨具。

十一、其他工业用毡毯（呢）纺织品

国家粮食储备库在冬季需要将毡毯铺放在储粮罐的上方，压盖密实，毡毯上面再采用聚氯乙烯薄膜密封，四周与仓墙用管槽密封。在仓内还需设多个测温点，在干燥低温条件进行机械通风降温，保证储粮安全。

☞ 思考题

1. 纺织工业在哪些工序使用毡垫？
2. 造纸毛毡用双层或三层成型织物是怎么设计的？
3. 造纸毛毡用干燥织物在结构上有什么特点？
4. 请你选择纤维原料设计生产一种隔音毡。
5. 防暴毯的用途是什么？生产防暴毯选择纤维原料有什么要求？
6. 刹车衬垫需选用什么纤维制作？

☞ 参考文献

[1] S. 阿桑达. 产业用纺织品手册 [M]. 徐朴，译. 北京：中国纺织出版社，2000.
[2] 张玉惕. 产业用纺织品 [M]. 北京：中国纺织出版社，2009.
[3] 宋志祥，彭长征，佘万能. 芳纶纤维及其在电子行业中的应用 [J]. 合成技术及应用，2009（4）：35-38.
[4] 丁红磊. 柔版印刷中衬垫的使用 [J]. 印刷技术，2002（33）：32-33.

第十一章　隔层与绝缘用纺织品

教学要求

1. 掌握隔层及绝缘用纺织品的质量要求。
2. 了解储能元件隔膜的作用及生产技术。
3. 了解电磁屏蔽原理及纺织类电磁屏蔽材料制造方法。

主要知识点

1. 隔层及绝缘用纺织品的质量要求。
2. 储能元件隔膜的生产技术。
3. 纺织类电磁屏蔽材料制造方法。

隔层与绝缘用纺织品即采用纺织纤维材料加工而成的分别具有或同时兼有隔离作用和绝缘性能的纺织品。该类产品包括电绝缘纺织品、电池隔膜、电容器隔膜、变压器隔膜、电缆包布、电磁屏蔽纺织品、其他隔层与绝缘用纺织品。

一、电绝缘纺织品

1. 电工绝缘胶带

用得最多的是 PVC 绝缘胶带，如图 11-1 所示。PVC 胶带以聚氯乙烯薄膜为基材，涂氯丁橡胶，再添加一些阻燃剂制造而成，具有良好的绝缘、阻燃、耐电压、耐寒等特性，适用于建筑内外的电线电缆缠结、绝缘保护等。

绝缘胶带还有以棉或化纤为基布、棉与玻璃纤维交织的基布，涂聚氯乙烯、聚酯等树脂制成，用于电线电缆接头的缠绕，在低温下具有较好的使用性能。

2. 电路板基材

电路板用于搭载电子元件，基材用得最多的是用玻璃纤维（E 玻璃）机织布浸环氧树脂，烘干后覆上铜箔，经高温压制而成。图 11-2 所示为玻璃纤维电路基板。

芳纶做印刷电路板基材，用印刷铜箔与对位芳纶机织物做成层合材料，能以较小的空间容纳更多的电子接点，适用于高密度印刷电路。芳纶的耐高温特性，使整个基板的面内膨胀系数降低，在热循环时焊接点处的应力减小，介电常数低，信号传输速度加快，同时还比相同的玻璃纤维复合材料轻 20% 左右。

图 11-1　PVC 电气胶带

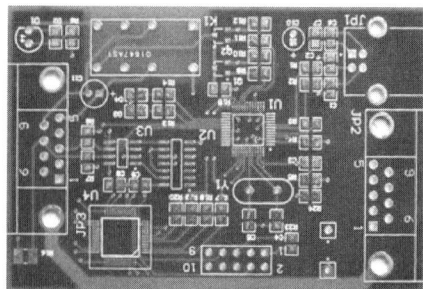

图 11-2　玻璃纤维电路基板

3. 芳纶绝缘纸

芳纶绝缘纸应用最广泛的是间位芳纶绝缘纸，通常由芳纶短切纤维和芳纶浆粕按照一定比例经过湿法抄纸工艺成纸，再经热压、成型工艺制成。还有一种方法是在聚合物得到后不去纺丝，而是添加沉淀剂，在机械搅拌下直接得到短纤维，纤维末端呈针状，微纤丛生，毛羽丰富，易与水形成氢键，利于湿法抄纸。间位芳纶绝缘纸如图 2-1 所示。

间位芳纶绝缘纸具有耐高温、耐腐蚀、阻燃和电绝缘等综合优良性能，用于发电机、电动机和变压器上，可防止电动机过早损坏和设备停机，大幅提高电器的使用寿命和安全性，还可使变压器结构紧凑、尺寸减小。因此，被广泛应用于变压器中线圈、绕组层间的绝缘材料，电动机和发电机中槽间绝缘材料，电缆和导线绝缘等。图 11-3 所示为间位芳纶绝缘纸用于牵引电动机槽绝缘，图 11-4 所示为芳纶绝缘纸用于牵引变压器。

图 11-3　芳纶绝缘纸用于牵引电机槽

图 11-4　芳纶绝缘纸用于牵引变压器

4. 芳纶绝缘板

芳纶绝缘纸板按照密度划分为低密度纸板、中密度纸板、高密度纸板，分别用于制作变压器的异形件；变压器中的角环、角槽、绝缘套等成型件；变压器的撑条、垫片等绝缘部件。芳纶厚板用作牵引变压器的隔板组和角槽见图 11-5 和图 11-6。

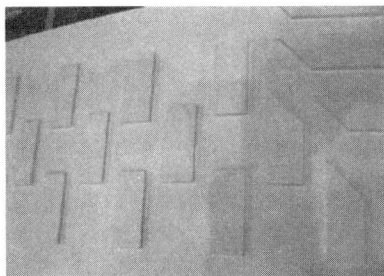

图 11-5　芳纶厚板制作的隔板组

图 11-6　芳纶纸板制作的角槽

5. 芳纶云母纸

芳纶云母纸是用芳纶和云母通过合适的工艺方法将两种材料复合在一起制备的高性能复合材料，添加芳纶后云母纸的强度得到了较大的提高，且耐高温。图 11-7 所示为芳纶云母纸用于牵引电机绕组。

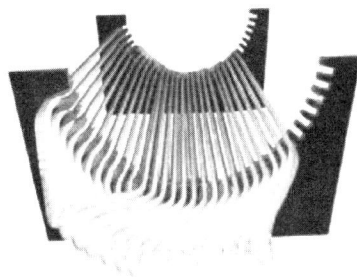

6. 芳纶复合箔

芳纶绝缘纸或芳纶网与聚酯薄膜或聚酰亚胺薄膜复合，用于电动机的槽绝缘。

图 11-7　芳纶云母带用于牵引电动机绕组

7. 芳纶玻纤针刺毡

芳纶玻纤针刺毡是芳纶和无碱玻璃纤维混合针刺加固的柔软毡，用于电动机的槽部、层间电气间隙的填充，减少污秽和避免间隙放电。

8. 玻璃纤维套管

用玻璃纤维编织成套管，涂聚氨酯、有机硅树脂等，称为黄蜡管，如图 11-8 所示。建筑物在布线（网线、电线、音频线等）过程中，如果需要穿墙，或者暗线经过梁柱的时候就要用到黄蜡管包裹，电线电缆进控制柜也要用到黄蜡管。图 11-9 环圈内所示为汽车里面的导线用黄蜡管包裹。

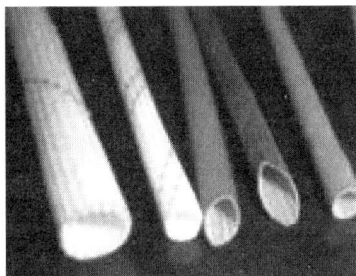

图 11-8　黄蜡管

图 11-9　汽车电器导线用黄蜡管包裹

二、电池隔膜

电池由正负电极、电解液和电池隔膜组成。电池隔膜的主要作用是隔离正负极，防止正负极接触导致电池短路；另外，隔膜必须是有一定孔径的过滤材料，能够让电解液中的离子自由通过，并需保证低的电阻和高的离子电导率。

微孔聚烯烃膜因其耐腐蚀、价格便宜，成为目前应用最广泛的一类隔膜材料。聚烯烃隔膜材料包括聚丙烯（PP）隔膜、聚乙烯（PE）隔膜以及 PP 和 PE 组成的两层或多层隔膜。微孔聚烯烃膜制备方法有干法制膜和湿法制膜两种。干法又称熔融拉伸法，单向干法拉伸制得的隔膜具有扁长形孔结构，适合用于高功率、高能量密度的电池。双向拉伸能得到圆的孔径，可以生产较厚的 PP 膜。复合隔膜有两层（PP/PE）和三层（PP/PE/PP），三层膜在温度升高时，中部的 PE 在 130℃熔化造成热收缩，微孔关闭，而外层的 PP 熔化温度在 165℃，隔膜还可以保持一定的安全性，因此三层隔膜较适应动力电池。图 11-10 所示为干法单向拉伸隔膜。

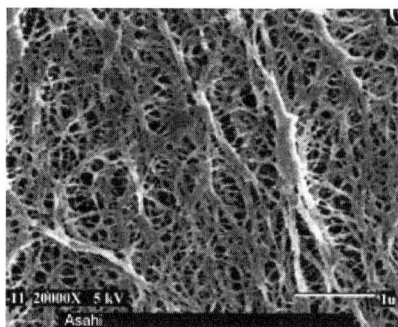

湿法制膜需在聚烯烃原料中加入高沸点的小分子物质或液态烃，熔体挤压成片层状后再双轴拉伸使高聚物取向，通过萃取方法去除小分子物质，可在聚烯烃片膜上形成均匀的孔结构。这种膜孔隙有一定的弯曲度，适合用于对循环寿命有高要求的电池。图 11-11 所示为湿法双向拉伸隔膜。

图 11-10　干法单向拉伸隔膜

图 11-11　湿法双向拉伸隔膜

聚烯烃类隔膜存在热稳定性和电解质亲润性较差的问题。温度升高到聚烯烃隔膜熔点时（PE 为 135℃，PP 为 165℃），隔膜材料发生热收缩导致破膜，进而造成电池短路引发起火灾，甚至爆炸等安全隐患。另外，聚烯烃隔膜由非极性分子构成，与电解液中极性小分子的亲和力很差，导致聚烯烃类隔膜对电解质的保有率及润湿性能差。聚烯烃隔膜表面改性的方法有接枝聚合、表面涂覆等。表面接枝法主要通过 γ 射线、电子束、等离子体照射、化学处理等方法对聚烯烃基体隔膜进行表面处理，然后浸渍在溶液中，在一定条件下引发单体聚合得到改性复合膜。表面陶瓷涂覆改性使无机陶瓷粉体在膜表面形成基体材料，因其具有极佳的热稳定性，可有效抑制隔膜在高温条件下发生热收缩，同时可提高隔膜对电解质的亲和性。

非织造布隔膜包含熔喷非织造布、湿法抄纸非织造布、针刺非织造布、水刺非织造布等，目前仅有湿法非织造布成功应用于锂离子电池隔膜中。用 SiO_2 陶瓷粉末及黏结剂修饰聚酯熔喷布的表面结构，由于聚酯的耐高温性，可解决隔膜在高温下尺寸稳定差的缺点。

锂离子电池的广泛使用，造就了电池隔膜的快速发展。隔膜厚度越大，锂离子迁移的距离越大，电池内阻就越大，导致电池容量下降。但较厚的隔膜抗刺穿能力较高，可在一定程度上提高电池的安全性。

图 11-12 所示为锂离子电池实物图，日常使用的移动设备（手机、Pad）均采用相对薄的微孔隔膜（25μm），电动汽车则使用相对厚的隔膜（40μm）。厚膜有更大的机械强度，刺穿的可能性更低，但活性物质释放较少；反之，薄的隔膜占据空间小，电池的使用时间较长，电量释放也较多，可充分扩大电池容量。

图 11-12　锂离子电池隔膜实物图

三、电容器隔膜

超级电容器是一类介于电容与电池之间的储能器件，它可以实现快速冲电、大电流放电，且具有十万次以上的冲电寿命。正在迅速取代电池，被广泛应用于各类动力系统及电子设备中，如在高铁、港口塔吊、汽车、风力发电机、坦克等作为动力能源。超级电容器可以与充电电池组成复合电源系统，既能够满足电动车启动、加速和爬坡时的高功率要求，又可延长充电电池的循环使用寿命。超级电容器由电极、电解液、电容器隔膜及引线组成，电容器隔膜与电池隔膜的作用类似，阻止正负电极的电子直接接触，但离子可以自由通过。

卷绕式超级电容器的组装，电芯由正极片、负极片和隔膜卷绕而成（图 11-13），隔膜处于正负极片的中间。正负极片是铜膜，或涂覆其他材料导电物质。在组装时采用卷绕方式，需要隔膜承受较大的应力和应变，此时隔膜应有较高的抗拉强度和柔韧性能。预制成卷筒或平板状结构后，放入封装材料进行电解液的加注，在此过程中隔膜的吸液性能极大地影响注液速度。另外，隔膜材料化学性质应稳定，不与电解质发生反应。

用于工业化生产的超级电容器隔膜有纤维素纸隔膜、干法双向拉伸聚烯烃隔膜。纤维素纸隔膜主要由造纸法抄造而成，常见的原料有棉浆、木浆、草浆、麻浆、再生纤维等以及辅助植物纤维配合抄纸的合成纤维如聚乙烯纤维、聚乙烯醇纤维、聚丙烯纤维、黏胶纤维、Lyocell 纤维、聚酯纤维、芳纶、皮芯复合纤维（如 ES 纤维）等。纤维素多经过原纤化处理，因此隔膜里由微细纤维和主干纤维交混而成，如图 11-14 所示。

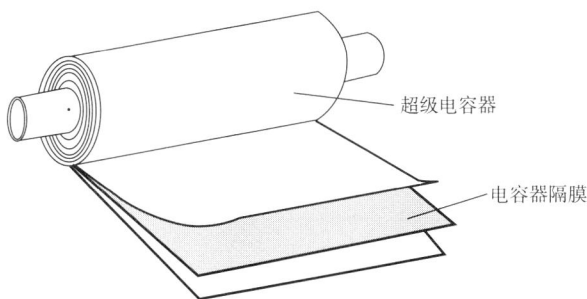

图 11-13　筒状超级电容器卷绕

图 11-14　纤维素纸隔膜

189

干法双向拉伸聚烯烃隔膜，利用聚烯烃不同相态间的密度差异，拉伸形成微孔隔膜。由于烯烃类聚合物自身熔点较低，因此隔膜产品热稳定较差，自放电率较低。

将多个超级电容器单体串联，配合电压均衡和放电稳压系统，用铝合金外壳组合而成的一个新型能量包，称为超级电容器模组，可提供超大电流的动力，如图11-15所示。

图11-15　超级电容器模组

四、变压器隔膜

变压器的隔膜采用橡胶涂层织物制作，放置于变压器储油柜（油枕）以及互感器的油面以上空间部分，将变压器里的储油与大气进行有效隔离，防止大气的水分进入和油的氧化。变压器的储油柜如图11-16所示，隔膜浮在油面上，四周固定在储油柜，用密封垫压紧，但可上下移动。当变压器由于负荷增大，油温升高，油箱内油膨胀，这时过多的油就会流入油枕。反之温度降低时，油枕内的油会再流入油箱，起到自动调整油面的作用，也就是油枕起储油和补油作用，能保证油箱内充满油。储油柜应用于大型电力变压器上，当环境温度变化而使油体积发生涨缩，可将油体积涨缩在储油柜内完成。

五、电缆包布

电缆绝缘布是非织造布与塑料薄膜、树脂结合的产品，非织造布与薄膜通过树脂黏合在一起，这种层压制品表现出三种组分的各自特性，形成良好的电绝缘性。采用短纤维梳理成网或湿法成网，纤网的均匀度更好，可以生产薄型电缆包布。所用原料多采用聚酯纤维，因为它有良好的电绝缘性、耐热性和尺寸稳定性，制成的产品既有较高的拉伸强度和延伸性，又有良好的耐热性和防水性。高强度电缆用非织造布如图11-17所示。

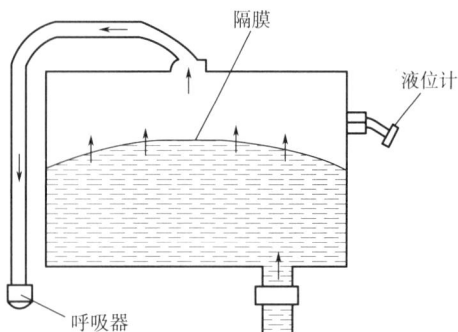

图11-16　变压器的储油柜

图11-17　高强度电缆用非织造布

六、电磁屏蔽纺织品

电磁屏蔽就是阻断电磁波的传播路径。原理是采用导体材料，在导体内部产生与源电磁场相反的电流和磁极化，从而减弱源电磁场的辐射效果，如图 11-18 所示。电磁屏蔽首先要对产生辐射的设备壳体进行屏蔽，避免干扰外界设备；其次要避免电磁波对人体的辐射危害。因此电视发射塔、雷达工作站、微波设备车间及高压电场环境工作者等，必须穿电磁屏蔽防护服。

电磁屏蔽纺织品必须加入 20%的导电材料才能实现屏蔽作用，而且导电材料在纺织品中还必须分布均匀。可采用纺织纤维与导电材料以混纤、混纺、交捻、交编、交织等方式混合生产电磁屏蔽纺织品。图 11-19 为电磁屏蔽服。

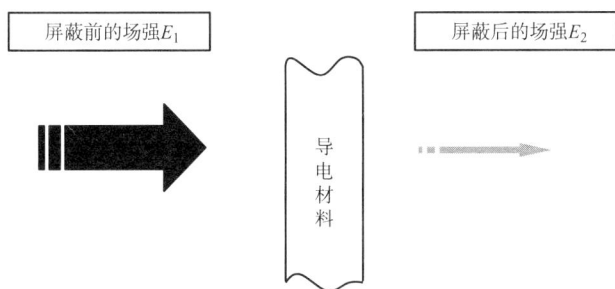

图 11-18 电磁屏蔽原理图

图 11-19 电磁屏蔽服

制作导电材料的方法有以下 4 种：

（1）金属纤维，如铜、镍和不锈钢等纤维。

（2）金属化纤维，在纺织纤维表面涂层石墨粉或镀层金属。

（3）将导电物质粉末加入化纤纺丝液中，可制得共混、皮芯、海岛型导电纤维。

（4）本征性导电物质，如聚乙炔类、聚吡咯类、聚苯胺类、聚杂环类等具有导电功能的高聚物。

七、其他隔离与绝缘用纺织品

1. 隔膜式气压罐

隔膜式气压罐是由钢质外壳、橡胶隔膜内胆构成的储能器件，橡胶隔膜把水室和气室完全隔开，当外界有压力的水充入隔膜式气压罐的内胆时，密封在罐内的空气被压缩，气体受到压缩后体积变小，压力升高储存能量，压缩气体膨胀将橡胶隔膜内的水压出罐体。如图 11-20 所示，（a）表示充气前，（b）表示充气后，气囊被预充气体压缩在一起，（c）表示水进入气囊内，气囊被胀大，再一次对罐内气体产生进一步压缩，（d）表示压缩气体反作用于气囊，气囊内的水逐渐往系统补充。

隔膜式气压罐广泛应用于中央空调循环水稳压，罐内部隔膜结构保证了水不与罐壁接触，因此罐壁内部无锈蚀，外部无凝露现象，大幅延长使用寿命。

隔膜用聚酯纤维及芳纶等长丝用梭织方法生产，再用食品级天然橡胶涂层。

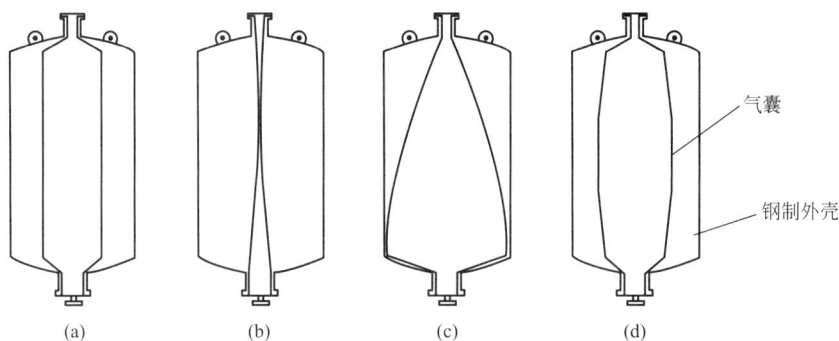

| 气囊
| 钢制外壳

(a)　　　　　(b)　　　　　(c)　　　　　(d)

图 11-20　隔膜式气压罐

2. 衬垫材料

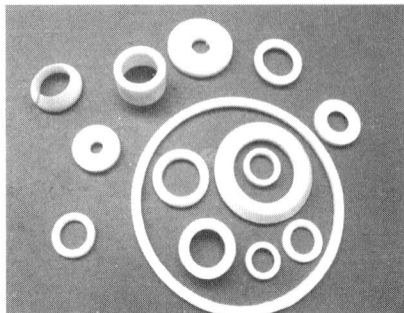

图 11-21　垫圈

衬垫材料是防渗漏的密封材料，有衬垫式及垫圈式。垫圈用于气体或液体管道、压力容器的固定接合面间，防止流体渗漏。垫圈可以用增强纤维与树脂混合注射成型，图 11-21 所示为聚四氟乙烯生产的各种垫圈。

衬垫材料应具有较好的弹性和力学性能、变形量小、耐磨性好，某些用途的衬垫材料还要求具有耐高温性和耐寒性、耐油性、耐化学腐蚀性、热膨胀系数小等。食品和药品行业垫圈用有机硅橡胶涂层。

☞ 思考题

1. 电工胶布是用什么材料制作的？

2. 玻璃纤维布印刷电路板是怎么制造的？

3. 用芳纶织物制作的印刷电路有什么优点？

4. 芳纶绝缘纸是用什么方法生产的？有什么用途？

5. 黄蜡管在什么地方使用？

6. 聚烯烃隔膜用什么方法可以生产？用什么改性方法可以使聚烯烃隔膜热收缩降低？

7. 超级电容器使用的隔膜主要由什么方法生产？

8. 电磁屏蔽的原理是什么？要使纺织品具备电磁屏蔽功能，需要设计哪些方面问题？

☞ 参考文献

［1］S. 阿桑达. 产业用纺织品手册［M］. 徐朴，译. 北京：中国纺织出版社，2000.

［2］张玉惕. 产业用纺织品［M］. 北京：中国纺织出版社，2009.

［3］中国产业用纺织品行业协会. 2014/2015 中国产业用纺织品技术发展报告［M］. 北京：

中国纺织出版社, 2015.

［4］陈红生, 梁巧灵, 梁西川. 芳纶纤维绝缘纸及其复合制品在牵引电机和牵引变压器上的应用［J］. 电力机车与城轨车辆, 2015 (S1)：58-61.

［5］彭锟. 动力锂电用陶瓷改性聚烯烃及 PSA/PET/PSA 无纺布隔膜制备及性能研究［D］. 上海：东华大学, 2017.

第十二章 医疗与卫生用纺织品

教学要求

1. 了解医疗功能性纺织品的作用及制造技术。
2. 掌握医疗防护类纺织品的生产原理及制造技术。

主要知识点

1. 医疗功能性纺织品的制造技术。
2. 医疗防护类纺织品的制造技术。
3. 医疗卫生类纺织品的生产方法。

医疗与卫生用纺织品是指应用于医疗与卫生领域，具有医疗、医学防护、卫生及保健用途的纺织品。该类产品包括医用缝合线、植入式医用纺织品、体外医用纺织品、手术室及急救室用纺织品、防护性医用纺织品、医用敷料、卫生用纺织品、其他医疗与卫生用纺织品。

一、医用缝合线

医用缝合线是一种用于伤口缝合、组织结扎和组织固定的特殊线。缝合线分为吸收型和非吸收型两类。吸收型缝合线在伤口完全愈合前应保持足够的强度而不至于断裂，在组织修复后应完全吸收，不在人体内留下异物；对不可吸收缝合线，伤口愈合后抽线尽量无拉力。医用缝合线必须具有较好的柔韧性、打结性和持结性、较好的强度且强度保留率与组织愈合同步，还需有一定的延伸性以适用伤口组织水肿。

手术缝合线的形式有单纤丝、准单纤丝、加捻丝和编织线等。单纤丝表面光滑，拉引省力，但结头牢度较差。编织线由8~16根复丝织成，表面不平整，为便于牵拉表面要涂油剂，优点是便于打结。准单纤丝是以多根加捻丝为芯，外包相同材质的长丝，使用性质上与单纤丝相似。加捻丝就是将多根复丝加捻形成的有捻缝合线，打结和拉引性质与编织线接近，但在使用中会发生捻回的翻转，操作上没有编结线方便。对捻合线和编织线进行涂层改性时，可同时加入抗菌药物，既提高了缝线的润滑性，还能防止伤口出现感染。实验发现，抗菌药物含量在1.7%~2.0%时出现最佳抗菌效果。缝合线的直径尽可能小，可使人体组织的反应能力小。

1. 非吸收型缝合线

由膨化聚四氟乙烯、聚丙烯、聚酯和聚酰胺等材料做成，通常用于缝合皮肤或口腔切口等容易拆线的伤口。

2. 吸收型缝合线

吸收型缝合线用于体内缝合，过去使用天然蚕丝、亚麻和羊肠线制作，天然蚕丝缝合线在腹腔手术上还在使用，由于降解速度慢被划入非吸收类缝合线。现在用得较多的吸收型缝合线是聚乳酸纤维 PLA 和聚乙交酯 PGA 共聚的缝合线，是合成的可吸收缝合线，如图 12-1 所示。PLA 和 PGA 以一定比例共聚构成 PLGA 缝合线，在 PGA 含量高时，降解速度快；PLA 含量高时抗菌性好。美国的 Dexon 和 Vicryl，日本的 Medfit 都属于 PLGA 缝合线。

此外，吸收型缝合线的原材料还有胶原纤维、甲壳素纤维等。胶原纤维从牛皮和牛肌腱中提取，可以通过调节分子交联程度来调整吸收速度。胶原缝合线具有良好的生物相容性，伤口愈合好、疤痕小、结节好，且操作简单，常用于五官、口腔及眼科等面部精致手术。甲壳素缝合线具有良好的生物相容性及可吸收性，还有消炎抗菌、促进伤口愈合的功能。对胰液、胆液等碱性消化液具有良好的耐力，易于打结，但勾结强度低。

图 12-1　PGLA 医用可吸收缝合线

聚二氧杂环己酮纤维（PDS）也是一种合成可吸收缝合线，单丝结构，组织反应小，分子链柔性大，在体内强度保留率大，特别适合愈合时间较长的伤口。PDS 的分子结构如下：

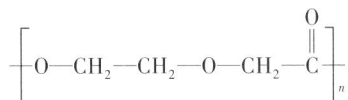

$$\left[O-CH_2-CH_2-O-CH_2-\overset{\overset{\displaystyle O}{\|}}{C} \right]_n$$

3. 复合缝合线

芯层采用可吸收材料（如 PGA、PLA 等，占 55%~70%），皮层用一根不可降解纤维（如 UHMWPE）和一根可吸收纤维编织而成，也可以用蚕丝复合聚乳酸纤维 PLA 制造复合缝合线。

4. 金属缝合线

金属缝合线如不锈钢缝合线、钛镍记忆合金缝合线等。用金属线缝合伤口固定性好，不会出现轻松移位，用于临床的皮内缝合、皮下缝合、减张缝合、肌腱缝合、髌骨缝合、胸骨缝合等。

有一种可吸收带倒齿的自锁缝合线（图 12-2），不需要拆除，也不需要打结固定，缩短了手术操作时间。无结设计免除了由结点引起的重大异体排斥反应，使伤口在最小残余张力和压力下愈合。自锁缝合线截面形态常用的是三角形，倒齿在三角形的棱边上。其余截面形态还有椭圆形、正方形、梯形、菱形、十字形等。带倒钩自锁缝合线还可以做成带弹性的，图 12-3 所示的双倒钩弹性自锁缝合线，缝合线的某些位置呈螺旋卷曲，模拟了人体组织的自然拉伸情况，缝合后伤口出现水肿时，这种缝合线的弹性优势就体现出来了。

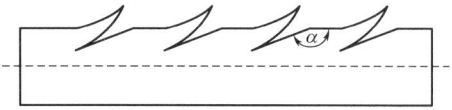

图 12-2　单倒齿自锁缝合线

图 12-3　双倒齿弹性自锁缝合线

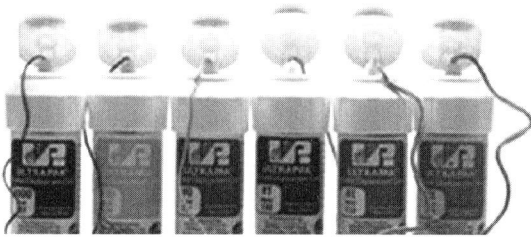

图 12-4　牙科用排龈线

口腔医学临床上使用一种排龈线，在牙齿的固定修复中要使用两次，在预备肩台前以及取模前。排龈线的生产有两种方法，一种是用针织物经编组织编织成圈状结构；另一种是在金属的芯线外围包缠棉纱形成类似的绳状结构。如用直径 $5\mu m$ 铜丝，用圆形编织机将铜丝包在棉纱的中央。图 12-4 所示为编织法制作的排龈线。

二、植入式医用纺织品

植入体内的医疗器械，需要在体内环境中长期工作且能保持良好的可靠性，对原材料有苛刻的要求，能经受酶和酸碱等物质的分解，不能与周围环境发生反应而降解。经特别设计的植入式纺织材料可将手术的创伤降至最低程度，缩短患者的康复时间。

1. 医用补片

内脏修补织物又称医用补片，如普外科的腹股沟疝和切口疝修补；胸外科的胸壁重建、膈肌和心包的修复等；妇产科的女性盆底重建、压力性尿失禁等；泌尿外科的膀胱膨出、直肠膨出、肾下垂等；口腔科的牙周补片等。

医用补片有不可吸收型、可吸收型及复合型三类，现在推荐使用部分可吸收的复合型补片，如图 12-5 所示。

不可吸收型使用材料是聚酯、聚丙烯 PP、膨化聚四氟乙烯（e-PTFE）、聚偏二氟乙烯，其中 PP 和 e-PTFE 复合型用得较多。PP 组织相容性好，但质地较硬，易导致肠粘连。e-PTFE 有许多微孔，防粘连效果比 PP 好。

图 12-5　医用补片

可吸收型材料有 PGA、PLA、PLGA，突出优点是抗感染能力强，并可促进组织胶原的增生，但由于吸收周期短，一般不作为疝修补的永久材料，主要为组织提供暂时的支撑，用于伴有污染或感染腹壁切口疝和缺损的暂时性修补。

复合型如 PP+e-PTFE，PP 外层有利于组织生长，e-PTFE 在内层防粘连，常用于巨大腹壁切口疝的修补。缺点是材料较厚，固定后腹壁的顺应性差。e-PTFE 抗感染能力差，一旦有创面感染需要移除补片。或 PP+可吸收材料，以 PP 纤维为骨架，以可吸收材料进行复合，目的是起到防粘连和抗感染的作用。还有 PP+PLGA、PP+再生氧化纤维素、PP+Omega-3 脂肪酸，这几种复合材料防粘连效果好。

医用补片用经编组织织造，如经平针组织、经缎组织，也有用经缎组织与编链组织复合，结构具有更高的强度和稳定性。经编的延伸性介于机织物和纬编织物之间。经编织物具有抗拆散性，某根纱线断了，破洞不会扩大；经编织物的热收缩变化过程相对纬编织物要小一些；经编织物的边缘不需进行特别处理，便于缝合；经编织物的生产速度更快，结构稳定、强度大。

牙周补片用于引导牙周组织再生，与上述医用补片的制造有所不同，它是用 PLGA 纤维作纬编织物骨架，再用壳聚糖表面涂层，能在体内逐渐降解。

2. 人工血管

当人体心血管系统发生堵塞和功能衰退时，可用人工血管进行置换，如血管瘤患者的部分主动脉、糖尿病患者的腿部动脉等。制造人工血管的纤维有聚酯、聚丙烯、聚四氟乙烯（PTFE）等，PP 和 PTFE 用得更多，它们的组织相容性和血液相容性较好，在人体内不会因物理或化学作用而降解失效。PP 是一种生物稳定性极好的纤维，但柔顺性和结节牢度稍差，改善的方法是使用空心聚丙烯，或将少量低密度聚乙烯掺加到聚丙烯中。

制造人工血管需考虑的问题是管壁材料需具有恰当的多孔结构和合理的孔隙度；具有一定的强度和韧性，承受脉动的血压；在收缩和舒张压下，管壁能进行膨胀和回缩；弯曲扭转时不会被压扁；可以与人体血管很好地缝合在一起；还要有一定的抗血栓性。

微细血管直接使用中空纤维管，或静电纺制成的超细纤维管状物。较粗的血管采用编织方法形成管状。编织血管可以是机织物或针织物，多数采用 56tex 长丝束织造。孔隙率是血管移植材料的重要参数，其他指标有操作时处理和缝合是否方便等。机织物结构紧密，孔隙较小，织造时每隔几纬采用纱罗组织可增加孔隙率。机织人工血管适应于血流较高的胸主动脉，但顺应性差，缝合困难。针织人工血管顺应性较好，便于医生缝合处理，但针织物孔隙较大，漏水率是机织物的 4~20 倍。为了填充孔隙防止渗漏，用双针床多梳栉经平绒组织织造，起绒可降低织物的孔隙。人工血管管壁需进行波纹化，如图 12-6 所示，以提高纵向柔顺性和抗弯折能力，外表面还有一条或数条深色指示线，是为了让医生在植入时

图 12-6　人工血管

保持伸直状态，不发生扭曲。

膨化 PTFE 是用特氟纶烧结而成的多孔性材料，管壁有无数的微小孔。较粗血管的制造方法是采用聚四氟乙烯纤维与胶原纤维混合织成管状，胶原纤维逐步被吸收，纤维间的孔隙逐步增大，有利于人工血管内膜和外膜的生长。

直径 6mm 以上的没有关节屈曲部位的动脉，人工血管的移植效果较好；直径 6mm 以下的动脉和静脉则移植效果较差，血管闭塞率高。目前有使用带不锈钢环的聚酯纤维人工血管移植，效果较好。

还有一种组织工程人工血管，用 PGA、PLA、PLGA 可降解的材料，以静电纺丝法加工成三维支架，再将血管平滑肌细胞和内皮细胞联合种植在支架管壁上，体外培养一定时间，支架材料降解，但血管平滑肌细胞分泌形成新的血管基质的中膜和内膜，再在外表种植纤维细胞壁。

3. 心脏瓣膜

心脏瓣膜组织发生钙化，需要人工瓣膜替换。如图 12-7 所示，人工心脏瓣膜织物由缝合在金属支架上的三个相互独立的涤纶长丝平纹织物构成，最好是一体化成型。

4. 人工韧带

人工韧带（图 12-8）以碳纤维、聚酯以及 e-PTFE 为主要骨架材料，充填胶原和人工骨配合。韧带要求较高的强度，需采用机织物和针织物制成，编织物也是合适的结构材料。如某韧带编织物，材料用碳纤维，32 股纱线，每股 3000 根单丝，编织角度 45°。碳纤维韧带植入假体后磨损产生碳粒碎屑，进入关节和淋巴产生病灶。后来用 PLA 涂在碳纤维上，减小了与软组织接触面的应力。

法国有一种 LARS 韧带，设计独特，由针织物组织和游离纤维结合，材料选择的是聚酯纤维，如图 12-9 所示。韧带中间部位是自由纤维，左膝韧带依生理构造设计成逆时针旋转，右膝韧带设计成顺时针旋转，韧带两头为针织物经编组织。

图 12-7　心脏瓣膜　　　　图 12-8　人工韧带　　　　图 12-9　LARS 人工韧带

4. 人工骨

治疗骨类疾病最合理的做法是利用人体组织的再生功能，使其实现自身修复。将分离的高浓度成骨细胞、骨髓基质干细胞或软骨细胞经体外培育扩增后，种植于一种天然或人工合成的、具有良好生物相容性、可被人体逐步降解吸收的支架上。然后将这种杂化材料植入骨缺损部位，支架提供三维空间，细胞获取养分进行分裂再生。在支架不断降解的同时，人体的骨细胞不断增殖，从而达到修复骨组织缺损的目的。

做支架的材料有三类，第一类是胶原纤维蛋白、丝素蛋白、藻酸盐、琼脂糖及壳聚糖等天然高分子材料，它们具有良好的生物相容性和可降解性，但不易成型。第二类是 PGA、PLA、PLGA、聚己酸内酯（PCL）等人工合成高分子材料，它们同样具有良好的生物相容性和可降解性，优点是相对分子质量可控，且成型加工性能远好于天然材料。第三类是羟基磷灰石、β-磷酸三钙、磷酸钙骨水泥、生物活性玻璃和生物微晶玻璃等无机材料，也具有良好的生物相容性，且降解产物无害，但脆性大、不易成型。在骨组织材料中经常与高分子材料复合使用。

人工软骨，由低密度聚乙烯（LDPE）作成，常用作面部、耳、鼻和喉部软骨的替代物。

5. 可降解输尿管支架管

可降解输尿管支架管术后不需拔出，用于支撑输尿管，并将尿液从肾盂内引流入膀胱，促进输尿管切口的愈合并能预防输尿管狭窄。材料是 PGA、PLGA，通过编织和后处理制成膜和双组分结构支架管。

6. 人工神经导管

人工神经导管用于周围神经缺损后的再生和功能恢复，材料选择 PGA、PLA、PLGA，用圆形编织机编织成管状，再用胶原或壳聚糖涂层及后整理。将神经的远近两断端放入管内，两断端神经外膜与管壁各缝一针固定，神经轴突即可沿着管腔从近端长入远端，利用远端神经的趋化因子使轴突准确对合。

7. 人工角膜

人工角膜由聚甲基丙烯酸羟乙酯、聚甲基丙烯酸甲酯、硅凝胶、胶原等材料制成，隐形镜片也是由该类材料制作的。

三、体外医用纺织品

1. 微孔滤膜

高分子聚合物制成的微孔滤膜孔径在 $0.05 \sim 8\mu m$，主要用于过滤各种输注器具用液体，避免有害的不溶性微粒进入血液。微孔滤膜如图 12-10 所示。

2. 人工肾血液透析器

人工肾主要利用透析作用，代替肾脏功能以去除人体的代谢废物。中空纤维人工肾如图 12-11 所示，由几千根至几万根表面有许多孔隙的中空纤维组成，中孔纤维的孔径为 $200 \sim 300\mu m$，

图 12-10　微孔滤膜

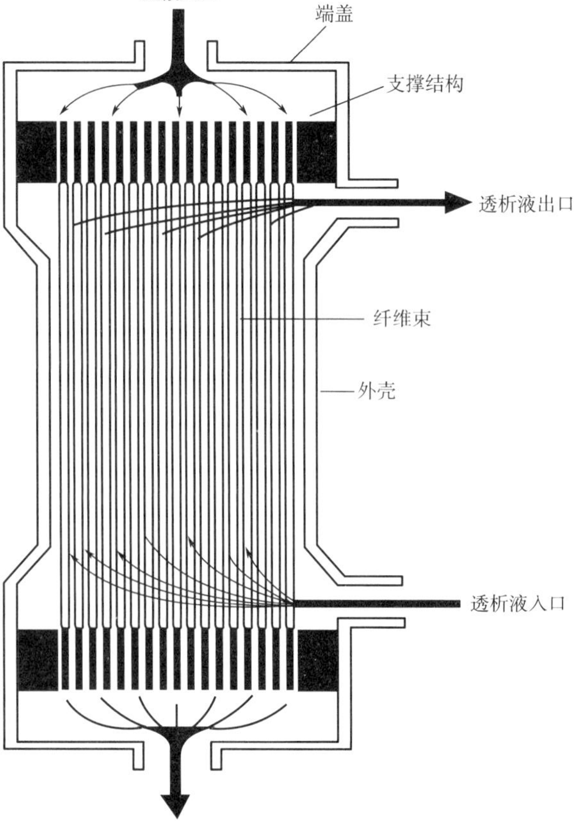

图 12-11　中空纤维人工肾

血液在纤维内孔流动，透析液在纤维外面流动。中空纤维膜材上面的孔眼，常规膜孔径为 1~3nm，大孔径膜为 4~8nm。全世界 80% 的透析装置采用纤维素纤维为材质，如铜氨纤维和醋酸纤维。国外出现多功能组合式透析装置，通过一种多人用的透析液供给设备同时启动数十台透析装置。

含有熔喷法超细纤维网构成的多层密度不同的非织造布材料也可以用于人工肾，它的透析原理是让纤维网与红细胞、血小板等结合，而不能结合的血浆分子则被排出。

3. 人工肺

人工肺（ECMO）是一种气体分离装置，用于胸腔外科手术时代替正常的肺起呼吸器官作用，冠状病毒流行期间用于呼吸不良者的辅助治疗。人工肺实质是一种体外膜氧合器，一种微孔高分子材料，透气性好，O_2 可以透过膜但血液不能透过。使静脉血排除 CO_2，O_2 通过膜进入血液，再进行血氧结合、变温、储血、过滤，使其成为含氧量较高的动脉血。如图 12-12 所示，人工肺由血泵、氧合器、供氧管、变温器及监测系统构成。

4. 人工肝透析器

肝脏因服药过量、过敏、急性肝炎等多种原因引起的中毒而受损，从而失去解毒功能。

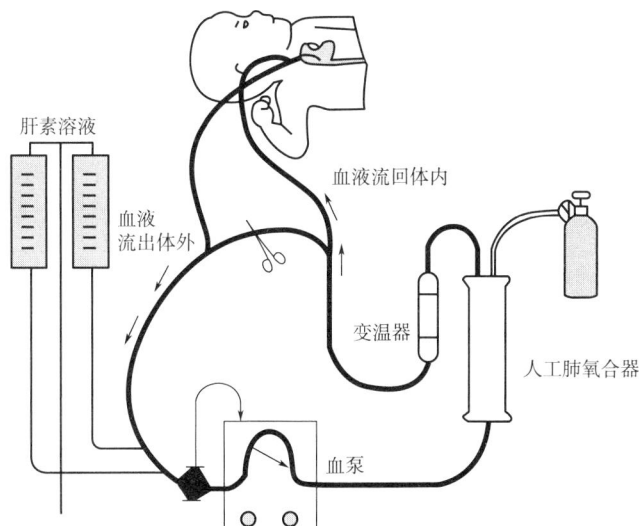

图 12-12　人工肺工作原理

这时血液中有害物质浓度会提高，引起神经症状、昏睡，最终导致死亡。人工肝是一种血液净化系统，它用在肝衰竭时（等待肝移植过程和移植后的危险期）通过人工措施代替部分肝功能，给患者提供临时性的肝支持。

血浆分离人工肝，将患者血液引入血液分离器，分离出血浆，用健康人血浆进行置换，再把细胞成分、补充白蛋白、血浆和平衡液输回患者体内。减少肝内炎症，争取使肝细胞再生。缺点是潜在的感染，还有就是病因并未去除，致病介质在新的体液中可能重新分布。

5. 肝腹水超滤浓缩器

肝腹水是一种常见疾病，临床上通常采取定期排除病人体内腹水以缓解病情，但同时必须给病人回输昂贵的蛋白。使用腹水浓缩器，可使腹水中低分子物质和水通过超滤膜从腹水中分离出来，而增浓的蛋白和酶则通过静脉返回患者体内。

6. 中空纤维血液超滤器

在体外循环心脏外科手术中广泛应用血液稀释方法，减少血球破坏，降低末梢阻力。但血液稀释引起脏器水肿，细胞外液增加，影响心肺功能的恢复。在手术结束后，使用中空纤维血液超滤器排除多余的水分，然后把血球输回给患者，恢复体液平衡，同时过滤掉某些炎性介质。中空纤维血液超滤器如图 12-13 所示。

四、手术室及急救室用纺织品

手术室及急救室用纺织品如图 12-14 所示，有手术外衣、手术帽、鞋套、手术床单、医用口罩、手术覆盖布、手术器械包覆布、止血棉、检验人员服装和手套、病人用衣服和面罩等。手术室用纺织品都要求具有防细菌和病毒的作用，保护医护人员免受血液和其他传染

图 12-13　中空纤维
血液超滤器

性液体的污染。

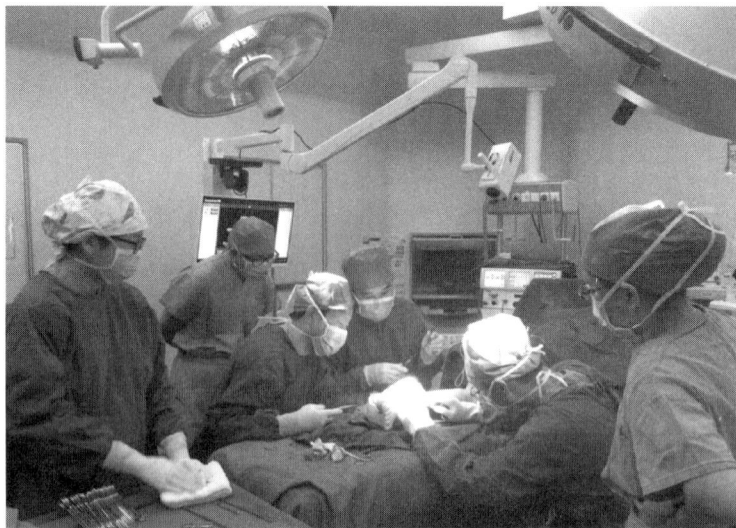

图 12-14　手术室内用医疗纺织品

这类材料生产方法可以归纳为三类。一类是使用带微孔的薄膜与常规织物层压处理，如聚四氟乙烯薄膜，表面带许多微孔，阻碍细菌和病毒的入侵。第二类是将纤维材料经银离子等金属纳米离子镀层加工后制成抗菌纺织品。第三类就是在超细纤维上驻上正电荷，如 KN95 口罩，生产方法是采用聚丙烯熔喷法成网，纤维直径 $1 \sim 5\mu m$，在纤维上驻极静电荷，能起到阻隔细菌和病毒的作用。因为病毒是附着在其他载体如灰尘、细菌上的，而灰尘和细菌都是带负电的，遇到正电荷就被吸附了，阻止了病毒的进一步流动。

五、防护性医用纺织品

防护性医用纺织品包括防护服、防护口罩、防护手套、护目镜等，还有医学测试环境如 X 光操作人员用衣、心电图检测人员用衣，以及医疗仪器防护罩、测试场所的帐幔等。

1. 防护口罩

防护口罩由 SMS 三层材料构成。外层纺粘布 S，聚丙烯化纤长丝直接成网，经过拒水处理，酒精、水、血液、唾液等都很难渗入。中层熔喷棉 M，聚丙烯超细纤维层，驻极电荷，起过滤病毒作用。里层也是纺粘布 S。SMS 布的生产见第三章第四节聚合物直接成网。医用外科口罩熔喷 M 层克重是 $20 \sim 25 g/m^2$，而 KN95 口罩达到 $55 \sim 60 g/m^2$，因此 KN95 口罩的防护功能更好。医用口罩如图 3-84 所示，KN95 防病毒口罩如图 12-15 所示。

加拿大阿尔伯塔大学（University of Alberta）研究了一

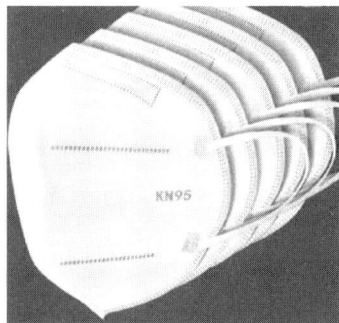

图 12-15　KN95 防病毒口罩

款无须清洗、可重复使用的口罩，其原理是：在口罩表面上加氯化钠涂层，也就是我们熟知的盐。在与含病毒的颗粒接触时，盐能够吸收水分；而当水分蒸发时，盐就变成锯齿状的尖峰，刺穿病毒膜并迅速将其杀死。

利用氩气离子撞击银、铜、钛，使金属材料纳米化并直接溅射镀于被镀物表面。钛原子在空气中氧化后，转为二氧化钛（TiO_2），当受到阳光照射后会产生光触媒反应，可强效分解各种具有不稳定化学键的有机化合物和部分无机物，将其最终降解为 H_2O、CO_2 等无害的小分子物质，并可破坏细菌的细胞膜和凝固病毒的蛋白质载体。

2. 医用防护服

医用防护服也是由 SMS 布制成，SMS 防护服如图 12-16 所示。这类服装与普通服装的制作方法不同，裁片用缝合机缝合后还需要用胶带将针孔封闭。

3. 防辐射织物

防辐射织物用于医疗仪器防护罩、心电图测试场所的帐幔、佩戴起搏器病患者的服装等。用空心锭子纺纱方法，将微细铜丝缠绕在棉纱或涤/棉纱外层，再编织成布。铜丝重量占 20% 以上，具有较好的防辐射作用。

4. 防 X 射线织物

如 X 光探伤、X 光透视、物质 X 光分析等，使工作人员长期接触 X 光，超过剂量会引起白血病和肿瘤。铅、钡、钼、钨等密度较大的材料是较好的防 X 射线材料，在特定设备上熔融金属铅进行熔喷纺丝而制成短纤维，直径为 $15\mu m$，通过树脂黏合制成非织造布，两面再分别黏上织物或塑料薄膜。这种织物厚度为 1mm，可以裁成各种款式服装。目前，最新的方法是以聚丙烯为基材，掺入硫酸钡，纤度在 2.2dtex 以上，制成非织造布防护服，通过调节织物厚度来提高 X 射线屏蔽率。

图 12-16　SMS 防护服

六、医用敷料

传统敷料有橡皮膏、药棉、纱布和绷带等；不粘伤口的创可贴；功能性敷料有烧伤敷料、溃疡敷料、阻菌敷料；止血材料有淀粉、氧化纤维素、再生氧化纤维素、可吸收的明胶、微纤维胶原、多糖等。

1. 创面敷料

从"润湿伤口愈合理论"来看，敷料首先要使创面保持润湿，其次是限制炎症，促进创面愈合。因此敷料首选高吸湿性纤维，且需负载药物或抗菌材料。医用敷料通常由接触层、功能层和固定层三层构成，如图 12-17 所示。针织的纬编平针组织、纬编罗纹组织、纬编多层复合结构及纬编间隔结构是常用的医用敷料骨架。

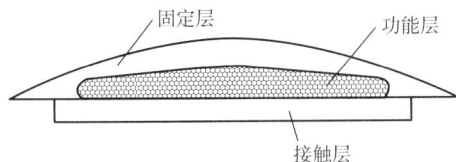

图 12-17　医用敷料结构组成

某复合伤口敷料的各层组成如图 12-18 所示。接触层要求低黏合性，不能和伤口粘连，取下方便。采用聚丙烯熔喷法非织造布或海藻酸纤维制造。超细聚丙烯接触伤口能增强渗透作用，需用黏胶长丝将短纤维非织造布与伤口分离。海藻酸纤维能使氧气透过，促进伤口愈合，海藻酸纤维和棉混纺纱的针织物是常用的接触层。海藻纤维吸收伤口渗出物后会形成一个凝胶层，该凝胶可以将伤口与敷料分开。接触层可用纬平针组织或纬编罗纹组织织物。

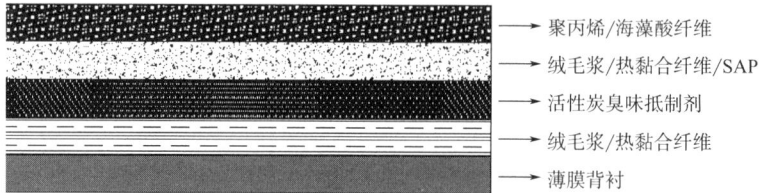

图 12-18　复合伤口敷料

（图中标注：聚丙烯/海藻酸纤维；绒毛浆/热黏合纤维/SAP；活性炭臭味抵制剂；绒毛浆/热黏合纤维；薄膜背衬）

功能层是吸收伤口的渗出液，控制细菌和微生物增殖，材料是胶原、壳聚糖纤维、超级吸收材料（SAP）、活性炭纤维、麻纤维及莱赛尔纤维等，有亲水、透氧、抗菌和止血的作用。纬编多层复合结构及间隔织物可用作伤口敷料吸收层。SAP 是一种粉末状或颗粒状的高吸水性物质，吸水能力是自身重量的 10~100 倍，在运动裤里面也可以添加部分这类材料。

固定层把敷料固定在伤口上，为伤口提供物理屏障，用高分子材料制成。

2. 人造皮肤

将甲壳素或壳聚糖纤维剪成 5~15mm 的短纤维，用水和血清作分散剂，采用湿法成网，再加聚乙烯醇和胶原纤维作黏合剂制成非织造布，这就是烧伤和创伤用的人造皮肤。壳聚糖纤维吸水性极好，能防止体液的挥发或流失，防止细菌感染，促使肉芽或上皮生长，促进伤口愈合。该产品柔软、舒适，既透气又吸水，有抑止疼痛和止血功能，还有抑菌消炎作用。甲壳素纤维分解后，就形成新生的真皮。

3. 绷带

绷带可保护伤部、防止继发感染、止血、减轻水肿、防止或减轻骨折断错位、固定医用敷料等。绷带常卷绕成绷带卷，是一种重要的急救用品。绷带的加工方法有机织、针织、非织造或复合。将现代技术应用到绷带设计中，如蓝光可促进皮肤细胞的再生，将蓝光 LED 嵌入弹力绷带中，使伤口的愈合时间缩短。又如发电绷带因为在与皮肤接触时会产生少量的电流，达到激活细胞促进伤口愈合的功效。

将含药物的纤维制成纱布、绷带后，可自己上药和换药。这类纱布又称为数字纱布，具有止血、消炎、护创的作用。

七、卫生用纺织品

卫生用纺织品如卫生巾、卫生棉、卫生棉条、儿童尿裤、成人失禁尿垫、医用纸制品、抗菌袜、抗菌鞋垫、防臭袜、防臭鞋垫等。卫生巾和尿布类失禁材料，表层与人体接触，防摩擦过敏，选用棉质类材料。里层要选吸水性强的材料，如人造纤维、棉纤维及木浆纤维。复合婴儿尿布构成如图 12-19 所示。

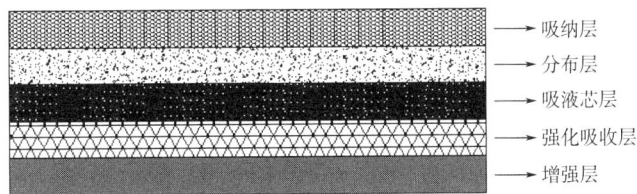

图 12-19 复合婴儿尿布

人们可使用消毒巾擦手、擦拭电话，也用于面部、手部、皮肤的日常清洁消毒。通常用人造纤维或合成纤维干法成网水刺加固生产。用合成纤维成网需添加部分木浆纤维，以保持亲水性。如果要用于消毒，还需添加杀菌材料。

八、其他医疗与卫生用纺织品

（一）药物纤维

1. 口服药物纤维

口服药物纤维可延长药物在胃肠区域滞留时间，延长药效时间，通常称为缓释药物胶囊。对半衰期较短（如青霉素）或需要频繁给药的药物（如止痛药），可以减少给药次数。缓释胶囊可使药物恒速释放，使血药浓度平稳，峰谷变化小，有利于保持药物恒定的疗效，并可避免药物血药浓度超过治疗范围而引起毒副作用。

以聚乙交酯（PGA）、聚己内酯（PCL）等可降解材料为原料，将其制成中空且外壁有微孔的纤维，如图 12-20 所示。将药物充填于中空纤维内部，造孔材料可以是乳糖、淀粉、无机盐等易于溶解的物质，药物可通过中空纤维的微孔缓慢释放。为了保证药物恒速释放，药物的控制释放速度与胶囊材料的降解速度相配合，最后中空基材也被人体分解或降解。胶囊材料可以是 PLA、PGA、PCL、甲壳素及聚二氧杂环己酮纤维（PDS）等。

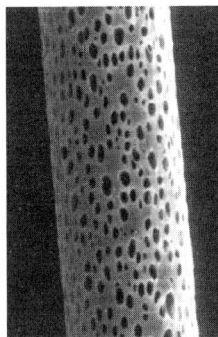

图 12-20 中空药物纤维

2. 皮肤吸收型缓释药物纤维

应用于止痒、避孕、消炎止痛、防心脏病突发等，也用于关节炎、腱鞘炎、筋膜炎等炎性疼痛和心肌缺血疾患，加入的药物有镇静剂、止痛剂、消炎剂、局部麻醉剂、抗高血压剂，能起到局部治疗或全身治疗效果。将药物与纤维共混，制成绷带、背心、内裤或床单、睡衣等，使其与皮肤接触，经皮肤毛孔吸入人体，如图 12-21 所示。

3. 缓释药物缝合线

以含药物的可吸收聚合物为鞘，不含药物的同种可吸收聚合物为芯，纺成芯鞘纤维。或在纤维外围包覆一层药物，再在药物外侧包覆一层可吸收性聚合物薄膜（PGA 等）。将消炎

205

止血的药物包在缝合线里面，可增加疗效，减少药物的用量。

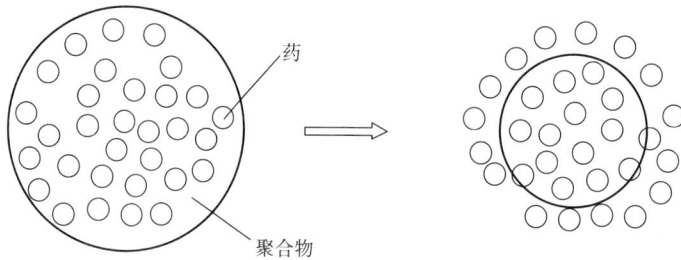

图 12-21 共混型药物纤维

（二）压力纺织品

压力纺织品是一种体外治疗和康复保健用纺织品，用于治疗烧伤和减少术后疤痕，也用于干预静脉曲张、预防静脉疾病、手术后复发和静脉血栓形成。压力产品有以下 3 类加压方式。

1. 气囊式加压

利用内嵌于服装中的气囊充气膨胀，对人体施加压力，从而达到治疗的目的。该类产品有乳腺癌术后加压胸带、防治患肢水肿的腋窝加压胸带、预防深静脉血栓病员裤以及有多个微型气囊的主动式加压服装等。该类服装需要附加气动控制装置来调节压力。

2. 弹力面料加压

通过面料本身的弹性拉伸对患者产生压力从而达到治疗目的。以弹性纤维为芯纱，用空心锭子纺纱方法将棉或粘胶纱线等呈螺旋线方式包覆在芯纱外围，压力由弹性纤维产生。这类产品有压力手套、压力衣、弹力背心等。

在传统气囊式加压胸带上增加弹力松紧带区域，使得胸带仅一种型号即可适用于大多数患者，如图 12-22 所示。

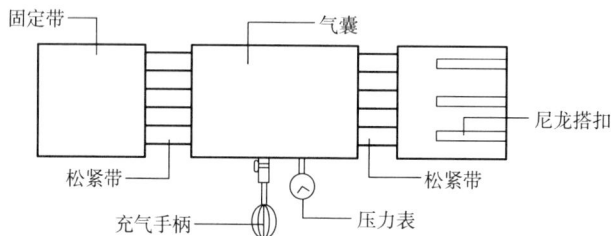

图 12-22 气囊与弹力面料结合的压力套

3. 智能材料的加压设计

用于压力纺织品的智能材料主要有电活性聚合物、形状记忆合金、形状记忆高聚物等。这类材料在穿着的过程中主动提供压力。

压力纺织品的典型产品还有压力套和压力袜，压力套可以用于护踝、护膝、护肘和护腕，压力袜可促进下肢静脉血液回流心脏，缓解下肢静脉及静脉瓣膜的负载压力，减少久站久坐等生活工作方式引起的下肢静脉疾病发病率，可治疗下肢静脉血管疾病。图 12-23 (a) 所示压力袜配备了形状记忆合金与弹性织物结合构成的加压模块。当接触热源即人体皮肤时，温度达到激活阈值，处于松弛状态的合金线圈收缩，从而拉紧织物，对人体施加压力。如图 12-23 (b) 所示，脚裸受压力最大，自脚跟部向上压力分布按一定比例递减，从而促使下肢静脉血液流回心脏。但压力不可高于毛细血管平均血压，否则造成血管变形甚至压扁，反而使血液流动被阻断。随着物联网技术的发展，加压治疗服装与智能终端结合，可实现压力值的可检测、可控制。

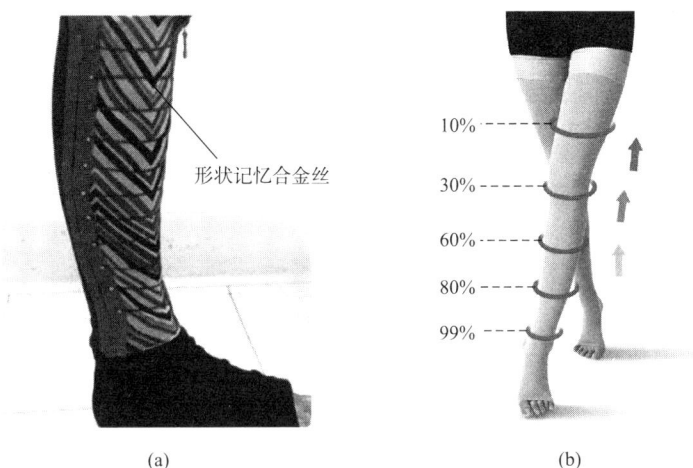

形状记忆合金丝

10%
30%
60%
80%
99%

(a)　　　　　　　　　　(b)

图 12-23　压力袜

（三）医疗保健用纺织品

医疗保健用纺织品除矫正带、约束带、束腹带、矫正衣、弹性护肩、护腕、护膝、护腰外，还有抗菌防臭纺织品、消臭纺织品、远红外纺织品、防紫外线纺织品、芳香纺织品、磁性功能纺织品及负离子纺织品等。

👉 思考题

1. 可吸收手术缝合线是用什么材料制成的？

2. 加捻纱线做手术缝合线为什么不好用？

3. 普外科手术用医用补片常用什么组织织造？为什么？

4. 微孔滤膜在临床上起什么作用？

5. 人工血管主要由哪两种纤维制造？机织人工血管和针织人工血管各有何优劣？

6. 医用敷料由哪三层构成？每一层的作用是什么？

7. 中空纤维人工肾由什么材料构成？透析原理是什么？

8. 人工肺的工作原理是什么？

9. 缓释药物胶囊是用什么原理做的？如何保证药物恒速释放？

10. 试述压力袜的设计原理。

👉 参考文献

[1] S. 阿桑达 . 产业用纺织品手册 [M] . 徐朴，译 . 北京：中国纺织出版社，2000.

[2] 张玉惕 . 产业用纺织品 [M] . 北京：中国纺织出版社，2009.

[3] 王璐 . 生物医用纺织品 [M] . 北京：中国纺织出版社，2011.

[4] 郝新敏 . 医用纺织材料与防护服装 [M] . 北京：化学工业出版社，2008.

[5] 秦益民 . 功能性医用敷料 [M] . 北京：中国纺织出版社，2007.

[6] 王璐 . 生物医用纺织材料及其器件研究进展 [J] . 纺织学报，2016，37（2）：133-140.

[7] 张晓会，马丕波，缪旭红，等 . 针织结构在医用纺织品领域的应用 [J] . 纺织科学与工程学报，2018（1）：167-173.

[8] 魏娴媛 . 医用纺织品的应用研究进展 [J] . 毛纺科技，2020，48（9）：104-109.

第十三章　安全与防护用纺织品

教学要求

1. 了解防弹、防爆、防割、防刺类纺织品所用纤维特性。
2. 了解抗静电原理、电磁屏蔽原理。
3. 掌握高温防护及阻燃原理。
4. 了解防生化纺织品及核防护纺织品的原理。

主要知识点

1. 防弹、防爆、防割、防刺类纺织品的纤维选择及纺织加工技术。
2. 抗静电织物、电磁屏蔽织物的生产。
3. 防火阻燃纺织品的生产。
4. 抗生化纺织品的生产。

安全与防护用纺织品指在特定的环境下保护人员和动物免受物理、生物、化学和机械等因素的伤害，具有防割、防刺、防弹、防爆、防火、防尘、防生化、防辐射等功能的纺织品。该类产品包括：防弹防爆纺织品、防割防刺纺织品、高温热防护用纺织品、防电磁辐射纺织品、防生化纺织品、防核沾染纺织品、防火阻燃纺织品、防静电纺织品、抗电击纺织品、耐恶劣气候纺织品、安全警示用纺织品、救援救生装备、其他安全防护用纺织品。

一、防弹、防爆纺织品

1. 防弹衣

作防弹衣的材料要求是强度高、弹性好、断裂功高，对位芳纶、仿蜘蛛丝、聚苯并噁唑（PBO）纤维以及超高分子量聚乙烯都是作防弹衣的纤维材料。我国生产的防弹衣主要材料是超高分子量聚乙烯。防弹衣如图 13-1 所示。

2. 防伪服

防伪服是用于陆军野外作战单兵隐蔽的服装，有丛林防伪服、雪地防伪服、沙漠防伪服等。图 13-2 所示为丛林防伪服，服装色彩与周围的树叶相近似。雪地防伪服为全白色，沙漠防伪服为卡其色。

图 13-1　防弹衣

图 13-2　丛林防伪服

3. 防爆服

防爆服的外层使用防火棉，可抵御爆炸引起的高温。防爆服整体是不能燃烧的，需防止高温和热量对人体的伤害。防爆服内层由多层防水处理后的对位芳纶制作，防止爆炸冲击波的伤害。防爆面罩一般使用防爆玻璃纤维增强材料，头盔其余部位由抗爆聚碳酸酯材料构成，排爆服的胸腹部加强插板一般由钢板构成。对位芳纶防冲击波的效果不理想，需要再设置一层缓冲层，或用超高分子量聚乙烯纤维取代对位芳纶。

二、防割、防刺纺织品

防割、防刺是防止锐利尖端的武器或连续锋利的刀刃对人体的致命伤害。纺织品属于柔性防刺材料，用于防刺的纤维最常见的是超高分子量聚乙烯、对位芳纶、PBO 纤维，此外，聚芳酯纤维、蜘蛛丝、陶瓷纤维、碳纤维也有应用。可采用机织物、针织物、非织造布生产。为达到需要的防刺级别，一般需要多层织物复合，可达十几层织物复合。在高性能纤维织物上涂覆树脂，可以提高织物防刺性能。

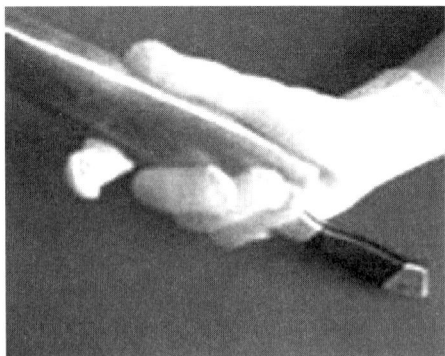

图 13-3　防割手套

防刺服装是保护人体免受致命伤害，并不是保护人体不受伤。设计者需要考虑穿着者面对的危险等级来设计防护服，各类防护服的防护范围是确保致命的器官（如心脏、肝脏、肾、脊柱和脾）不受伤害，根据人体皮肤到重要器官的最小距离，来设定人体安全刺穿深度。

防割手套如图 13-3 所示，材料为超高分子量聚乙烯，用于警察工作中的防护，另外，接触玻璃碎片、金属丝、建筑工地砖瓦等场合，也用这种手套。

三、高温热防护用纺织品

高温热防护纺织品用于石油、化工、冶金、造船及消防等高温作业，在炼钢厂、电弧焊、高温炉、火灾及爆炸等环境工作，高温热以接触、辐射或对流的形式对人体造成热伤害，他们的工作服需要阻隔热到达人的皮肤表面。这类服装要选择具有阻燃性及耐高温的材料，如间位芳纶、PBI、PBO、腈氯纶、阻燃黏胶纤维、三聚氰胺纤维及聚丙烯腈预氧化纤维。棉纤维的耐瞬时高温性较好，现在炼钢工作服大多数是用棉纤维做的。

1. 防电弧防护服

遇火不熔化且具有一定热稳定性的纤维可以作为防电弧防护服，如棉织物、芳纶面料、棉腈氯纶混纺织物。国内制作防电弧防护服，用棉、阻燃纤维及导电纤维三类材料混纺，遇热不熔化，兼具抗静电性。

2. 阻燃、爆燃防护服

石油、石化及化学工业的工人，每天都处在可能产生暴燃的环境中，他们应穿着具有阻燃性、防爆燃服装，材料在火焰下不熔滴、不收缩，逃生时可降低烧伤程度，用得比较多的是间位芳纶加导电纤维，如间位芳纶加不锈钢纤维、间位芳纶加铜纤维。

3. 防熔融金属飞溅防护服

这类服装用得较多的纤维材料是间位芳纶、阻燃黏胶纤维、三聚氰胺纤维及聚酰亚胺纤维。

4. 消防员防护服

消防服由三层构成，外层和中层都由阻燃材料构成。外层要阻燃和耐磨损，如聚苯并咪唑（PBI）、间位芳纶等；中间层保持干爽，用涂聚四氟乙烯的机织布、针织物或非织造布；内层是起隔热作用和透气舒适性较好的纤维。

可用间隔织物做成消防员穿的防护服，外层和连接内外层的纤维是阻燃防火纤维，内层是透气性较好的纤维。

四、防电磁辐射纺织品

1. 电磁辐射屏蔽服

电磁屏蔽原理如图 11-18 所示。防电磁辐射服的生产原理与防静电服（详见本章第八部分防静电纺织品）相似，但所加导电材料必须超过 20% 以上，才能达到防辐射的效果，还要注意导电材料在织物中的均匀分布。

有些高分子材料本身具有导电性能，如聚苯胺、聚吡咯等，由这类纤维制作的服装具有防辐射性。

2. 防 X 射线服

参见第十二章第五部分防护性医用纺织品。

五、防生化纺织品

防生化纺织品包括生物防护和化学防护。生物防护是防止病毒对医务人员、生物制药和疫苗培养工作人员的侵害。防止（核）生物病毒、核放射性气溶胶侵害，用于血源性病原调查、军事（核）生物战争防护等。化学防护为农田施肥、农药喷洒时防止农药污染、飞溅和卫生隔离，水产养殖、矿井作业、海洋石油污染处理的抗油拒水防护。

1. 防酸服

防酸服指从事酸环境作业人员穿用的具有防酸性能的服装，包括衣、裤、围裙、套袖、帽等。穿着适当的防酸服，一旦在生产、搬运、调制酸液等操作失误或发生泄漏，可以最大限度地保护操作人员的人身安全。按使用的工作场所不同，分为透气型与不透气型两大类。透气型用于中、轻度酸污染场所，经防酸整理剂处理的透气性面料，需使用耐酸碱的丙纶缝纫线缝合。不透气型用于严重酸污染场所，需要用橡胶涂层织物，用于连体式或分身式防酸工作服。或聚氯乙烯薄膜与织物层合，用于防酸围裙、防酸帽和防酸套袖等。不透气型工作服缝合不能用缝纫线，而是用胶条粘接。防酸工作服必须与其他防护用品，包括护目镜、手套、鞋靴、面罩配合使用，才能为劳动者提供全面的防护。

制造防酸服较好的材料有芳纶、聚四氟乙烯、涤纶、酚醛纤维、羊毛等，使用寿命可达 1.5~2 年；如用锦纶、涤/棉纱、维纶、聚氯乙烯纤维制作的防酸服使用寿命在 1.0~1.5 年。

2. 抗菌服

天然的抗菌材料是壳聚糖纤维，通过在材料中混入壳聚糖纤维可生产抗菌服。还有一类抗菌服的制造原理是在织物中添加纳米金属离子（如 Ag^+、Cu^{2+} 等）或有机抗菌整理剂。用于医疗人员罩衫、床单以及病房的内装饰纺织品，可有效抑制超级细菌日益严重的交叉感染带来的危害。

纺粘熔喷复合 SMS 材料是现在使用最多的防菌面料，它的抗菌原理是在熔喷纤维上驻极静电荷。采用双组分熔喷工艺，在纤维皮组分中注入高浓度功能性添加剂，可以大大强化熔喷纤维网的表面特性。

通过化学改性方法在聚合物或纤维分子链上引入新的功能基团，如 Cl、Br、I，可赋予聚合物和纤维对生物与化学制剂的自净化功能。间位芳纶采用化学改性，将酰胺基的 N—H 转换为 N—Cl，可显示出较好的抗菌性。

3. 防生化服

防生化服用于阻隔有害化学气体对人体的侵害，如沙林、芥子气、硫化氢等有害化学品。防生化材料主要有两类，一类是带微孔的阻隔性隔膜，膜材有橡胶基膜材、高分子薄膜（聚偏二氯乙烯、聚四氟乙烯、聚乙烯—乙烯醇共聚物等）；另一类就是亚微米级、纳米级超细纤维材料构成的纳米纤维网，或纳米纤维网与熔喷网复合材料。在纤网的制造过程中将无机物金属纳米颗粒与高聚物共混，可制成光触媒过滤材料，能将有毒化学物质分解为低分子的无害化合物。

美国 Gore 公司制作的防护服由三层构成，上下层为普通织物，芯层为 PTFE 膜，气态水分子尺寸较小，可以通过薄膜的微孔，而有毒化学气体物质的分子尺寸较大，会被 PTFE 膜选择性屏蔽。同时身穿防护服的从业人员身体排出的汗液又可以无阻拦地透过防护服散逸，保持工作时的舒适状态。

以 PP 为原料，在熔喷成型区注入生物活性添加剂，或与静电纺纳米纤维网复合，再将其制成三层材料。芯层为复合纤维网，可用作防生化服装与装备的屏蔽介质。国外有些防护服是五层材料，中间有两层是化学物质阻隔层，可延长防护时间。

使用克重为 $1.0 \sim 2.0 g/m^2$ 的聚合物纳米纤维网与常规非织造布制得的复合织物作为生物与化学制剂的屏蔽材料，可明显降低有毒生化制剂的渗透能力。

防生化服适用于化工制药、农药喷洒、电子行业、喷漆、防有毒物质泄漏、防血液体液渗透、防病毒细菌侵蚀等领域。

4. 防护口罩

在建筑、矿山、铸造、木加工、电子、制药、物料处理及打磨处理等作业时，产生粉尘浓度较高，需要使用防尘口罩。某些接触重金属污染工作人员，如铅、镉、砷，以及放射性颗粒物的防护等需要高效防护口罩，如图 13-4 所示。

图 13-4 高效防护口罩

六、防核沾染纺织品

1. 防中子辐射服

中子吸收材料有溴化锂、碳化硼等。将溴化锂、碳化硼等作芯，高聚物作皮层，制成中空纤维。所得纤维经干热或湿热拉伸，可得 30dtex 的纤维。织成针织物和机织物。中子吸收材料的掺入量为 40%，尤以 ^6Li 同位素的中子吸收率高。将这类织物 10 层重叠，置于原子反应堆的外壳，热中子的透过率仅为 1.5%。

2. 气密性防护服

气密性防护服包含防护罩衣、视窗、防化手套、防化靴、气密拉链、排气阀等组件，通常配套空气呼吸器使用，如图 13-5 所示。可防护放射性气溶胶、病毒、体液、血液渗透、几百种有毒生物化学物质侵蚀等。主要应用于危险化学品处理、化学事故应急救援（包括危险化学品在生产、储存及运输过程中发生的意外事件等）以及战备需要。

图 13-5 气密性防护服

3. 防核辐射服

防核辐射服用于对放射性物质发出的 α 射线、β 射线、γ 射线、X 射线和中子等辐射提供屏蔽，用于核事故抢险救援及军事特种防护等。由于 α 射线穿透能力差，用普通的衣服均可以防护。β 射线穿不透皮肤角质层，单纯的防 β 粒子是不用穿防护服的。所以 α 射线、β 射线的防护较为容易，可用常规的劳保服装予以防护。γ 射线是波长较短的高能电磁波，具有很强的穿透能力，在空气中的射程通常为几百米。X 射线与 γ 射线一样有较强的穿透能力，将防辐射材料制备成抗 γ 射线、X 射线的安全服装面料，从而减弱或消除对人体的危害。铅、钡、钼、钨等密度较大的金属具备射线屏蔽功能，过去将醋酸铅、硫酸钡吸附到纤维上制成织物，但服用性能差且铅的毒性问题难解决。现在屏蔽材料的研究趋于高分子化，如丙烯酸钇和天然橡胶通过机械方式以过氧化物交联成型制成复合材料，或利用纳米技术来细化屏蔽剂，涂喷成膜于织物表面，或通过熔融纺丝渗透到织物缝隙中，有效起到对 γ 射线、X 射线的防护作用。

七、防火阻燃纺织品

防火阻燃纺织品避免纺织品燃烧、熔滴或释放毒气，用于石油、消防、电力、加油站、近火作业等。

1. 阻燃工作服

在纤维中添加阻燃材料或对织物进行阻燃整理都可以达到阻燃的目的。但要使织物阻燃性能在长期使用洗涤后仍不衰减，纤维上必须键合起阻燃作用的元素，如卤素中的 F、Cl、Br，氮族中的 N、P 以及一些金属离子等。衡量织物阻燃性能的指标是极限氧指数（LOI 值），即纤维在大气中保持连续燃烧所需的最低含氧量体积百分数。根据 LOI 值将纺织品分为易燃（LOI < 20%）、可燃（LOI 为 20%~26%）、难燃（LOI 为 27%~34%）、不燃（LOI > 35%）四个等级。不同纤维的 LOI 值见表 13-1。

表 13-1　不同纤维的 LOI 值

纤维品种	LOI 值/%	纤维品种	LOI 值/%
棉	17~20	聚酰胺（PA66）纤维	24.3
毛	24~26	聚酰胺（PA6）纤维	26.4
麻	18~20	芳纶	27~30
丝	23~24	蜜胺纤维	35
黏胶纤维	17~19	聚酰亚胺纤维	36
聚乙烯纤维	17.4	聚氯乙烯纤维	37~39
聚丙烯纤维	17~18.6	聚苯硫醚纤维	40
聚丙烯腈纤维	17~18	预氧化聚丙烯腈纤维	55~60
维纶	19~19.7	聚偏氯乙烯纤维	60
醋酸纤维	17~20	PBO 纤维	68
聚酯（PET）纤维	20~21	聚四氟乙烯纤维	95

2. 防火门

防火门设置在防火分区间、疏散楼梯间及垂直竖井检查门。防火门的外壳材料可以是木质、钢质或其他材料，内里必须填充难燃保温材料，如陶瓷棉、岩棉和矿棉等。防火门如图 13-6 所示。

3. 防火卷帘

防火卷帘是一种适用于建筑物较大洞口处的防火、隔热设施，广泛应用于工业与民用建筑的防火隔断区。能有效地阻止火势蔓延，保障生命财产安全，是现代建筑中不可缺少的防火设施。防火卷帘帘面通过传动装置和控制系统可自动也可手动升降，以复合型钢质防火卷帘和无机纤维复合防火卷帘的防火性能较好。

图 13-7 所示为复合型钢质防火卷帘，帘面是由两层薄钢带中间夹一层无机纤维隔热材料组成的。目前各厂家使用的无机纤维隔热材料主要有岩棉、矿棉、玻璃棉或陶瓷纤维等。

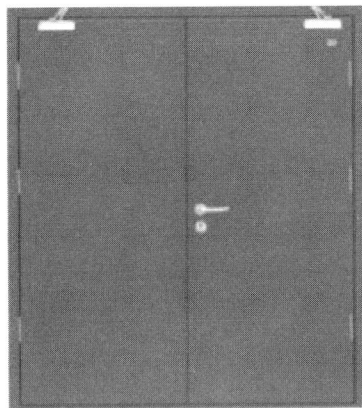

图 13-6　防火门

图 13-8 所示为无机纤维防火卷帘，用玻璃纤维布或玄武岩纤维布作帘面（内配不锈钢丝或不锈钢丝绳），用钢质材料作夹板、导轨、座板、门楣、箱体等，并配以卷门机和控制箱所组成的能符合耐火完整性要求的卷帘。

(a)　　　　　　　　　　　　(b)

图 13-7　复合型钢质防火卷帘

图 13-8　无机防火卷帘

无机防火卷帘的组成如图 13-9 所示，由防火装饰布、防火热辐射布、防火棉毡、防火布、防火网、防火线组成。防火装饰布（图 13-10）具有很好的装饰性、防火性、色彩鲜艳，主要为彩色玻璃纤维布。防火热辐射布（图 13-11）具有很好的热辐射性、光辐射性，用在无机防火卷帘的背火面，作热辐射层，是玻璃纤维铝箔布。防火棉毡（图 13-12）用作无机防火卷帘的中间防火隔热层，主要有陶瓷纤维棉毡、硅酸盐纤维棉毡。防火网使无机防火卷帘帘面整体平整、固定，主要有无机防火网（柔软型）及金属防火网，图 13-13 所示为金属防火网。防火线用作无机防火卷帘帘面缝制，为保证防火性能，需选用聚四氟乙烯纤维或不锈钢纤维制造，图 13-14 所示为防火线。

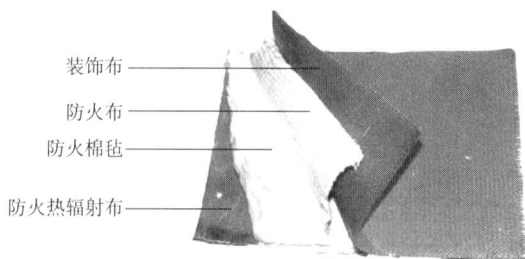

装饰布
防火布
防火棉毡
防火热辐射布

图 13-9　无机特级防火卷帘构成

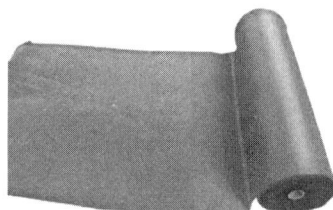

图 13-10　防火装饰布

图 13-11　防火热辐射布

图 13-12　防火棉毡

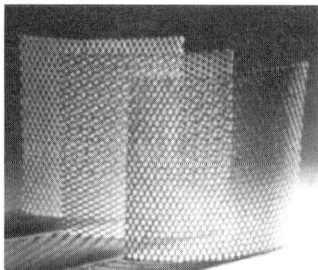

图 13-13　金属防火网

图 13-14　金属防火网

八、防静电纺织品

化纤原料吸湿性低，加上环境气候干燥等原因，使纺织材料因摩擦、分离而产生静电积聚。静电放电的干扰，造成信号失真、噪声、乱码等危害；摩擦产生的火星还会引起火灾。防静电服装最早是在医疗界采用，后来应用到石油化工、微电子和半导体生产、生物制药、光学、计算机房、精密仪器室、程控交换机房、航空航天指挥中心等行业。

纤维材料要有良好的防静电作用，一般要求其静电衰减时间 $\leqslant 1s$，亦即质量比电阻在 $10^{10} \sim 10^{11} \Omega \cdot cm$ 以下。防静电的第一种方法是提高织物的亲水性，在织物表面涂抹表面活性剂，或在纤维生产时添加吸水性好的微粒等。但添加微粒提高亲水性的方法在织物经水洗后其抗静电性下降。

根据摩擦带电效应，可将各种材料所产生的电荷从正到负排列如图 13-15 所示。防静电的第二种方法是将处于静电序列两端的纤维材料混合应用，可以抵消表面电荷。

正（+）←———   ———→负（−）

| 玻璃 | 人发 | 锦纶 | 羊毛 | 丝绸 | 铝 | 聚酯 | 纸张 | 棉花 | 木材 | 钢材 | 醋酯纤维 | 镍铜 | 不锈钢 | 橡胶 | 腈纶 | 聚氨酯 | 聚乙烯 | 聚丙烯 | PVC乙烯基 | 特氟隆 |

图 13-15　各种材料所产生的电荷从正到负排列

上述两种防静电方法有一定局限性，最佳的防静电效果是加入导电纤维。在织物中添加0.5%~5%的导电材料且在织物中分布均匀就可以达到防静电的功能。导电材料可以是高分子类导电纤维、碳纤维、金属导电纤维或碳粉类导电物质。金属纤维与纺织纤维混纺制成的防静电布，作用稳定而持久，且耐水洗。市面上有用直径为0.035mm不锈钢单丝与纯棉9.7tex或7.4tex合股作的纬纱，织造时隔几根纬纱加入一根导电纬纱，导电效果很好而且成本低。

医用防静电服装面料由涤纶长丝和碳纤维长丝织成，每45根左右涤纶长丝配1根碳纤维，可以只在纬向加碳纤维，也可以经纬方向都加碳纤维。作为导电材料，碳纤维在面料中占比大于2%。图13-16所示为防静电布。

图 13-16　防静电布

九、抗电击纺织品

电击是由闪电、触及电线、接触某些带电体等造成的闪击伤害，程度不同可造成轻度烧伤、重度烧伤或死亡。超高压输电线路停电检修非常困难，工人带电作业成为确保电网安全稳定运行的必要技术手段，这就需要穿上抗电击工作服（等电位工作服）。等电位作业时人体直接接触高压带电部分，会有危险电流流过，危及人身安全。因而所有进入高电场的工作人员，都应穿全套屏蔽服，使处于高压电场中的人体外表面各部位形成一个等电位屏蔽面，从而防护人体免受高压电场及电磁波的危害。全套屏蔽服包括上衣、裤子、帽子、袜子、手套、鞋及其相应的连接线和连接头。

等电位工作服是采用均匀的导体材料和纤维材料制成的服装，国内用得比较多的是棉包覆细铜丝制成的包覆纱，用间位芳纶包覆不锈钢单丝的效果更好。

十、耐恶劣气候纺织品

1. 抗浸服

抗浸服是保证人员落水后，防止体热在短时间内大量散失的个体防护装备。人体在寒冷的水中热量会急剧散失，身体暴露在寒冷水中的存活时间非常短，因此抗浸服是水上作业、救生必需装备。抗浸服通过防水浸和保暖延长落水人员在水中的存活时间，由抗浸层和保暖层组成。抗浸层罩在保暖层的外面，能有效阻止水分的渗入。

抗浸面料有涂层织物、层压复合织物、拒水整理高密织物。涂层织物如氯丁橡胶涂层、PU涂层，氯丁橡胶涂层防水效果好，但透湿性差。PU涂层锦纶具有良好的防水性和透气性。层压复合织物如美国Gore公司的PTFE膜与普通织物层合，防水透湿性好，这是一种有孔膜。拒水整理织物用的是无孔膜与织物层合，在膜的大分子链上增加亲水基团，通过氢键和分子间的作用力，将水气分子从高湿度向低湿度一侧传递，达到透湿效果，由于无孔因而防水性更好。具有防水透湿性能的智能材料根据微环境的空气湿度状态做出反应，如微环境空气中的湿气增大，纱线膨胀使织物之间孔隙增大，有利于水分子渗透出去。

抗浸层的隔热效果不佳，保暖还得依赖保暖层。保暖层衣面用锦纶仿丝绸制成，里面用羽绒或其他保暖性好的合成纤维充填。抗浸服能保证溅落冷水中的人员在2h内不致冻到无法救治的程度。抗浸服有多种分类方式，按作业环境分为湿式抗浸服和干式抗浸服；按用途分为遇险临时穿用抗浸服和抗浸工作服；按服装款式分为胸臂式、胸前直开式和胸前斜开式，如图13-17所示。抗浸服在颈部和腕部有橡胶防水圈，胸前开口处用防水密封拉链封口。穿着绝热型抗浸保温服的人员在0~2℃的静水流中浸泡6h，体温仅降低0.6℃，手足皮肤温度保持在18℃以上。

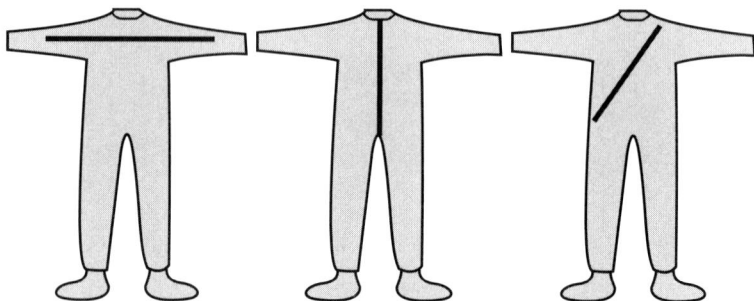

图13-17　抗浸服款式

2. 防油服及拒水服

对织物进行抗油拒水整理，使其在一定的使用期限内能排斥、疏远油和水类液体介质，达到既保持良好的透气舒适性，又能有效抗拒油、水类液体对内衣和人体的侵蚀。抗油拒水整理剂有四大类：石蜡类、烷基乙烯脲类、有机硅类、含氟树脂类，整理后的防油拒水性最好的是含氟树脂。

织物用聚四氟乙烯（PTFE）树脂进行整理后可达到防油拒水的目的。由于 PTFE 的高润滑性，水分子都不能附着在上面，油剂分子也难以附着在 PTFE 织物上。用 PTFE 树脂整理后防油拒水耐久性更好、整理剂在织物上的保有率更高来比较，合成纤维织物最高，其次是合纤与棉混纺织物，最低是纯棉织物。

3. 防尘服

防尘服是矿山、建材、化工、冶金、食品、医药、军火工业、电子工业等领域用的专用服装。防尘面料不能导致纤维屑脱落和穿着疲劳导致纤维断裂等情况，选用导电合纤长丝制造。图 13-18 所示的十字形、放射形导电合纤长丝（截面带阴影的部位含导电成分），在织物设计时经向及纬向每隔 2 根或 3 根加入一根导电丝，

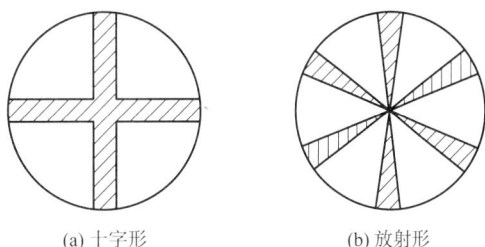

(a) 十字形　　　　(b) 放射形

图 13-18　导电纤维

织物应满足电荷面密度设计要求。防尘服的缝纫最好使用超声波黏合法，避免微尘粉粒污染物。

防尘服分为 A、B 两类，A 类防尘服只要求具备防尘性能，B 类防尘服称为防尘防静电服，用于易燃易爆尘污染场所，B 类防尘服应与防静电鞋配套使用。对于接触放射性尘源、易经皮肤吸收的有毒粉尘作业人员，应考虑穿用不透气面料制作的隔离式防护服，类似于防酸服。由于防尘服的穿用者一般从事体力劳动较多，工作时间较长，因此防尘服除了具有防粉尘作用外，还应具有良好的透湿性能。防尘面料也用于多风沙地区变电站机构箱的防尘罩，减少刀闸电动回路的故障。防尘服还用于内蒙古多风沙地区草原细毛羊的背心。

十一、安全警示用纺织品

安全警示布标如图 13-19 所示。选择耐光性较好的合成纤维织造，然后印花；或用塑料薄膜（PP、PE、PVC、PET 等）印刷图案，再与非织造布基材复合。

图 13-19　安全警示布标

十二、救援、救生装备

1. 矿井用救生装备

井下可能发生火灾、煤气中毒或缺氧窒息、煤尘爆炸等情况，需要的救生装备有安全索、救生袋、防火毯等。

2. 船用救生装备

船用救生装备有救生圈（图13-20）、救生衣（图13-21）及救生艇等。救生艇有刚性救生艇、充气式救生艇及复合救生艇。刚性救生艇由阻燃玻璃纤维制成，内外壳之间充填聚氨酯泡沫。充气式救生艇又称橡皮艇。救生器材详见第十五章第七部分增强救生装备用纺织品。

图 13-20　救生圈

图 13-21　救生衣

3. 建筑用救生装备

建筑用救生装备包括充气式救生气垫（图13-22）、安全索及缓降器（图13-23）等。救生气垫选材锦纶长丝（或涤纶在芯，外包锦纶的皮芯式双组分纤维）织造，涂层氯化聚乙烯、聚氯乙烯、聚氨酯等高分子黏合剂。缓降索需要选材高强度涤纶或芳纶，用织带机织造，因为带子需要承力，不能选锁边纱锁边方式，要选缝纫机锁边方式，类似安全带的织造。

图 13-22　救生气垫

图 13-23　缓降器

十三、其他安全防护用纺织品

（一）防水透湿纺织品

防水透湿织物是指液态水在一定压力下不浸入织物，而人体散发的汗液却能以水蒸气的形式通过织物传导到外界，从而避免汗液积聚冷凝在体表与织物之间，以保持服装的舒适性，它是一种高技术、独具特色的功能性织物。

防水透湿纺织品适用于以下领域：野战军服、消防、军队特用服装；防护用品、军队用帐篷、睡袋及邮政包、喷洒农药的防护服；登山、滑雪、高尔夫等运动用衣；鞋帽用材、箱包、遮光窗帘、防紫外线伞布；防雨透气的雨披、休闲风衣；医保用品。

通过高紧度织物、超细纤维织物、涂层织物和压膜四种方式实现防水透湿。

1. 高紧度织物

2/2 斜纹组织 63°的华达呢，过去就是用来防水的。它的防水原理是通过高紧度设计，纯棉织物吸水后体积膨胀而将织物孔隙堵塞，但耐水压低，只能防细毛毛雨。

2. 超细纤维织物

双组分纤维，芯层是高收缩的粗纤维，皮层是超细纤维，芯层收缩后皮层的纤维会在织物表面突起，形成细小的凹凸，模拟荷叶表面的乳头状突起。因为突起的针状乳头之间的距离小于水滴的体积，阻止了液态水的进入。

3. 涂层织物

采用具有亲水性基团（—OH、—COOH、—NH$_2$）的物质进行涂层，所形成的阻挡层一般是致密实心层，也有微细小孔结构的，起到防水作用。涂层聚合物本身所含的亲水基团可以吸收、扩散水蒸气，也就是透湿作用。但涂层织物的防水透湿性能较差，手感也不能令人满意。

4. 压膜织物

这类技术的典型代表是美国的 Gore-tex（戈尔特克斯）织物（图 13-24），将聚四氟乙烯（PTFE）膜压在普通织物上。薄膜厚度 1/1000 英寸，双向拉伸多微孔，80%以上孔直径为 0.2μm。它的原理是气态水分子直径是 0.4nm，而液态水就算是雨水中直径最小的轻雾也是 20μm，毛毛雨的直径 400μm。只要制造出孔隙直径在水蒸气和雨水之间的薄膜，防水透湿就实现了。Gore 的薄膜孔径为 0.2~5μm，孔径仅是水滴直径的 1/5000~1/20000，却是水蒸气分子的 700 倍。

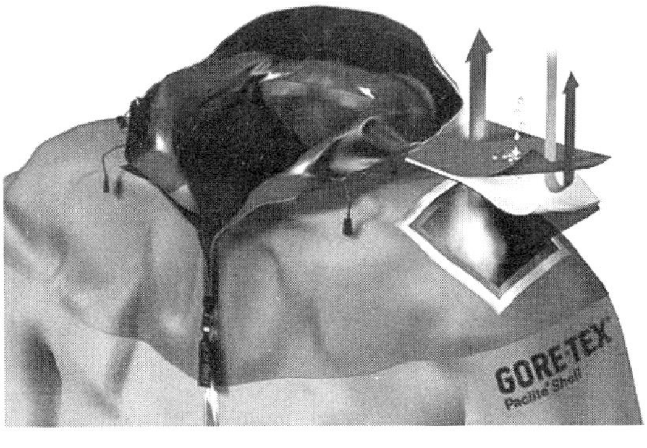

图 13-24　防水透湿压膜织物

（二）潜水服

潜水服最主要的功能是防止潜水时体温散失过快，因此保暖是潜水服的重要功能。潜水

图 13-25　潜水服

服由三层材料构成，中间是保暖棉，内外两层是锦纶布或莱卡布，如图 13-25 所示。

（三）反光/荧光防护服

反光衣适用于夜间作业的交通指挥人员、环卫工人、公路养护人员、自行车和摩托车驾驶人员穿着，如图 13-26 所示。反光材料能将远方直射光线反射回发光处，利用高折射率的玻璃微珠回归反射原理。无论穿着者是在遥远处，还是在直射光或散射光干扰的情况下，都可以比较容易地被夜间驾驶者发现。在反光衣的基础上，还出现了反光雨衣。

图 13-26　反光衣

☞ **思考题**

1. 防弹背心可以用哪些材料制作？

2. 导电纤维有哪些？电磁屏蔽的原理是什么？

3. 等电位电工服是用什么材料制作的？

4. 防水透湿织物的原理是什么？

5. 防 X 射线织物是如何生产的？

6. 防酸服用什么材料制作？

7. 消防员的防护服怎么制作的？

☞ 参考文献

［1］S. 阿桑达 . 产业用纺织品手册［M］. 徐朴，译 . 北京：中国纺织出版社，2000.

［2］张玉惕 . 产业用纺织品［M］. 北京：中国纺织出版社，2009.

［3］熊杰 . 产业用纺织品［M］. 杭州：浙江科学技术出版社，2007.

［4］赵阳 . 防酸工作服［J］. 劳动保护，2006（9）：105-107.

［5］芦长椿 . 生物与化学防护用纺织品的最新进展［J］. 纺织导报，2013（1）：82-85.

［6］杨宏 . 耐久性抗油拒水织物的整理加工［J］. 产业用纺织品，1998（16）：10-11.

［7］时禄祯 . 国内外抗浸服的发展研究［J］. 棉纺织技术，2001（5）：19-23.

［8］顾琳燕 . 防核服装及其研究进展［J］. 纺织报告，2001（5）：19-23.

第十四章　包装用纺织品

教学要求

1. 掌握包装用纺织品的生产方法。
2. 了解特殊包装用纺织品的生产方法。

主要知识点

1. 储运类包装纺织品的纤维选择及生产。
2. 压力容器的制造方法。

　　包装用纺织品指应用于存储和流通过程中为保护产品，方便储运，促进销售，按一定的技术方法而制成的纺织类容器、材料及辅助物的总称。该类产品包括食品包装用纺织品，日用品包装用纺织品，储运用包装纺织品，危险品包装用纺织品，易碎品包装用纺织品，仪器、电子产品包装用纺织品，粉末包装用纺织品，礼品包装用纺织品，填充用包装纺织品，购物袋等。

　　包装用纺织品除了美观作用外，也有保护功能。可以由机织、针织、非织造的方法生产，也可以是复合技术制造，不同的织造方法适用于不同的产品，具体如下。

　　（1）机织物包装材料。棉和棉/维机织平纹织物，作粉袋布，用于面粉、淀粉等包装，也可以用于土特产品的包装。用黄麻做的机织平纹布，由于透气性好，用于白糖和粮食的长时间储藏包装袋。

　　（2）针织物包装材料。针织可以直接生产出圆筒状织物，减少了边部缝合，可作水果和食品的包装袋、洗衣袋、渔业养殖袋等。

　　（3）非织造布包装材料。多采用聚烯烃类纤维长丝成网或短纤维成网，再经热轧加固而制得。用于购物袋、手提袋、酒类包装袋等。

一、食品包装用纺织品

　　食品包装袋有面粉袋、米袋、白糖袋、花生袋、大豆袋等。包装袋必须具有一定强度，用于长期储存的食物包装袋最好用黄麻类纤维机织生产，可具有较好的透气性，防止食物霉变。短期储存的食品袋用编织袋，用塑料扁丝圆型织机织造。图 14-1 所示为各类食品包装袋。

(a)　　　　　　　　　　　　(b)　　　　　　　　　　　　(c)

图 14-1　各类食品包装袋

保鲜膜和塑胶袋也属于食品包装类，这类产品是用高分子材料加工生产的。

二、日用品包装用纺织品

日用品包装袋如 DVD 光盘包装袋、文具袋、化妆品袋、大衣西服防尘袋及皮鞋外包袋等，可以用机织布或非织造布制作，如图 14-2 所示。

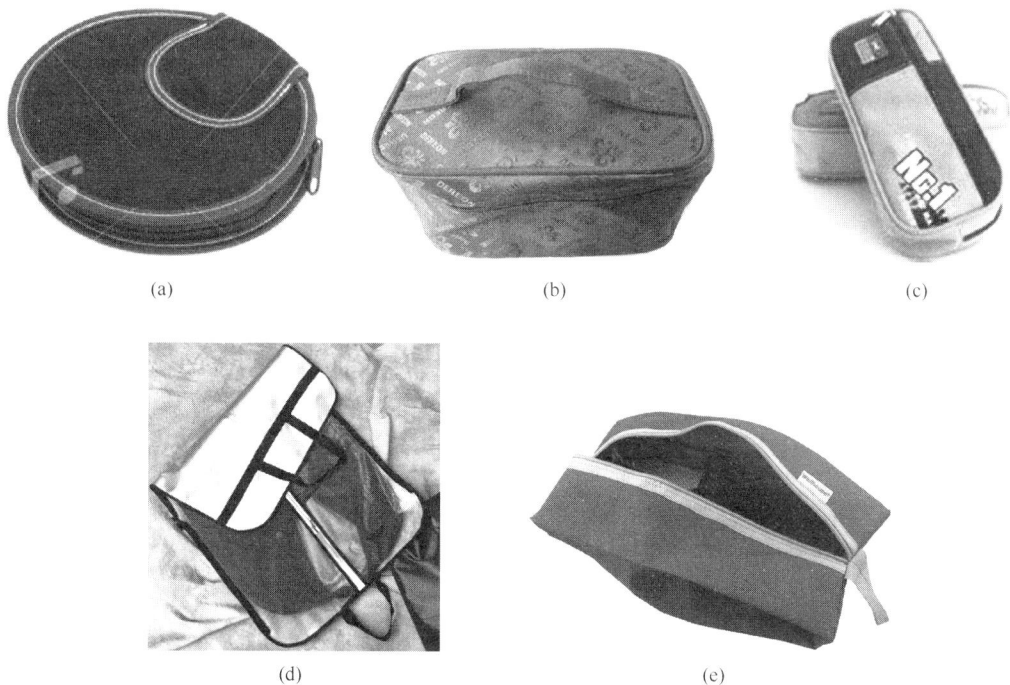

(a)　　　　　　　　　　　　(b)　　　　　　　　　　　　(c)

(d)　　　　　　　　　　　　(e)

图 14-2　各类日用品包装袋

三、储运用包装纺织品

1. 复合包装袋

传统的水泥包装一般使用牛皮纸，在运输过程中很容易破损，不仅水泥流失严重，也影响水泥使用性能，污染环境。用一层非织造布与牛皮纸黏合的复合水泥袋，或将牛皮纸过塑处理，既提高了牛皮纸的韧性，又减少了运输储存过程中水泥的受潮，而且是各种复合水泥袋中价格较便宜的一种。复合水泥包装袋一般有以下 3 个品种。

（1）牛皮纸—非织造布—牛皮纸水泥袋，三者复合，非织造布定量 $40\sim50g/m^2$；

（2）非织造布—牛皮纸水泥袋，两者复合，非织造布在外层，非织造布定量 $90\sim100g/m^2$；

（3）牛皮纸、非织造布水泥袋，两者分别成袋，非织造布套在外层，定量也为 $90\sim100g/m^2$。

2. 柔性集装箱、行李袋

图 14-3 所示为柔性集装箱，选择强力较好的聚酯 FDY 长丝，用剑杆织机或喷气织机织造，接缝用高强度工业缝纫线缝合或热轧黏合，重量轻而容量大。图 14-4 所示为行李袋，用聚乙烯或聚丙烯扁丝在圆型织机上加工。

图 14-3　柔性集装箱

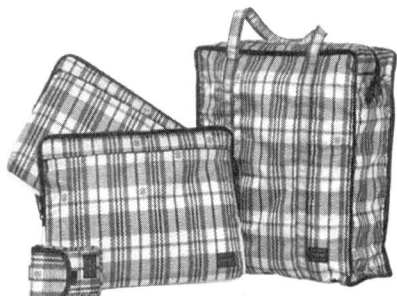

图 14-4　行李袋

3. 半成品包装袋

出售半成品用的包装袋一般选择非织造布，或塑料扁丝编织袋。图 14-5 所示为棉纱厂出售纱线用的包装袋，用的是塑料扁丝编织袋。

4. 压力容器

压力容器是产业用纺织品很重要的一个领域，过去的压力容器（如氧气瓶、液化石油气罐等）是用钢瓶。但钢材受损伤后无法被提前发现，直到钢瓶突然爆炸才知道它早就受损，因此压力容器用钢材制作是非常危险的。压力容器缠绕瓶内衬有一层薄的铝合金，缠绕纤维是玻璃

图 14-5　半成品包装袋

纤维、碳纤维或芳纶。缠绕瓶重量轻，容量大，强度不低于钢瓶，受损后有明显变形，发现

变形就拆换，避免了钢瓶爆炸产生的危害。图 14-6 所示为缠绕成型的天然气（CNG）瓶，图 14-7 所示为玻璃钢储罐。

图 14-6　采用缠绕成型的 CNG 瓶

四、危险品包装用纺织品

危险品是易燃、易爆、毒性物质、感染性物质、放射性物质、腐蚀性物品等的统称。用于危险品包装，必须在包装袋上标明危险品类别、名称和耐久标志。易燃易爆物品包装布需要阻燃、防火整理，图 14-8 所示的分级煤包装袋属于此类。强烈腐蚀性液体使用纺织品塑料组合式包装袋，需要进行气密试验、液压试验及渗透性试验等。

图 14-7　采用缠绕成型的玻璃钢储罐

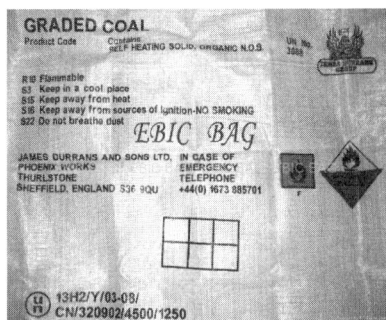

图 14-8　某分级煤包装袋示样

五、易碎品包装用纺织品

易碎物品包装时要加充气袋或其他填充材料（如非织造絮片），如集装箱用充气袋、防震缓冲充气袋，防止在运输过程中货物相互碰撞。图 14-9 所示集装箱的中部就用了充气袋，图 14-10 所示为易碎品包装充气膜。

图 14-9　集装箱用充气袋

图 14-10　易碎品包装气泡膜

227

六、仪器、电子产品包装用纺织品

仪器、电子产品的包装布需要防尘或排除静电，因此经过抗静电处理的防尘布套适用于精密仪器或电子产品的包装。图14-11所示为精密仪器防尘罩布。

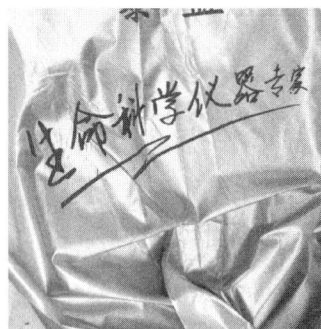

图14-11　精密仪器防尘罩布

七、粉末包装用纺织品

粉末包装用纺织品涉及冶金、化工、染料、农副产品等多个行业，如图14-12所示。如果是金属粉末包装袋，用外面是编织袋而内层是塑料袋的复合袋，一般材质是聚酯、尼龙、PP、PE这四种塑料中的某两类或多类复合，也有用牛皮纸过塑处理。

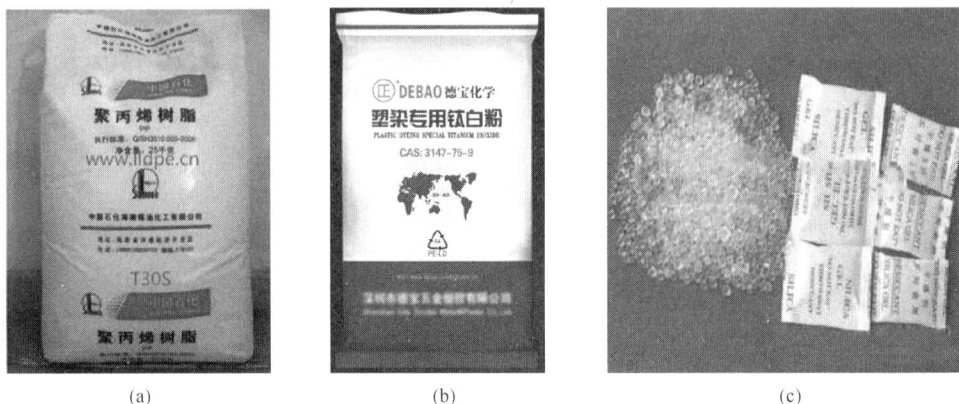

| (a) | (b) | (c) |

图14-12　粉末包装袋

家用及农业用防虫剂、除臭剂等包装袋布可用PE、PP纤维为原料，非织造方式加工成网状，定量为 $16 \sim 80 \mathrm{g/m^2}$，由于薄而均匀，可有效地挥发气体达到良好效果，如图14-12（c）所示。

八、礼品包装用纺织品

礼品盒、礼品袋用各式各样的布或绸带来包扎，能使礼品呈现出特殊的效果。高档的用真丝缎纹组织或大提花织造，普通的可以棉、麻及化纤织制织。高档产品用礼品盒需要专门设计和订制加工。图14-13所示为各种礼品盒。

九、填充用包装纺织品

圆形织机生产的编织袋，或聚丙烯纺粘法非织造布制作的包装袋，袋内充填砂土，用于筑堤防洪，如图14-14所示。

(a)　　　　　　　　　　　　　(b)　　　　　　　　　　　　　(c)

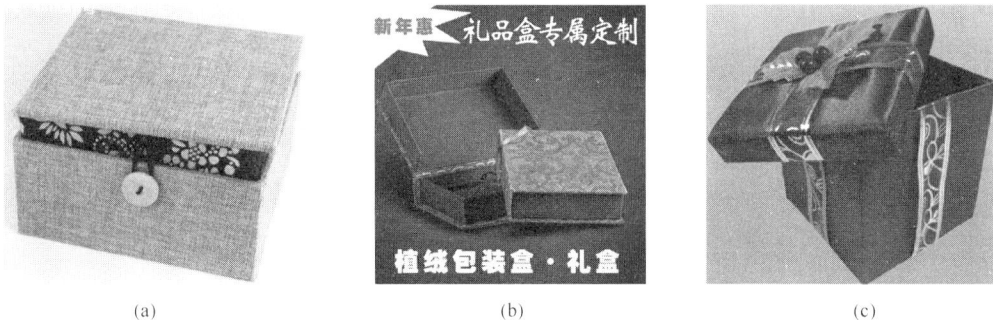

图 14-13　礼品包装盒

十、购物袋

非织造布购物袋、手提袋等，采用聚烯烃类纤维长丝成网或短纤维成网，热轧加固而制得，如图 14-15 所示。

图 14-14　填充用包装袋

图 14-15　非织造布包装袋

十一、其他包装用纺织品

1. 非织造布包装袋

小茶袋用非织造布包装，便宜、方便，还不失去茶叶的风味。非织造布也用于水果袋的包装。

2. 防伪包装用纺织品

纺织纤维在受到紫外光照射时，分子受到激发而辐射出一定波长的可见光，一般将这种可见光称为荧光，将这种现象称为光致发光。在防伪织物设计中，经纬纱线主要选择光致发光涤纶纱与苎麻/棉混纺纱为原料。利用不同的光致发光纱线与织物组织相配合，在织物表面能构成各种不同的隐形花型图案。织物隐形花型图案的变化是多种多样的，它取决于织物组织结构、光致发光纱线的选择以及经纬纱线的排列顺序。

思考题

1. 用编织袋作粮食包装袋可以长时间使用吗？

2. 作易燃品的包装袋有什么要求？

3. 围堰筑坝、充填砂土的包装袋用什么方法生产？

4. 用于精密仪器和电子产品的包装布有什么要求？

5. 黄麻袋用于食品包装的优点是什么？

6. 如何设计防伪包装用纺织品？

参考文献

[1] S. 阿桑达. 产业用纺织品手册 [M]. 徐朴，译. 北京：中国纺织出版社，2000.

[2] 张玉惕. 产业用纺织品 [M]. 北京：中国纺织出版社，2009.

[3] 武继松，李建强. 防伪包装纺织品的探讨 [J]. 包装工程，2007（7）：36-37.

第十五章　结构增强用纺织品

教学要求

1. 了解传动带、传动辊及增强橡胶类纺织品在工业生产上的作用。
2. 掌握增强结构用纺织品的纤维选择和织造技术。

主要知识点

1. 传动带生产的纤维选择和织造技术。
2. 产业用增强结构部件的生产。
3. 增强汽车用、船舶用及航空航天部件用纺织品的生产。

应用于复合材料中作为增强骨架材料的纺织品有传输传动管类骨架材料、增强橡胶用纺织材料、增强轻质建筑材料用纺织材料、增强汽车船舶和机器部件用纺织材料、增强航空航天部件预制件用纺织材料、增强风力发电叶片用纺织材料、增强救生装备用纺织材料、增强其他复合材料用纺织材料。

结构增强用纺织品包括短纤维、长丝、纱线以及织物（机织物、针织物、编织物和非织造物）。该类产品在新能源、建筑、航空航天、交通运输等领域具有巨大的市场潜力，用纺织结构复合材料替代钢材、木材是未来趋势。

一、传输、传动、管类骨架材料

1. 传动皮带

皮带传动是机械传动的一种，用皮带套在两根传动轴的皮带轮上，依靠皮带和皮带轮产生的摩擦力，将一轴的动力传给另一轴，或将电动机的动力传递出去，如图 15-1 所示。传动皮带用织物增强橡胶制作，有平皮带、三角皮带和圆皮带等。制作传动带的经纱选伸长变形小的涤纶，纬纱选耐磨性好且吸胶能力强的锦纶，采用机织物织造方式，以聚氯乙烯、聚氨酯或其他橡胶材料为覆盖层，使用时工作温度在 150℃ 以下。用于能耗较大的电动机输出皮带，要选择耐高温的纤维，如芳纶、聚苯硫醚等，织物组织也要选用复合组织或多层组织。

增强织物

图 15-1 皮带轮传动

2. 传输带

传输带广泛用于煤炭、冶金、化工、建材等行业运送原料或半成品，或用于工厂流水线车间。传输带分为普通型、耐热型、耐烧灼型、耐酸碱型、耐油型等。有些要求高强力的输送带需要织入部分不锈钢丝，煤矿井下用传送带需要阻燃整理。制造传输带的纤维有聚酯、锦纶、芳纶和聚四氟乙烯等。锦纶的耐磨性好，但伸长变形大；聚酯的模量高，伸长变形小，但耐挠曲性差，可用于长距离、强拉伸的输送带；芳纶的强度高且耐高温，特别适用于在恶劣环境中的长距离、强拉伸；聚四氟乙烯用于耐烧灼型和耐酸碱型。图 15-2 所示为流水线传送带。

矿区物料输送（特别是散状物料）更多是使用圆管带，管状输送带将物料包裹进行输送，能够防止物料散落和飞扬，避免物料损失和环境污染。管状输送带还可以实现三维空间弯曲输送，可以绕过障碍物而无需加设中间转运站。管状输送机有四类，为圆管状带、吊挂式管状带、折叠式管状带和双带式管状带。图 15-3 所示为叠边圆管状输送带，由 6 个托辊按照六边形布置。输送带边缘重叠，强制封闭为管状，围成管状后输送带两边的搭接长度推荐为管径的 1/2。

图 15-2 流水线传送带

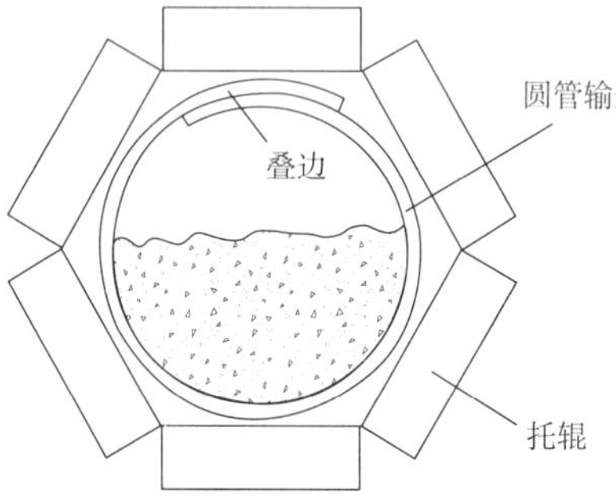

圆管输送带

叠边

托辊

图 15-3 叠边圆管状输送带

3. 传动辊

碳纤维传动辊已逐渐用于各种工业机械中，如造纸机械、印刷机械、纺织机械、薄膜机械生产线上的辊部件。

随着设备幅宽的不断加大，辊体的挠度变形呈数倍增加，给设备的高速运转带来了障碍。理论上可以通过加大辊体直径来减少挠度，但是这样必然会增加设备的重量，使安装和操作难度增加，且生产过程能耗增大。对于长度很长且转速很高的辊，使用碳纤维制造可以很好地解决上述问题。由于重量轻，惯性小，启动和停车的时间减少。碳纤维辊的临界转速，是相应钢辊的两倍，但其重量比钢辊低 10~15 倍。如图 15-4 所示为有沟槽和气孔的碳纤维辊，凹槽是用来消除空气的。

图 15-4　有沟槽和气孔的碳纤维辊

二、增强橡胶用纺织材料

与橡胶结合需要考虑的性能有吸湿性、强力、耐高温性、耐疲劳性、尺寸稳定性等，选用的纤维材料有棉、黏胶纤维、涤纶、锦纶、玻璃纤维、芳纶和碳纤维等。纺织材料增强橡胶产品有轮胎（详见第 19 章第二部分轮胎帘子布）、输送带、橡胶软管、折叠船、气垫、软垫等。

1. 橡胶软管

织物增强橡胶软管的制造材料已经由像胶延伸到热塑性塑料。软管通常由三层构成，织物增强层在中间，内层是聚合物材料内衬管，外层是聚合物材料包覆层，如图 15-5 所示。根据软管的用途和压力不同，纤维材料可选择棉、麻、芳纶、碳纤维、锦纶、聚酯、玻璃纤维及聚四氟乙烯等。织物增强软管可以用针织、机织或编织的方式形成圆筒形的结构，也可以将纱线直接交叉缠绕于内衬管上进行增强，还可以使用长丝纱或织物直接缠绕于内衬管壁上。某些软管的增强材料不止一层，可用橡胶将各层隔开。

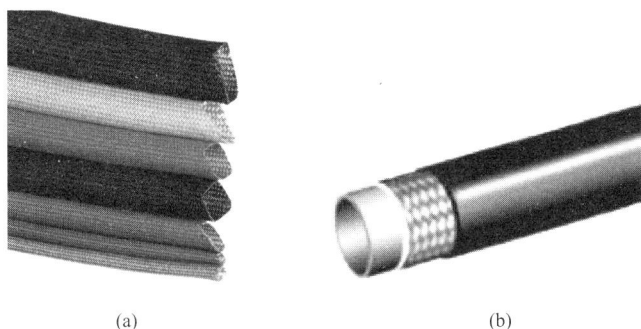

(a)　　　　　　　　　　　　　　(b)

图 15-5　橡胶软管

根据制造工艺的不同，橡胶软管分为五种主要类型，即模制软管、液压管、机织布软管、手工制软管和圆筒形织物软管。模制软管用挤出法制成内衬管，然后用编织或缠绕方式在内衬管外壁包上织物增强层，再将橡胶层包覆到织物上，最后硫化、模制成型。液压软管的内衬管也采用挤出法，将内衬管胀套于钢制芯轴上，包覆织物层和橡胶层，最后硫化成型。芳纶或碳纤维增强的液压管用于飞机、汽车、推土、装卸材料和矿井作业。机织布软管可用于输送水、压缩空气和蒸汽，也可在焊接、喷砂设备、运送饮料和食物等场合应用。手工制软管的内衬管、织物层和橡胶包覆都采用手工操作并卷套到位，再用螺旋缠绕方式嵌入螺旋钢丝，以防止管子受吸力时吸瘪崩塌。圆筒形织物软管最好用圆型织机织造。

图 15-6　多层钢丝增强的橡胶软管

有些特殊的橡胶软管，用聚四氟乙烯作内层波纹管，外部用 304 不锈钢编织层增强，因而耐腐蚀能力强，温度适应范围广，抗气体分子渗透能力强且阻燃性优良。在工况恶劣的场合比不锈钢波纹管更耐用，特别适用于腐蚀性液体和气体输送。有些软管用于增强的抗拉钢丝多达 5 层，如图 15-6 所示。

油泵用软管的内衬需要耐油的聚合物材料（如 PTFE），织物增强层抗顶破强度要高，同时滞留水分子少，不会发霉。近海油气田的钻探和开采，除了使用钻探胶管，还需要大量的大口径飘浮式或半飘浮式输油胶管和海底输油胶管。汽车用软胶管最具发展前途，有空调胶管、燃油胶管、增压器胶管等。

2. 气垫滑梯

飞机逃生组合滑梯如图 15-7 所示，用两层锦纶织物中间再加一层涤纶斜纹织物织造，织物组织选择上注意抗撕裂性，如 3~5 根平纹组织加一根重平组织。涂层材料为阻燃的氯丁橡胶，抗挠曲性好、耐油、耐化学药品及抗氧化性优异。飞机逃生滑梯实质上就是一个大气囊，可以快速充气，变成滑梯形状。

图 15-7　飞机逃生滑梯

三、增强轻质建筑材料用纺织材料

增强瓦有 PVC 瓦、玻纤瓦及碳纤维瓦等。增强瓦广泛用于工矿企业的厂房、车间、仓库、车棚；公共设施及城乡批发市场大棚、风雨棚、停车场、游乐场等；农牧场的蓄棚、禽舍、温室、养殖大棚等。

PVC 瓦是在基布上涂聚氯乙烯树脂制得，基布可以选择聚酯长丝织物、聚酯非织造布或玻纤毡、玻纤布。PVC 具有难燃性，但 PVC 对光和热的稳定性差，在合成 PVC 时增加一些添加剂改善其性能。

玻纤瓦用得更多，以低碱含量的玻纤毡、玻纤网格布或短切玻纤为胎基，用高黏度的改性沥青快速浸透胎基，冷却后切割成各种形状。玻纤瓦如图 15-8 所示。

图 15-8　玻纤瓦

　　碳纤维增强碳化硅陶瓷瓦用于航天飞机上，确保飞行安全的重要部件可反复经受1700℃的高温，且耐冲击性好，在大尺寸下没有裂纹。可用于制造汽车刹车系统的耐高温刹车片。

四、增强汽车、船舶和机器部件用纺织材料

　　碳纤维复合材料被广泛应用于各种汽车结构件，如车身、保险杠、驱动轴、传动轴、发动机等上百种零部件。玻璃纤维及碳纤维复合材料由于耐腐蚀和耐酸碱的特性，应用于民用或军用船舶的船体、螺旋桨、船舵、船用装备、船舶内饰等方面。

1. 汽车车体及门槛

　　宝马 i3 纯电动汽车的乘员舱采用全碳纤维增强复合材料，门槛梁处的吸能构件采用碳纤维蜂窝型材，如图 15-9 所示。当汽车受撞击时，碳纤维复合材料可很好地吸收由碰撞产生的巨大冲击力，起到良好的缓冲减震效果，减少因撞击产生的碎片，有效提升汽车的安全性能。

2. 碳纤维复合材料板簧

　　商用车中越来越多的钢板弹簧被复合材料钢板弹簧所替代，特别是重型卡车、

图 15-9　宝马 i3 车身的碳纤维蜂窝型材

罐车和牵引车，减轻了汽车重量，提高了运输效率。碳纤维复合材料具有较低的缺口敏感度及裂纹传播速度，将大大降低弹簧使用过程中产生脆性断裂的风险。开车时发生弹簧断裂，有足够的时间可以将车开到修理厂，而不用申请拖车。图 15-10 所示为碳纤维复合材料（CFRP）板簧在越野车上的应用，图 15-11 所示为碳纤维复合材料板簧在火车上的应用。

图 15-10　CFRP 板簧在越野车上的应用

图 15-11　CFRP 板簧在火车上的应用

3. 船舶用碳纤维螺旋桨

传统的螺旋桨常采用镍铝青铜等合金制造，近年来，复合材料开始应用于舰船用螺旋桨的制造中。镍铝铜合金制作的螺旋桨叶片容易疲劳进而产生裂纹，其声学阻尼性相对较差，振动时还会带来噪声。用碳纤维复合材料制作的螺旋桨叶片，碳纤维的高强度可以承受住主要的水动力和离心力。在制作中还可以根据叶片的旋转方向对纤维的特定铺层方式进行设计，从而使其应变较小，有效控制叶片所受的推力、螺距和翘曲程度。用树脂传递模型（RTM）复合材料成型工艺，图 15-12 所示为碳纤维增强复合材料螺旋桨，有效减轻了船体的振动和噪声。通过船体重量的减轻，加快航行速度，降低燃油耗费，在侦察舰和快速巡航舰上的效果尤为明显，也用于登陆舰和扫雷艇上。

4. 船体

无论小型游艇还是大型游轮、巡逻舰、护卫舰的船体，都可以用玻璃纤维（低碱玻璃）或碳纤维增强复合材料制作。整体制造过程中不用焊接，更无须铆接，因此船体外表十分光滑，重量也大为降低，且耐腐蚀性好，图 15-13 所示是玻璃纤维增强复合材料制做的小船。现在欧洲 90% 以上的民用船舶是用玻璃纤维增强复合材料制作的。

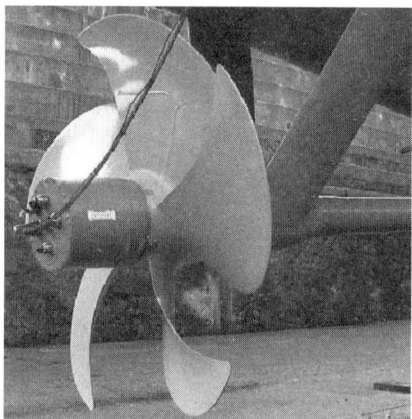

图 15-12　船舶用复合材料螺旋桨

图 15-13　玻璃纤维增强复合材料小船

5. 碳纤维齿轮

由于碳纤维的高强度，提高了齿根承受的拉伸应力，比金属质轻，有利于实现轻量化、高效率的生产目标。复合材料的流变特性使制成的齿轮精度更高，耐磨损、耐腐蚀，有效节省了设备的运行维护费用，降低了生产成本。图 15-14 所示为碳纤维增强复合材料齿轮。

当列车时速从 200km 提升至 380km 时，从动齿轮的线速度将从 35m/s 跃升至 70m/s。如此高的转速，对齿轮本身的性能、齿轮间的啮合、箱体的密封可靠性等都提出了极大的挑战。德国福伊特生产的高铁齿轮箱频出事故后，2014 年我国就着手碳纤维增强复合材料齿轮的研究，现已应用于高铁齿轮箱体的制造，这对高铁的轻量化发展是一个突破。

6. 机械手臂

选择碳纤维增强复合材料替代传统金属材料，可使机械臂轻量化，能满足工业机器人在焊接、喷涂等工作场景下的使用，如图 15-15 所示。

图 15-14　复合材料齿轮

图 15-15　工业机械手臂

7. 碳纤维增强复合材料圆柱螺旋弹簧

碳纤维圆柱螺旋弹簧如图 15-16 所示，用碳纤长丝多方向铺层可制作这类复合材料螺旋弹簧。或将碳纤维长丝用圆形编织机编织成中空护套，芯层填充碳纤维长丝或多个拧绞绳。在复合材料螺旋弹簧加入塑胶（如聚醚醚酮）芯轴可以大幅提高其力学性能。图 15-17 所示为奥迪 R8 电动版汽车所用复合材料螺旋悬架弹簧。

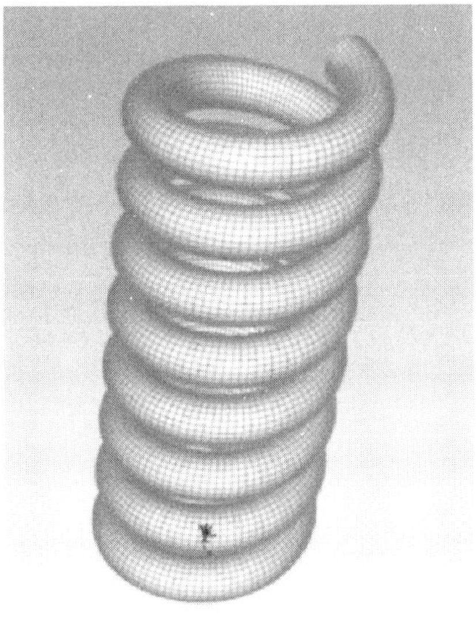

图 15-16　碳纤维圆柱螺旋弹簧

图 15-17　奥迪电动汽车悬架弹簧

五、增强航空、航天部件预制件用纺织材料

1. 飞机用复合材料

复合材料在飞机上的应用，最初是非承力结构件，后来应用于次承力结构件，现在用于主承力结构件。最早用于飞机的水平尾翼、垂直尾翼，后来在机身、机翼等主结构都用了复合材料。战斗机使用的复合材料占总量的40%左右，宽体客机复合材料用量在50%以上，直升机和小型飞机复合材料用量达到70%~80%。复合材料重量轻，可以实现整体成型，降低制造成本。复合材料抗拉性能好，因而可以增加舱压，给乘客更高的舒适性。复合材料耐腐蚀

图15-18　飞机机身制造

性好，可以提高舱内湿度，乘客感觉更好，若是金属材料就会造成腐蚀。图15-18所示为飞机机身制造。

蜂窝夹层结构复合材料（详见第四章第一节）已经在飞机的主要结构件中广泛应用，如机翼、地板、尾梁、整流罩、雷达罩等部件，飞机内饰如天棚、间壁、侧壁、行李箱等。尤其以Nomex蜂窝芯—碳纤维面板复合材料用得最多，大幅减轻了机身的整体重量，提高了结构的抗疲劳强度。

图15-19　碳纤维缠绕成型火箭壳体

2. 运载火箭及导弹

导弹和火箭的质量轻重直接影响其航程与成本。通常固体洲际导弹的第三级发动机每减轻质量1kg，就可以增加60km的射程。火箭的质量每减轻1kg，其发射费用可节约15000美元，因此运载火箭甚至全部使用碳纤维复合材料。图15-19所示为火箭壳体碳纤维缠绕成型工艺图。

国产200吨推力固体火箭发动机就是采用碳纤维大直径缠绕复合材料，碳纤维热膨胀系数小，发动机工作期间尺寸更稳定。国产DF-25、DF-31、DF-41东风系列导弹的固体火箭发动机壳体采用的是T800级、T1000级碳纤维。DF-41导弹射程突破14000km。

3. 火箭分离气囊

分离气囊装在运载火箭整流罩两个半罩的中间，气囊是扁的，被整流罩两个半罩紧紧压合。气囊呈管状，内装火工品。在火箭飞行过程中，在执行整流罩分离动作时，气囊内部火工品爆炸使气囊鼓起来，撑开整流罩两个半罩的连接，达到分离整流罩、释放卫星的目的。因此气囊要足够结实，扛得住两个巨大的整流罩的压力和火工品爆炸的冲击力，选用高强度

纤维织造，图 15-20 所示为用圆形织机编织气囊。

4. 人造卫星

人造卫星在轨道运行所处的环境与大气层环境截然不同。这些环境超高真空、超强辐射、温差变量大，还随时会遇上陨石和太空碎片的撞击。碳纤维复合材料质轻高强，热应变小，可确保尺寸稳定性和刚性，因此在卫星上碳纤维复合材料的应用率高达 85%。卫星结构外壳、桁架结构应选用传热性更好的高模量碳纤维。高模量碳纤维在导电性能上基本接近金属，在一定的频率范围内能够完成天线电磁波的发射或接收，并能承受一定的功率。

5. 航天器

航天飞机是宇宙空间站和地球之间来回飞行的联络工具，表面要承受 2000℃ 的高温，因此表面是防氧化的碳纤维瓦，主舱是碳纤维复合材料。航天器上用的复合材料，其体积随温度变化越小越好，这可以通过调节比例和材料的组合，实现零热膨胀率。

图 15-20　圆形织机编织气囊

6. 空间站用复合材料

空间站是在太空中建立的永久性载人基础设施，恶劣的空间环境要求材料热膨胀系数小、耐疲劳、耐辐射、耐撞击、耐腐蚀、不挥发、不冷焊、寿命长等。使用金属基或树脂基的复合材料。桁架是空间站的主要材料，用碳纤维—环氧树脂或石墨—环氧树脂复合材料缠绕制作。

六、增强风力发电叶片用纺织材料

由于自然界中风的大小和方向是极不稳定的，因此将多轴向经编织物应用于风机叶片具有独特的优势，由于该织物在设计上具有极大的灵活性及各向同性适应性，在纵、斜、横向都能承受极强的拉力，同时可降低生产成本。风电用织物叶片尺寸较大，平均长度为 80m，如图 15-21 所示。

在生产风电用多轴向经编织物时，要根据叶片各个区域受力情况的不同，以及各部位要求厚度的不同，设计织物的铺设层数。因此多轴向经编织物的结构参数要根据叶片的不同位置来具体确定，例如，衬经衬纬的铺设层数、铺叠方向、铺纬纱的材质、细度、密度等。原料一般采用玻璃纤维、碳纤维或二者混合纤维长丝束；织物的克重一般在 $600g/m^2$ 左右。

如果能生产变截面立体织物，就可以减少风电叶片制造过程中的人工铺层操作。

图 15-21　风电用多轴向经编织物

七、增强救生装备用纺织材料

　　航海业的充气救生器材，如救生衣、救生艇等，使用涂层织物。选择抗挠曲性能好的纤维，锦纶在这方面具有优势。在锦纶长丝织物的两面涂上天然橡胶或天然橡胶与丁苯橡胶的混合物，中间填充浮力材料（如木棉）。涂层材料要加入荧光涂料，使救生衣和救生艇非常显眼，便于搜救。救生衣和救生艇用二氧化碳充气，图 15-22 所示为充气救生艇。

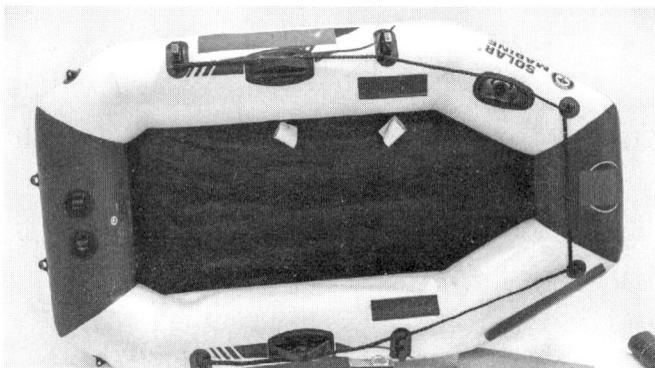

图 15-22　充气救生艇

八、增强其他复合材料用纺织材料

1. 纤维增强塑料排烟筒

　　纤维增强塑料排烟筒是用于排放烟气或工业尾气的纺织品构筑物，如图 15-23 所示。适用于火力发电厂排放湿法脱硫烟气，同时用于化工、有色冶炼、钢铁、纺织、医药、环保等相关行业"化学尾气和工业尾气"排放系统。增强纤维主要选择聚酯纤维、玻璃纤维及碳纤维，但用得最多的是玻璃纤维，制品包括缠绕纱、喷射纱、单向布、无捻粗纱布、短切原丝毡、连续原丝毡、缝编织物及网格布等。玻璃纤维长丝纱缠绕成型时涂覆乙烯基树脂、不饱和聚酯或环氧树脂，有阻燃要求的需要添加阻燃剂，有抗静电要求的需要添加导电填料。在玻璃纤维中添加碳纤维可增加制品的强度。

图 15-23 纤维增强塑料排烟筒

2. 光缆增强件

对位芳纶作为光纤缆中的"张力构件"，可保护细小而脆弱的光纤在受到拉力时不致伸长变形，从而不使光传输性能受到损害。芳纶丝作为光缆加强芯，质量轻、抗折断、可小半径弯曲、阻燃、耐压、抗磁电干扰，还具有良好的光导性能，可广泛适用于室外布线。芳纶增强光缆如图 15-24 所示。

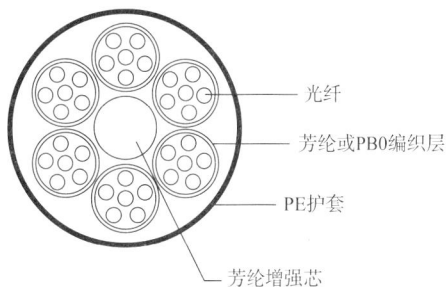

光纤
芳纶或PB0编织层
PE护套
芳纶增强芯

图 15-24 对位芳纶增强光缆

👉 **思考题**

1. 为什么在长度增加时，传动辊要选用碳纤维辊？

2. 织物增强橡胶软管用来作什么？它是用什么方法制造的？

3. 小型游艇、大型游轮、巡逻舰、护卫舰是用什么材料制造的？

4. 东风系列 DF-17、DF-31 导弹能打多远？它是用什么材料制造的？

5. 火箭分离气囊是用什么材料织机织造的？

6. 风力发电机叶片是用什么材料、什么织造方式、什么成型方式生产的？

☞ 参考文献

[1] S. 阿桑达. 产业用纺织品手册 [M]. 徐朴, 译. 北京：中国纺织出版社, 2000.

[2] 张娜. 产业用纺织芳纶材料在轨道交通领域的应用现状品 [J]. 纺织导报, 2021 (7)：30-33.

[3] 谭冬宜. 蜂窝结构三维织物的设计及复合材料的制备 [J]. 上海纺织科技, 2021, 49 (1)：18-21.

[4] 葛勇. 碳纤维复合材料圆柱螺旋弹簧力学性能分析 [J]. 装备制造技术, 2022, 9：210-212.

第十六章　文体与休闲用纺织品

教学要求

1. 了解运动防护用纺织品的制造原理。
2. 了解运动器材用纺织品的生产方法。
3. 掌握户外休闲用纺织品的生产方法。

主要知识点

1. 防水透湿织物、降低空气阻力织物、芯吸效应织物等运动防护用纺织品的生产技术。
2. 各种运动用球、球拍、球杆、冲浪板、皮划艇等运动器材的生产。
3. 户外休闲用纺织品的生产。

文体与休闲用纺织品指应用于文化、体育、休闲、娱乐等领域中的各种器具、器材、器械及防护用纺织品。该类产品包括运动防护用纺织品、运动场所设施用纺织品、运动器材用纺织品、户外休闲用纺织品、美术音乐器材用纺织品、伞旗类用纺织品、其他文体与休闲用纺织品。

一、运动防护用纺织品

运动服装的功能性体现在很多方面，如防水透湿、芯吸效应、拉伸弹性、防火阻燃、防紫外线等，服装的功能性在提高竞技成绩方面起着十分重要的作用。

1. 防水透湿织物

防水透湿运动服是集防水、透湿、防风和保暖性于一体的服装。生产防水透湿织物有三条途径，即高密织物、涂层织物和层压织物。现在性能比较好的就是层压织物，将具有防水透湿的微孔薄膜（材料是聚四氟乙烯）与普通织物层压，防水透湿效果好。参见第十三章第十三部分其他安全防护用纺织品。

2. 芯吸效应织物

芯吸性能是指服装对人身体所出的汗能进行快速吸收和扩散的能力。运动员在训练和比赛时，会大量出汗。如果衣服的芯吸效应高，将汗水从贴近皮肤的内层传递到服装的外层，在服装的表面迅速蒸发，人体就会很舒适。运动员的服装，内衣或衣服内层要选用芯吸效应好的纤维，现在普遍选择超细丙纶。

3. 弹性织物

健身操服装、高尔夫夹克、健美裤、滑雪裤、泳装及运动胸罩等，都需要拉伸弹性较好的纤维材料制作。锦纶在普通纤维中的弹性最好，常用于制作运动服装。弹性要求高的需要使用氨纶和锦纶包覆纱。

弹性纤维有三类，即氨纶、PPT/PET 并列双组分纤维、聚烯烃纤维。

4. 能降低空气阻力的服装

减小空气阻力实际上就是减小运动时的受风面积，在自行车比赛、跑步、滑雪、速度滑冰、足球等运动方面具有较大意义。以足球运动员的服装为例，球衣是双层织物，内层是超细丙纶，外层是细羊毛。超细丙纶具有较好的芯吸效应，将运动员奔跑产生的汗水能快速转移。外层细羊毛纤维表面的鳞片结构能减小运动员奔跑中与空气的阻力，从而可以提高运动速度，同时改善疲劳。

5. 降低水阻力的泳装

试验证明，不穿泳衣的阻力比穿泳衣要大9%，因为泳衣可以使身体变成流线型，阻力更小。因此泳衣的面料选择及款式设计上都是朝着降低阻力的方向发展。

澳大利亚模仿鲨鱼的皮肤构造，在泳衣表面设计了一些粗糙的 V 状脊状的微小颗粒，如图 16-1（a）所示，能有效地引导水流，减少水的摩擦阻力，提高游泳速度。鲨鱼皮泳衣表面粗糙的褶皱可以减小 3%~10% 的水流阻力，减少 5% 的氧气消耗，增加运动员在水中的浮力，成绩提高 2%。穿着这种泳装，能将运动员身体紧紧裹住，使肢体的位置更为固定，可以更合理地分配肌肉和关节的负荷，减少游泳中肢体的多余动作，降低能量消耗，增强身体的流线型。随后澳大利亚又推出了鲨鱼皮泳衣第二代产品，根据身体在游泳中受水阻力的不同，在腰肋等部位采用了不同的纤维，使泳衣能更好地包裹住身体，让水的阻力减到更小，从而使运动员达到最快的游泳速度。鲨鱼皮泳衣如图 16-1（b）所示。

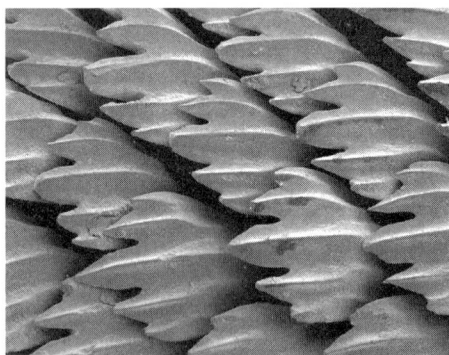

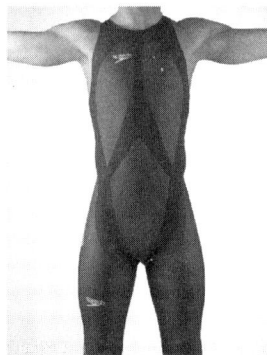

(a)   (b)

图 16-1　鲨鱼皮泳衣

6. 能提高成绩的滑雪服

美国制作的一种滑雪服，把特定尺寸的细线绳或缝合线固定在滑雪服的腿部、臀部及躯干部，能减小40%的空气阻力。因为所有在空气中运动的物体周围都有一薄薄的边界层，使用上述绳后可以使边界层发生紊乱，进而产生有利的流线型及空气动力状态，减少人体躯干及四肢等不良流线体后面的尾波阻力。

7. 运动鞋

鞋面材料一般由三层构成，锦纶机织物外层、泡沫材料中间层、经编针织物里层。鞋底材料为聚氨酯或锦纶非织造热熔黏合布，重量比传统材料减轻40%，具有出色的吸振特性，能保护人的关节和脊柱。纺织材料比皮革材料的质量均一性更好，受潮后重量相对较轻，易于洗涤和保护，采用网眼织物还能增加通风透气性，如图16-2所示。

图16-2　运动鞋

运动时运动鞋要承受相当于人体重量5~6倍的力量，因此质量的好坏直接影响运动员的奔跑和弹跳能力。聚氨酯制成的鞋底和鞋跟具有良好的抓地性和防滑性，非常适合篮球鞋和足球鞋。

二、运动场所设施用纺织品

1. 球网

使用线或绳织成的网状结构，如乒乓球网、篮球网、足球网、排球网等。图16-3为篮球网，图16-4为足球网。

2. 人工草皮

人工草皮如图16-5所示，广泛应用于足球、篮球、网球、曲棍球、橄榄球和高尔夫球等运动场地，草皮的常用材料有聚丙烯、聚乙烯、聚酯等。最早的人工草皮是模仿天然草皮的地毯型绒头织物草皮，后来又出现了毡状人工地表织物草皮。

地毯型绒头织物草皮，用涤纶织成机织基布，将耐磨性好的锦纶用簇绒生产方式植入基布，然后将绒布铺放在泡沫塑料衬垫上，用高温黏合在一起，这类人造草皮形似地毯。

图 16-3　篮球网

图 16-4　足球网

　　毡状人工地表织物草皮，将丙纶用针刺法加工成厚型非织造布基布，在基布材料上再刺上绒头状的聚烯烃复合纤维层，作为顶层。为防毡状草皮中的纤维脱落散失，在非织造布的背面再涂抹一层橡胶层，用于缓冲和吸振。

　　回收天然纤维废布和服装厂的大量边角料可以培养天然草皮，将废布粉碎后用水溶性黏合剂黏合成非织造布，在两层非织造布中央均匀播撒草籽和肥料。将此材料铺在地上，覆盖一层 5~10mm 厚的松软细土，遇雨水后水溶性黏合剂失去黏合强力，在草籽发芽出苗阶段，天然纤维渐渐地在土壤中腐烂化作肥料。

3. 塑胶跑道

　　在水泥地上铺上 13mm 厚的聚氨酯覆盖物，就得到塑胶跑道，如图 16-6 所示。这种跑道可使运动员弹跳自如，防跌伤，还有利场地清洁维护。在聚氨酯中加入一定的纳米无机粉体，生产出纳米聚氨酯，其弹性和抗张强度超过传统的塑胶跑道。

图 16-5　人工草坪

16-6　塑胶跑道

4. 运动场地覆盖物

　　运动场地覆盖物保护运动场地面不遭雨淋，防猛烈的阳光曝晒与寒风。使用聚酯纤维织物涂层聚氯乙烯或层压。聚酯有很好的尺寸稳定性，还有较好的防紫外线性能；聚氯乙烯具有防水、防霉作用。在树脂中添加增塑剂可以使织物在低温气候里防裂。

三、运动器材用纺织品

运动器材用纺织品有高尔夫球竿、网球拍、赛车、弓箭、跳竿、游艇、赛艇、滑翔机、帆船、摩托车、自行车及登山用品（如登山杖、滑雪杖、攀岩头盔）等。

这类器材现在都是用纤维增强树脂复合材料制造的，所用纤维都是高性能纤维。有碳纤维、芳纶、玻璃纤维、石墨纤维、硼纤维及超高分子量聚乙烯等，树脂用得最多的是环氧树脂和不饱和聚酯。制造体育器材，为了突出产品的优势，可以使用某一种高性能纤维，也可以是多种纤维的复合，还有多种纤维复合后再与金属材料杂合。纤维增强复合材料具有高强度、高模量、质量轻的优点，另外，树脂材料还有吸收振动、抗冲击、触感优良的特性，大幅提高了运动性能。

1. 球棒

棒球、垒球、高尔夫球及曲棍球都要用到球棒。球棒有用石墨纤维加玻璃纤维、环氧树脂在缠绕机上制成，也有把高强度铝合金和碳纤维结合在一起的球棒。球棒有中空结构，也有实心球棒。某些高尔夫球棒采用硼纤维和高弹性模量碳纤维制成手柄，图16-7为高尔夫球棒。

2. 球拍

网球拍的材质直接影响网球选手的运动成绩。过去使用胡桃木、铝合金和钢材制作，现在普遍采用玻璃纤维、陶瓷纤维、硼纤维、芳纶及碳纤维复合材料，减振吸能性能好，设计自由度大，可制造大型网球拍，面积是过去木质的1.5倍。复合材料网球拍杆有两种，一种是外层为碳纤维板，内层为铝合金的夹层结构混杂拍；另一种是箱型结构的全碳纤维网球拍，图16-8所示为碳纤维长丝缠绕构成的全碳纤维网球拍。

图 16-7 高尔夫球杆

图 16-8 网球拍

羽毛球拍最早用木材和钢管制作，后来发展到碳纤维复合材料作拍杆，网框用铝合金，现在羽毛球拍全部用碳纤维复合材料制造。

乒乓球拍用碳纤维涂层编织物或机织物生产，强度高、硬度高、减振性能优异。

3. 足球、橄榄球、篮球、排球、高尔夫球、网球

足球、橄榄球、篮球的外壳是多层特别耐磨的聚氨酯织物，内衬是多层聚酯纤维织物，天然橡胶或软木作内胆，对位芳纶作缝合线。足球和篮球的内部结构如图16-9所示。排球、高尔夫球和网球由超细纤维革制成外壳，内装橡皮或类似质料制成的内胆。

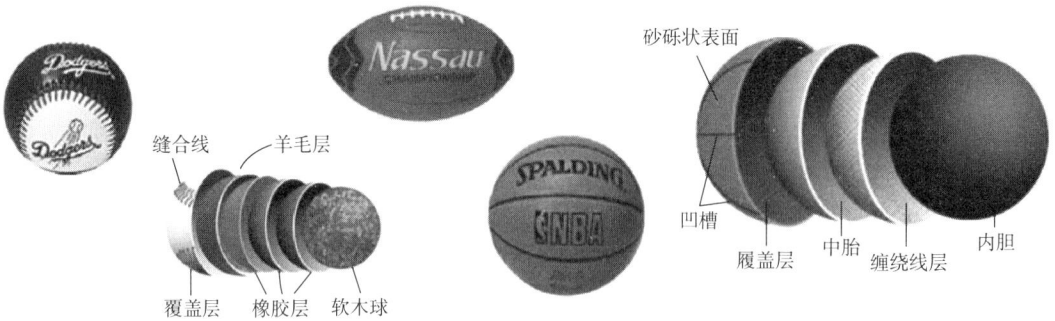

图 16-9　足球和篮球的内部结构

4. 射箭运动器材

射箭运动器材是弓、弦及箭。由碳纤维复合材料制作的弓臂可承受 $50kg/mm^2$ 的弯曲应力，赋予箭最大的初速度和最远的射程。弦采用对位芳纶制作。箭的重量越大，刚度越小，其耗能量越大，命中率越低。在射箭运动中，希望放弦后的全部能量都转换到箭的运动中，因此箭的要求是轻、直。箭杆是 0.2mm 厚的薄壁铝合金管外覆 3 层碳纤维复合材料，外表面涂一层高温固化的环氧胶。箭尾和箭翼用塑料制造，箭头为金属。弓箭、滑雪杆用拉挤成型或缠绕成型工艺制造。

5. 冰雪运动器材

滑雪板用碳纤维增强环氧树脂复合材料作结构层、聚氨酯泡沫塑料作夹芯层，表层用超高分子量聚乙烯制造。由于外层超高分子量聚乙烯不沾水，大大提高了滑行性能。也可以用芳纶、碳纤维及环氧树脂，采用拉挤成型或缠绕成型制成滑雪板，弯曲强度、抗冲击力更好。图 16-10 为滑雪板。

雪橇用 6 层对位芳纶织物与环氧树脂层压而成，重量轻、坚固，能经受不断发生的冲击及与凹凸不平冰地的摩擦。

溜冰鞋（图 16-11）用玻璃纤维增强树脂复合材料制造，能满足抗冲击强度和刚度的要求，且重量减轻 50%。

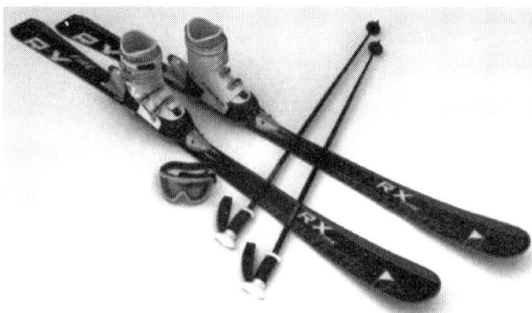

图 16-10　滑雪板

图 16-11　溜冰鞋

冰球杆采用一体化成型，在不同密度的塑料泡沫上面，将碳纤维、芳纶及玻璃纤维等材料铺层，再灌注树脂形成。由于球杆与球刃之间没有接缝，有利于传递更高的速度。冰球运动如图 16-12 所示。

图 16-12　冰球运动

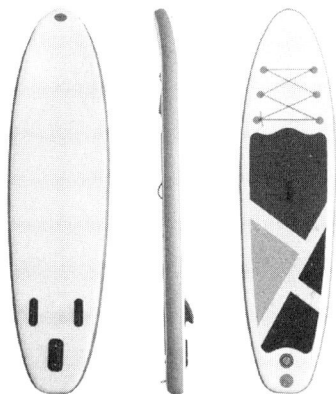

6. 水上运动器材

冲浪板，高强聚酯纤维织成经编间隔织物作增强体，涂层 PVC、氯化橡胶或硅橡胶等材料制成，外壳也可以用石墨纤维、芳纶或蜂窝状薄铝材料。为了使冲浪板内的空气膨胀和压缩过程达到最佳状态，尾部设有一个小的通风口，使得空气出得去，但水流不能进来。图 16-13 所示为冲浪板。

滑水板的结构与雪橇相似，用多层玻璃纤维或芳纶织物与环氧树脂复合材料制作。

水上摩托艇由于振动大，艇身用复合材料和铝合金制造，在内层可充填泡沫。

皮划艇、赛艇都是两头尖、船体窄而长、没有桨架的船艇，用玻璃纤维加不饱和树脂复合材料制造，船体结构中用少量木材作骨架。若还需要提高强度、减轻重量，可以用对位芳纶增强复合材料制造，其艇体耐冲击性特别好。划艇桨、桨杆用碳纤维增强塑料制作。图 16-14 所示为皮划艇。

图 16-13　冲浪板

图 16-14　皮划艇

竞赛用帆船使用轻质帆布，要求尺寸稳定好、模量高、吸水性差、耐气候性优良。帆布的强度与织物重量之比越小，越有利于比赛成绩提高。用芳纶纱、超高分子量聚乙烯织成机织物，在上、下面层压上很薄的膜。帆船的桅杆、船体、舵使用石墨纤维复合材料制造。船体用对位芳纶和碳纤维加环氧树脂黏结制造，用少量的木材作骨架。

图 16-15 所示织物用于制作水上运动器材，该织物是由两层机织物由长丝连接起

来的间隔织物。

7. 跳高运动器材

撑竿在跳高运动中起到传递力量、积蓄能量的作用，运动员助跑的能量就储存在弯曲变形的撑杆中。撑杆弯曲越大，产生的反弹力也越大，运动员跳跃的高度也越高。撑杆要轻、结实，还要具有较大的弯曲强度和反弹能力。

制造撑杆的材料，由木杆→竹杆→金属杆→玻璃纤维增强撑杆→碳纤维复合材料撑杆不断演变。撑杆采用拉挤成型工艺制造。

8. 自行车

自行车不仅是交通工具，还具有健身、旅游、竞赛等多种功能。车架和车轮是自行车的主要部件。用纤维编织机将碳纤维编织成车架状的"骨架"，再放置在模腔内，注入树脂后进行加温加压固化，制造出重量轻、刚度大的碳纤维整体车架。车轮的设计以减小风的阻力为优，现在用碳纤维复合材料制作的蝶式车轮，像铁饼样的圆盘，有效地减小了空气的阻力。新型自行车比传统车强度高且重量轻。

9. 越野赛车

用碳纤维和玻璃纤维混合增强复合材料制造的越野赛车总重 63.5kg，而用金属材料制作的同样车体总重量为 225.8kg，用碳纤维/石墨纤维混杂复合材料制造时重量可减轻到 31.8~36.5kg。

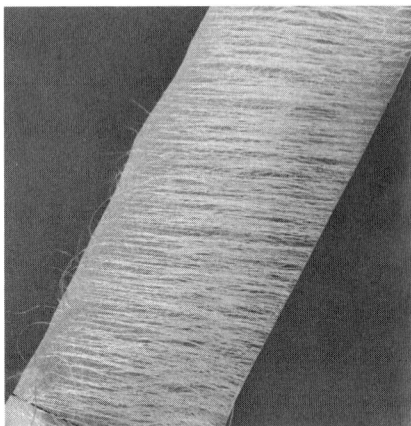

图 16-15　水上运动器材用织物

四、户外休闲用纺织品

1. 热气球织物

热气球织物要足够轻，每平方米重 30~60g，织物密度要高，面积 1500~6000m²，布料通过焊接而成。纤维常选用高强锦纶或涤纶，在锦纶织物上涂上一层聚氨基甲酸酯可防止织物破裂。热气球织物如图 16-16 所示。

2. 钓鱼竿和鱼线

钓鱼竿的要求是轻、细、长，具有优异的弯曲强度和弯曲模量，且轴向强度远超径向强度。用碳纤维增强塑料制作的鱼竿，强度和模量极高，撒竿时消耗的能量少，使得撒竿距离增长 20%左右。用超高分子量聚乙烯纤维制成的复合材料鱼竿，比重小于 1，能浮于水面。钓鱼竿和鱼线如图 16-17 所示。

鱼线粗细在 44.4~444.4tex（40~400 旦），芯层是超高分子量聚乙烯长丝，皮层由聚酯长丝编织而成。两种材料的结合使其比重大于水的比重，可降低鱼线的浮力，使其更好下沉。

图 16-16　热气球

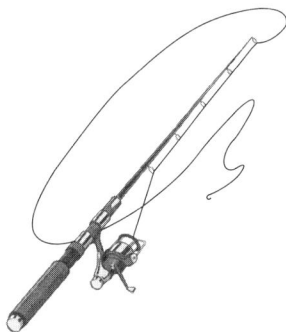

图 16-17　钓鱼竿和鱼线

3. 折叠式游泳池

折叠式泳池占地小，这种泳池可安装于花园空地或周末旅行小别墅中。面料用高强聚酯纱线织成衬纬—编链组织（或经编间隔织物），再进行聚氯乙烯涂层。折叠式游泳池如图 16-18 所示。

4. 充气建筑物

充气建筑物由聚酯纤维织造，再涂层 PVC 或与高密度聚乙烯膜层压。充气建筑物如图 16-19 所示，具有很多灵活性和多功能性，可以做成室内的娱乐场、运动场等。

图 16-18　折叠式游泳池

图 16-19　充气建筑物

5. 睡袋

户外运动用睡袋要求轻便、保暖、透气和舒适等特点。如羽绒睡袋，外层用质地紧密、经过耐久性拒水整理的织物，减少羽绒的泄露和增加防风性；睡袋的衬里使用锦纶，更轻一些。也可以选择美国 Gore-Tex 公司的防水透湿复合面料。

五、美术、音乐器材用纺织品

1. 油画布

油画布是油画作业的基材，高级油画布选亚麻布，便宜的可用维纶布。现在用来喷绘、写真、室内外广告、灯箱等的涂层布也称油画布。

2. 音乐器材

一直以来，小提琴、吉他等弦乐器的琴身都是木制的。木材易遭受环境温湿度的影响而导致翘曲、变形，使弦的张紧度、弦和档子间的距离改变，影响乐器的音质。现在用碳纤维复合材料代替云杉制作提琴、六弦琴的声板和颈身，效果很好。由于复合材料的阻尼系数超过云杉木，使得乐器在高频时发出的音调比木质品更纯正。乐器长笛由碳纤维环氧树脂缠绕制造。

由于纤维复合材料具有比模量高、耐疲劳等性能，使其在音乐器材方面得到广泛应用。如扬声器的振膜，过去用木质纸浆制造，比模量低，易吸潮变形，从而引起声音失真。用碳纤维复合材料制造的振膜，能获得高保真的音响效果。如唱机的音臂管及升降装置，为了使重放声音不失真，在放唱过程中要求不摆动、不跳动、不振动，采用阻尼减震的碳纤维复合材料就能达到要求。另外，碳纤维的导电性，还可以消除静电和交流声的干扰，具有屏蔽电磁波干扰的作用。碳纤维还可以制作磁头套。

六、伞、旗类用纺织品

1. 伞类

沙特阿拉伯麦地那先知大教堂广场设有 250 个可收放大伞，如图 16-20 所示，每个伞的面积 296m²，对角线长度是 25m，是世界上最大的伞。伞面织物由特氟龙（PTFE）纤维织成，可抗最大风速为 155km/h。伞的开合由计算机控制，天气热的时候可开伞遮阳，下雨的时候也可以开伞遮雨。

2. 旗类

旗子类织物，对防霉、抗紫外线辐射、抗拉伸强度、耐磨损、抗撕裂等性能要求严格，另外，还注重耐用性、拒水性、阻燃性、色泽及外观、染色牢度等。因此最好选择耐光性好和吸水性差的合成纤维，尽量不用天然纤维。旗子如图 16-21 所示。

图 16-20　沙特阿拉伯麦迪那先知大教堂的可收的大伞

图 16-21　旗子

生产旗子的底布可以用机织、针织及非织造方法，在底布上还需要涂层或层合乙烯基树脂。聚酯纤维生产的旗子用机织和针织工艺。非织造纺粘法生产聚烯烃的底布，外观和触感酷似纸张，用于短期使用的旗子。

七、其他文体与休闲用纺织品

运动保护用纺织品，如头盔可以保护运动员在赛车等竞技运动中免受伤害。选择碳纤维、玻璃纤维、硼纤维、芳纶、超高分子量聚乙烯等高性能纤维，用机织或针织加工方法制成预制件，将环氧树脂模塑成型。

☞ 思考题

1. 防水透湿织物的生产原理是什么？
2. 排汗布是用什么纤维材料制造的？
3. 跑步和骑车运动时，能减轻空气阻力的服装制造原理是什么？
4. 鲨鱼皮游泳衣能游得更快的原因是什么？
5. 足球和篮球是用哪些材料制作的？
6. 教科书说的人工草皮是用聚丙烯制造，你对此有何看法？
7. 哪些纤维可以用来制作油画布？
8. 长笛是用什么材料、什么工艺制作的？
9. 请你选择制作旗子的纤维材料？

☞ 参考文献

[1] S. 阿桑达. 产业用纺织品手册 [M]. 徐朴，译. 北京：中国纺织出版社，2000.

[2] 熊杰. 产业用纺织品 [M]. 杭州：浙江科学技术出版社，2007.

[3] 林新福. 体育与娱乐用纺织品的进展 [J]. 产业用纺织品，2001（4）：1-5，23.

[4] 柴雅凌. 体育与娱乐用纺织品的进展 [J]. 产业用纺织品，2001（6）：1-6.

[5] 陈伟. 碳纤维复合材料在体育器材上的应用 [J]. 产业用纺织品，2011（8）：35-37.

第十七章　合成革（人造革）用纺织品

教学要求

1. 掌握超纤革的基布构成。
2. 掌握超纤革的生产方法。

主要知识点

1. 针刺法加工超纤革基布生产工艺。
2. 水刺法加工超纤革基布生产工艺。

通过模仿天然皮革的物理结构和使用性能来制造人造革和合成革的基材，广泛用于制作鞋、靴、箱包、球类、家具、装饰物等的纺织产品。该类产品包括机织革基布、针织革基布、非织造革基布、其他合成革（人造革）用基布类纺织品。

第一代合成革是在棉机织物上涂敷聚氯乙烯。第二代合成革是在经编针织物上涂层聚氨酯，基材也变为更耐用的聚酯纤维、锦纶及混纺织物。第三代合成革称为超纤革，基布采用非织造布，纤维原料是超细纤维，聚氨酯涂层有微细孔结构，产品具有更好的吸放湿作用，在手感、内部微结构、透气性及弹性方面均可以与天然皮革媲美。

一、机织革基布

原料主要用纯棉、涤棉及涤黏混纺纱，经纬纱线密度为5.9~32tex，织物组织为平纹或2/1斜纹。先生产机织布，再将其进行起毛整理。起毛程度越大，基布受到的破坏程度也越大。若起毛程度低，对基布的破坏小，但聚氯乙烯或聚氨酯涂层与基布的黏合不良，影响成品外观和手感。机织革基布的合成革产品具有较好的尺寸稳定性，主要用于鞋革、装饰用革、服装革和箱包革等。

二、针织革基布

针织革基布所用的纤维原料为棉、黏胶纤维、涤纶及锦纶长丝，主要采用经编生产方法。由于针织物的结构性能特征，具有很好的伸长率、弹性和柔软性，且抗弯曲变形的能力较好，主要用于服装面料革、手套、鞋面、汽车坐垫用革和沙发包布等。

三、非织造革基布

天然皮革是由比普通纤维细十倍甚至百倍的微细胶原纤维在三维方向上交织而成。要达到天然皮革的效果，基布必须由类似这样的超细纤维三维网状交织而成。显然机织物和针织物不具有这种结构，非织造布中纤维呈三维立体结构。但普通的非织造布由 1.4~6dtex 的纤维形成，比天然胶原纤维粗。因此，将非织造布由超细纤维制成，就更接近天然皮革的结构了。

1. 针刺法基布

短纤维梳理成网，由交叉铺网机或气流成网形成一定厚度的纤网，通过预针刺机和主针刺机制成具有一定强力和密度的非织造布。在经过交叉铺网机后还需要经过纤维网牵伸机，可降低产品的纵横强力比。针刺法基布加工流程如下：

聚酯或聚酰胺短纤维→开松混合→非织造梳理机→交叉铺网机→纤维网牵伸机→预针刺机→主针刺机→末针刺机（短纤维需要三道针刺）→涂层→烘燥→卷绕

非织造布基布选用海岛型超细纤维（聚乙烯/聚酰胺 6 或聚酯/水溶性聚酯），用针刺法加固，后整理涂层之后溶去纤维中的海部分，纤维的细度可达 0.001~0.01dtex。这个细度接近于天然皮革的束状微细胶原纤维。美国 Hills 公司制作的海岛型超细纤维每根纤维上有 900 个"岛"，经过充分拉伸使"岛"相成为纳米直径的微原纤，再将"海"相用溶剂洗去，剩下的即是纳米纤维。用此法可得到 0.0011dtex 的纳米纤维（约 100nm），这种纤维织物完全达到麂皮的效果。

用超细纤维为增强材料，聚氨酯（PU）为基体材料制成的超纤革，在机械强度、吸湿性、耐化学性、质量均一性及保型性方面与天然皮革相似，在裁剪加工方面优于天然皮革。海岛型超细纤维开纤效果如图 17-1 所示。

2. 水刺法基布

水刺法可以加固短纤维梳理成网，也可以加工长丝直接成网，但都是薄型产品，水刺法不可加工厚型非织造布。长纤水刺法非织造布比短纤水刺法非织造布具有更高的强度和拉伸性能。长丝基布水刺法加工流程如下：

聚合物切片→切片烘燥→熔融挤压→双组分纺丝→冷却→牵伸→分丝→铺网→预湿→正反水刺→烘干→卷绕

将裂片型超细纤维纺丝直接成网，其喷丝孔采用 16 瓣，用水刺法固结。在水刺固结时同时把裂片打开，把成网、开纤、固结在一道工序中完成，单根纤维线密度可达到 0.1dtex。图 17-2 是水刺法对裂片的开纤整理效果，可看出开纤整理的效果并不好。现在用中空型裂片纤维替代实心裂片纤维，如图 17-3 所示，能提高开纤效果。水刺法裂片型开纤超细纤维底布与海岛型超细纤维基布在生产方式上比较，工艺流程更短，且无污染。

图 17-1　海岛型超细纤维开纤效果

图 17-2　水刺法对裂片型
（16 瓣）纤维的开纤整理效果

　　针刺法加工的海岛型超细纤维基布、水刺法加工的裂片型超细纤维基布都是超纤合成革基布，涂覆 PU 树脂后，产品如图 17-4 所示。

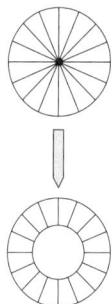

图 17-3　中空型裂片纤维

图 17-4　超纤革

四、其他合成革（人造革）用基布

　　用机织物或针织物与非织造布复合，可以是热熔复合、黏结剂复合或水力缠结复合构成复合基布。兼具了机织物或针织物与非织造布的优点，是高档合成革基布的又一发展方向。

　　选用抗菌纤维、调温纤维、红外线纤维及表面改性纤维，或对基布进行抗菌防臭整理、防水透湿整理、仿皮革味整理或香味整理等，使合成革基布具有特殊功能性。

☞ **思考题**

1. 生产水刺法超纤革选择什么类型的复合纤维？

2. 生产针刺法超纤革选择什么类型的复合纤维？

3. 麂皮绒可以用哪些方法生产？

4. 生产合成革基布的非织造纤维网要求纵横向强力均匀，如果是短纤维成网采用什么方法达到此要求？

参考文献

［1］ S. 阿桑达 . 产业用纺织品手册［M］. 徐朴，译 . 北京：中国纺织出版社，2000.

［2］ 熊杰 . 产业用纺织品［M］. 杭州：浙江科学技术出版社，2007.

［3］ 中国产业用纺织品行业协会 .2014/2015 中国产业用纺织品技术发展报告［M］. 北京：中国纺织出版社，2015.

［4］ 杨友红，殷保璞，靳向煜 . 合成革基布概述［J］. 非织造布，2007（5）：13-16.

第十八章 线绳（缆）带纺织品

教学要求

1. 掌握拧绞绳的制造方法。
2. 掌握无梭织带机的生产原理。
3. 了解特种缝纫线的生产。

主要知识点

1. 拧绞绳的制造，海洋系泊用缆绳的生产。
2. 用无梭织带机设计生产带类纺织品，如安全带、吊装带。
3. 工业用缝纫线及特种缝纫线的生产。

线绳（缆）带纺织品是指采用天然纤维或化学纤维加工而成的细长并可曲折的，具有很高轴向强伸性能要求的纺织结构材料，其主要产品形式有线、绳（缆）和带。该类产品包括工业用缝纫线、球拍弦线、安全带、传动带、水龙带、输送带、降落伞用带、吊钩带、打包带、头盔带、装卸用绳、消防用绳、海洋作业缆绳、降落伞用绳、渔业用线绳、其他线绳（缆）带纺织品。

第一节 缆绳的制造

最早的缆绳用于矿井中的拖拉和提升，制作材料从钢索、麻等逐渐向合成纤维转化。如锦纶、涤纶、维纶、丙纶及乙纶单丝或薄膜，强力要求较高的可选用芳纶、超高分子量聚乙烯、碳纤维等，根据特殊用途需要还可在缆芯内编入金属材料。化纤缆绳除用于船舶系缆、海上作业外，还广泛用于交通运输、工业、矿山、体育和渔业等方面。

一、拧绞绳

拧绞绳是经加捻的方式形成螺旋线的实心结构绳，线的股数有 3 股、4 股、6 股、8 股、

10 股及 12 股等。纱线在加捻过程中使纤维扭曲，造成拧绞绳内部存在残余的扭矩，使用过程中会出现扭结问题。

1. 三股绳

图 18-1 所示为三股绳的加工，三股绳最容易产生扭结，很少用于系泊缆绳。

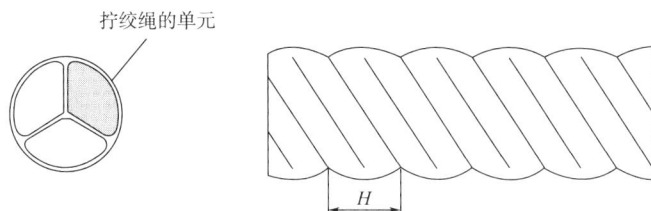

图 18-1　三股绳加工

构成拧绞绳的每个单元由 7 根、19 根、37 根、61 根等化纤长丝束组成，如图 18-2 所示。如果在拧绞绳的中心加钢丝（钢丝表面应覆涂树脂），称为复合缆，图 18-2 所示拧绞绳单元中心黑色的是钢丝芯。

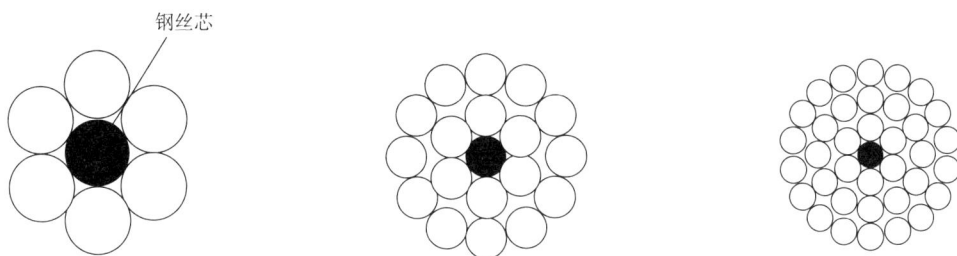

图 18-2　拧绞绳单元构成

2. 四股绳

四股绳用得比较多，如图 18-3 所示。为了使其更稳定，可在中央添加一股芯线，如图 18-3（b）所示。图 18-4 所示为四股拧绞绳的实物图。

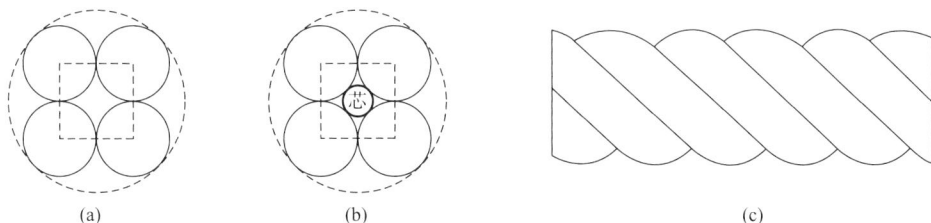

(a)　　　　　　　　(b)　　　　　　　　(c)

图 18-3　四股绳加工

3. 六股绳

图 18-5 和图 18-6 所示为六股复合缆绳的结构图。每一股的中心是钢丝，外围由 6 束

化纤长丝形成钢丝增强拧绞绳，再由拧绞绳围绕钢丝增强芯构成复合缆。钢丝的外表面均涂覆树脂防腐蚀。复合缆的强度很高，常用于系泊船缆和拖缆。图 18-7 为六股复合缆绳实物图。

图 18-4　四股绳实物图

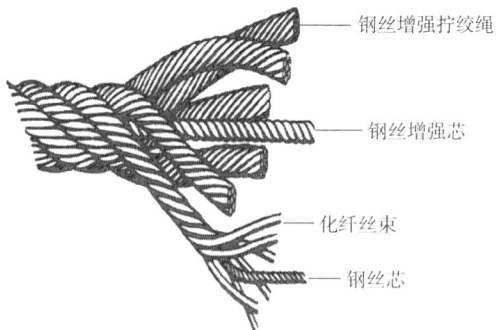

图 18-5　六股复合缆结构示意

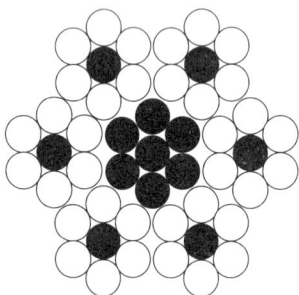

图 18-6　六股复合缆

图 18-7　六股复合缆实物图

4. 八股绳

　　如图 18-8 所示，八股成对扭合，每一股由 7 或 19 根单丝构成，实现扭矩平衡，不易产生扭结，常用于系泊索。图 18-9 所示为八股绳实物图。

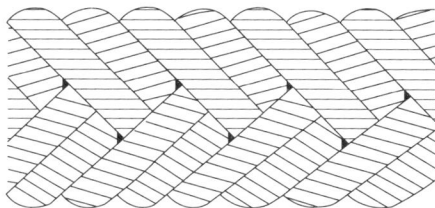

图 18-8　八股绳加工

图 18-9　八股绳实物图

5. 十二股绳

图 18-10 为十二股绳的实物图，这是一种零扭矩结构。通常用超高分子量聚乙烯编织，可使绳索在同直径下达到钢丝绳相同的强力，但是其重量却只有钢丝绳的 1/7。十二股绳的加工如图 18-11 所示。

图 18-10　十二股绳实物图

图 18-11　十二股绳加工

拧绞绳的加工设备如图 18-12 所示。

二、编织绳

编织机详见第三章第三节圆形编织。编织机的绽数为偶数时，生产圆形中空编织袋。在

图 18-12　拧绞绳加工设备

圆心填充化纤长丝、塑料扁丝、拧绞绳或更细的编织绳，就得到编织绳。拧绞绳在使用过程中会产生扭结现象，而编织绳的生产方式决定了它不会产生这种问题。

编织绳可按以下 3 种方式分类。

（1）按编织机的锭数分类，分为 8 编、12 编、16 编、32 编、48 编等。

（2）按编织绳的结构分类，分为中空编、双层编、菱形编、立体编等。

（3）按编织组织分类，分为平纹编织和斜纹编织。

图 18-13 所示的编织绳，芯为平行纱线、长丝或塑料扁丝，圆形编织机织成的中空护套将平行长丝或塑料扁丝挤在中心，芯层材料沿绳的轴向排列且没有扭矩，因此使用时受力均匀。还有一种编织绳内外均由小股的编织绳构成，称为双编绳，如图 18-14 所示，它的强度高于同样粗细的拧绞绳。

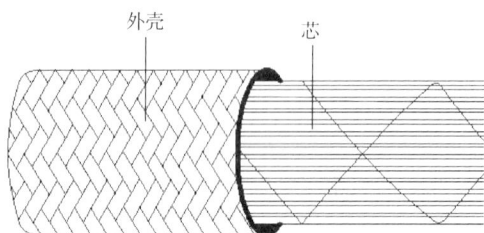

图 18-13　平行长丝外有编织层的绳索

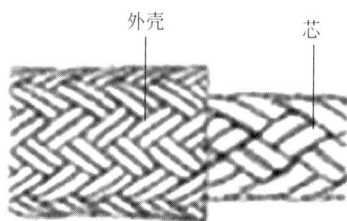

图 18-14　双编绳

三、复编绳

复编绳的绳芯部分是拧绞绳，外壳（或称护套）是小股的编织绳，可实现绳索的扭矩平衡。图 18-15 为单芯复编绳，图 18-16 为十一芯复编绳。复编缆绳的制作设备如图 18-17所示。

图 18-18（a）所示为一种海洋工程平台固定缆绳，由 36 股拧绞绳构成绳芯，护套为编织绳。一根拧绞绳由 19 束超高分子量聚乙烯长丝纤维构成，如图 18-18（c）所示。将拧绞

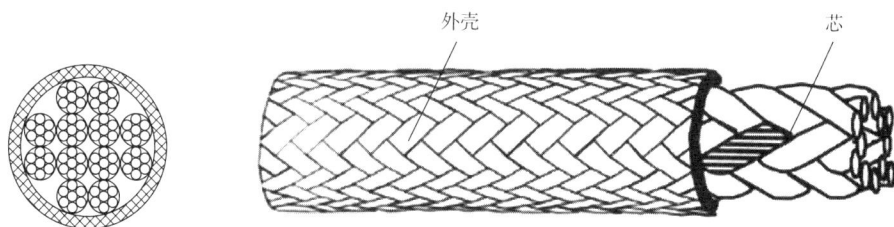

图 18-15　单芯复编绳

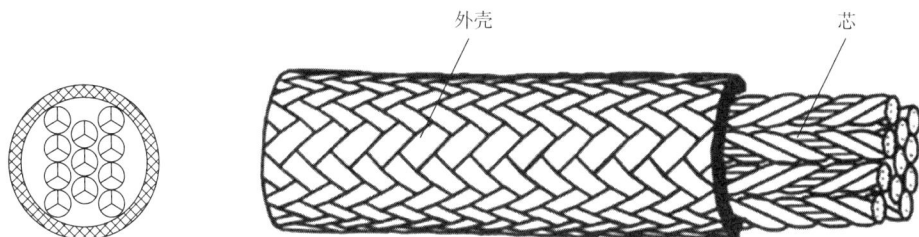

图 18-16　十一芯复编绳

图 18-17　复编缆绳制作设备

绳按圆形排成 3 层，第一层 6 根，第二层 12 根，第三层 18 根，如图 18-18（b）所示。在第三层的外围用护套编织绳将 36 根拧绞绳束缚起来。另外，在绳芯和护套之间包覆有非织造布过滤层，能有效过滤掉直径>5μm 的沙粒。

固定和系泊用的缆绳要求不黏附海洋生物，如果附着了海洋生物，在潮汐阻力大时，缆绳会因穿孔而使强力大幅下降。

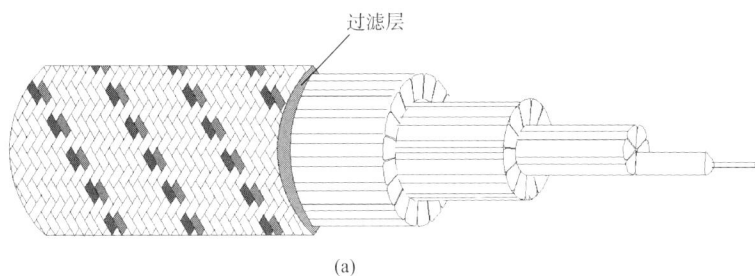

(a)

图 18-18

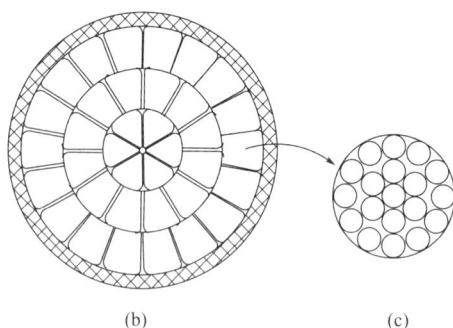

图 18-18　海洋工程平台固定缆绳

第二节　带类纺织品制造

一、带类纺织品分类

1. 按原料分类

天然纤维和合成纤维类如棉纱线、麻线、蚕丝、黏胶线、涤纶、锦纶、丙纶等；金属材料类如铜网带、钢丝网带、不锈钢丝网带等；无机纤维类如碳纤维带、玻璃纤维带等。

2. 按形状和用途分类

平面带薄型的如电气绝缘带、打字带、百叶窗带、饰带；平面带重型的如背包带、吊具带、安全带、传送带等；管状带如水龙带、人造血管、橡胶软管带等。

3. 按加工方法分类

带类织物可以用机织、针织、编织及非织造生产方式加工。机织带可用无梭织带机或有梭织带机生产；针织方式主要加工圆筒带；编织方式既可以加工圆筒带，也可以生产平面带。有些特殊用途的带子是用非织造方式生产加工的，如小直径的人造血管、电缆绝缘带等。

二、无梭织带机

无梭织带机如图 18-19 所示，该机可同时织 1~12 根条带，纬针引纬。一次引纬会在梭口引入两根纬纱。无梭织带机典型产品一边为机织边，另一边为针织边（图 18-20），采用针织物的编链组织锁边，按锁边的方式不同又分为三种机型：舌针钩取纬纱形成编链组织（该种形式容易脱边，较少采用）、舌针钩取锁边纱形成编链组织［图 18-20（a）］、缝纫机针方式锁边［图 18-20（b）］。

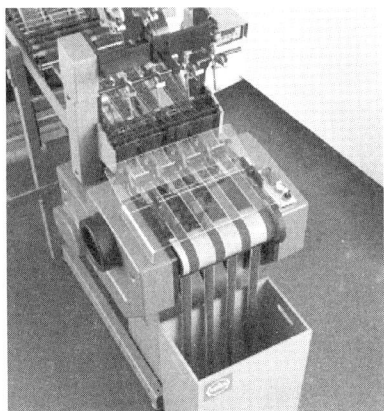

图 18-19 无梭织带机

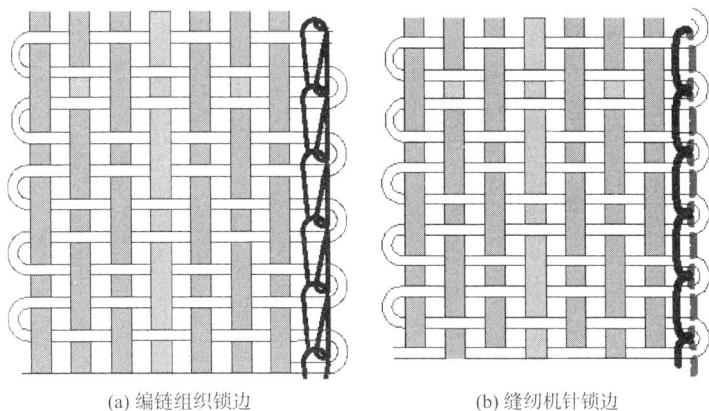

(a) 编链组织锁边   (b) 缝纫机针锁边

图 18-20 无梭织带织造示意图

该机标准配备为 14~16 个综框，可以织平纹、斜纹、缎纹及简单的小提花织物。加装电子提花装置，可织造复杂的商标带。强力要求较高（如安全带等）的带类，需要用缝纫机针方式锁边。

有一种纯金属短纤维纱线织成的金属带在高科技领域大规模应用。将不锈钢金属丝经集束拉断、牵伸、刮削等步骤制得短纤维（8~12μm），牵伸加捻得纱线后在无梭织带机上织成金属带。这种带子可承受 600℃以上的高温，用于高温生产环境吊装载重。这类不锈钢纤维带子在接头部位将不锈钢纤维织成起绒带黏接，起绒带地经是不锈钢长丝纤维，绒经比地经粗，也是不锈钢，直径 0.1~0.2mm。用经起绒法，由于金属的记忆性能，割断绒经后在带子表面的绒毛尖部有弯钩，具有很好的黏接性能。

三、有梭织带机

有些带子也使用传统的有梭织带机织造，用一种很小的梭子装在盒子里来回移动引纬，具有完整的织布边，如图 18-21 所示。因为生产速度较低，为了增加织带数，通常分为两层或三层织造，需要专人看管，耗费人工。

图 18-21 有梭织带机

四、针织机

针织的纬编和经编都可以织圆筒带，图 18-22 所示为纬编小圆机织的圆筒带，用于口罩的耳戴。如果用经编机，可以同时织几十根这种圆筒带，生产效率大幅提高。

五、编织机

编织机详见第三章第三节平面编织。编织机的绽数为奇数时，生产的产品就是平面带子。图 18-23 所示为铜丝编织带。

编织带的规格由下列因素决定：

（1）导纱器的数量。导纱器的数量为奇数，可编平面带子；导纱器的数量为偶数，则编圆筒形袋子。

（2）纱线的直径。

（3）每个导纱器装载的纱线根数。

（4）编织物中单位长度内的纱线根数。

图 18-22 纬编圆筒带　　　　图 18-23 铜丝编织带

第三节　线绳（缆）带纺织品种类

一、工业缝纫线

缝纫线可以用来缝合纺织面料、塑料、皮革制品及装订书刊等。缝纫线按原料可分为天然纤维、合成纤维及混合纤维三大类。合成纤维由于强度高、耐磨性好、耐腐蚀且不易霉烂和虫蛀等优点而被广泛地应用于服装缝制中。缝纫线只占成衣成本的很小一部分，但对成衣品质风险却占 50% 责任。

（一）合成纤维缝纫线

合成纤维缝纫线有涤纶缝纫线、锦纶缝纫线、维纶缝纫线、腈纶缝纫线、丙纶缝纫线及耐高温阻燃芳纶缝纫线。

1. 涤纶缝纫线

涤纶缝纫线分为涤纶长丝缝纫线、涤纶短纤纱缝纫线、涤纶变形丝线、长丝为芯外包短纤维的包芯缝纫线及涤纶绣花线等，以涤纶短纤纱缝纫线用得最多（图18-24）。涤纶缝纫线具有强度高、耐磨性能好、不褪色、不变色、耐日晒牢度好的优点。在车速为中低速度时，涤纶是最适应来作缝纫线的，但在车速过高时（>5000针/min）断头较多。因为

图18-24　涤纶缝纫线

涤纶是熔体纺丝法生产，高速时与车面产生摩擦，因发热而熔融、堵塞针眼而引起断头。这时就要考虑换用纯棉缝纫线、混合缝纫线或芳纶缝纫线。

涤纶短纤纱缝纫线制作时捻系数要求较大，合股后还需要蒸纱定捻，再对缝纫线表面施加硅乳胶润滑处理。涤纶长丝缝纫线适合缝制皮鞋、皮革制品、箱包、安全带及非金属拉链等。涤纶变形丝线分低弹和高弹两种，低弹丝缝纫线适合缝制有弹性织物如针织泳衣等，高弹丝缝纫线主要用于短袜和长筒袜的缝制，使缝纫线与织物保持缩率一致。为了避免缝纫线与织物的配色困难，可选择透明的合纤长丝线缝制各种颜色的衣物。

缝纫线的单纱支数范围是9~80英支，合股数为2~12股。常用涤纶缝纫线的型号有202，203，402，403，602，603等，前面两位数是纱的英支数，第三位数指该缝纫线是由几股纱并捻而成。例如，603就是由3股60英支纱并捻而成。602线多用于薄型面料，如夏季穿的真丝、乔其纱等；603和402线基本可以通用，是最普通的缝纫线，一般面料都可以使用，如棉、麻、涤纶、黏胶纤维等各种常用面料；403线用于较厚面料，如呢制面料等；202和203线较粗，强度大，多用于牛仔布、箱包等缝纫用。在涤纶缝纫线中加入阻燃剂可用于婴孩睡衣缝纫。

2. 锦纶缝纫线

锦纶缝纫线又称尼龙缝纫线，分长丝线、短纤维线和变形丝线，它比涤纶的强伸大、耐磨性好，且质地光滑，有丝质光泽，价格比涤纶缝纫线贵，但耐热性比涤纶差，耐光性也不好。锦纶缝纫线用于有耐磨要求以及弹性要求较高的产品，如家具、皮革、鞋子和靴子等。锦纶还有一种透明线，适合任何色泽的衣服。

3. 维纶缝纫线

维纶缝纫线由维纶制成，强度高，线迹平稳，用于化肥、水泥袋、厚实的帆布、家具布、劳保用品等的缝制。

4. 腈纶缝纫线

腈纶缝纫线耐日晒牢度高，抗紫外线性能强，特别适合户外用篷盖布（有篷汽车的顶篷）、帐篷等的缝制。

5. 丙纶缝纫线

丙纶缝纫线耐酸、耐碱、耐腐蚀性好，用于染整及化学工业过滤袋的缝制、土工布接缝

图 18-25　芳纶缝纫线

等。用聚四氟乙烯做成的缝纫线也具有优良的抗化学腐蚀性，但价格高于丙纶缝纫线。

6. 特种缝纫线

特种防护服装、耐高温服装、过滤毡基布及高强度缝合要求使用芳纶缝纫线，如图 18-25 所示。芳纶 1414 在 500℃高温下也不发生熔融，还兼有防割性和阻燃性。因对位芳纶长丝缝纫性较差，用对位芳纶长丝和间位芳纶短纤维纱（或用不锈钢纤维短纤维纱）合股合捻，或间位芳纶短纤维包覆对位芳纶长丝，可提高芳纶缝纫线的缝合性。高温下使用的还有聚四氟乙烯、玻璃纤维、碳纤维及石英纤维缝纫线，该类缝纫线兼具其他高性能，主要用于军工和宇航领域。

（二）天然及再生纤维缝纫线

1. 棉缝纫线

棉缝纫线以棉纤维为原料，纺纱合股后经练漂、上浆、打蜡等环节制成的缝纫线。棉缝纫线又分为无光线（或软线）、丝光线和蜡光线。棉缝纫线拉力较低，弹性和延伸性差，耐磨性差，但耐热性好，适于高速缝纫与耐久压烫。主要用于棉织物、高温熨烫衣物的缝纫，但棉纤维耐化学性不好，不耐霉菌，因此耐用性差，不能用来作野外工作人员服装缝合。

2. 蚕丝线

用天然蚕丝制成的长丝线或绢丝线有极好的光泽，其强度、弹性和耐磨性能均优于棉线，但耐光性较差。适于作高档绣花线及缝制各类丝绸服装、高档呢绒服装、毛皮与皮革服装等。

3. 麻线

麻线又分为苎麻线、黄麻线和亚麻线。苎麻线强度高、伸长小，主要缝制皮鞋、皮革制品、篷帆、枪衣、飞机罩、坦克罩及制作降落伞绳。亚麻线与苎麻线用途相同。黄麻线主要用作麻袋缝边线及其他包装捆扎用线。

4. 黏胶线

黏胶线主要作绣花线，颜色鲜艳，价格便宜，耐光性差。

（三）混合缝纫线

1. 涤/棉缝纫线

用 65% 的涤纶、35% 的棉制成涤棉混纺纱，再合股成线。兼有涤和棉的优点，强度高、耐磨、耐热，主要用于全棉、涤/棉等各类服装的高速缝纫。

2. 包芯缝纫线

涤纶长丝为芯，占 60% 及以上，外包棉纤维占 40% 以下，在环锭纺纱机上加工，把棉纤维包裹在涤纶长丝表面，再以两股或两股以上的纱捻合成线。包芯缝纫线比短纤维缝纫线拉力高 40%~50%，可用于车缝较容易起皱而又需要较好缝步拉力的针织面料、需要石洗的牛仔布料，还可以解决一些其他的车缝问题。因为棉纤维具有很好的隔热性能而使该种缝纫线适应高速缝纫，强度取决于芯线，耐磨性与耐热性取决于外包纱。主要用于高速缝纫，及用于牢固的服装作缝纫线，如地质勘探人员服装、野战部队服装、探险者服装等。

二、球拍弦线

网球或羽毛球拍的弦线。球拍弦线比球拍更重要，因为击球的部位是弦线。球拍弦线的评价指标有耐打性、力量、控制、手感、舒适度、旋转等。球拍弦线有天然牛（羊）肠线、锦纶长丝编织的弦线、聚酯纤维外涂聚乙烯复合弦线或化纤羊肠复合弦线。天然牛（羊）肠线弹性最好，但易磨损，牢度不够。正式比赛选用化纤羊肠复合弦线，既牢固可靠，又弹性颇佳。

一般来说，弦线硬，耐打性好但是舒适度差。线直径越粗，耐打性越好，但是力量、控制、手感会下降。弹性好坏主要取决于球线特性，另外，线密度大的球线弹性也差。

三、产业用带类纺织品

带类织物是指宽度为 0.3~3cm 的狭条长或管状纺织品，显然这个定义已不满足现在的发展要求，有些工业传送带宽度在 1m 及以上。带类织物包括安全带、传动带、水龙带、输送带、降落伞用带、吊钩带、打包带、头盔带等。

1. 安全带

安全带有交通工具用安全带和作业用安全带两类。

交通工具用安全带参见第十九章交通工具用纺织品。

作业用 5 点式安全带如图 18-26 所示。它的主要用途有三种：坠落悬挂用；围杆作业用；区域限制用，如图 18-27 所示。该类产品根据受力的要求，选择涤纶或高性能纤维，用织带机织造，锁边方式为缝纫机针锁边。

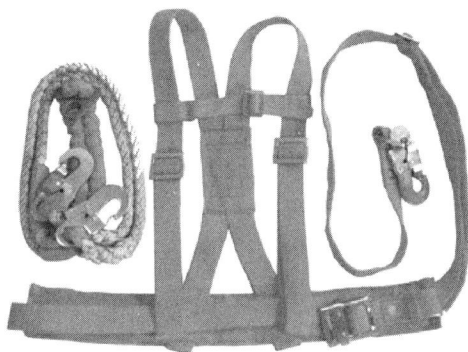

图 18-26　作业用 5 点式安全带

2. 传动带

参见第十五章第一部分传输传动管类骨架材料。

3. 水龙带

水龙带在消防上用得最多，水龙带也可用于输油、输送淡水、农业排灌、工矿和建筑工

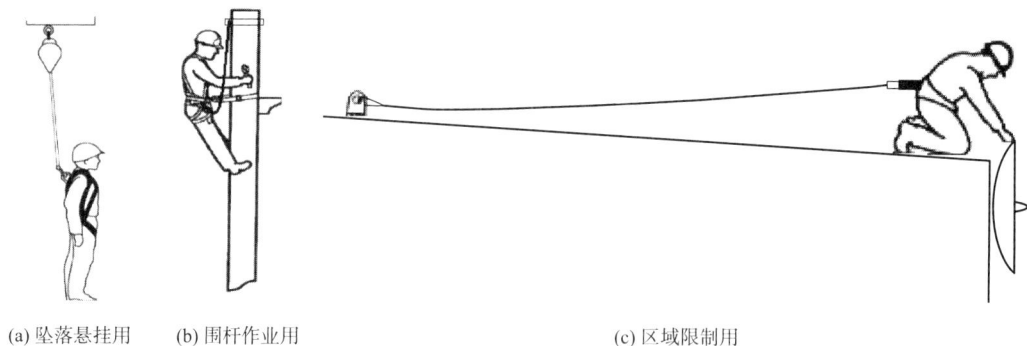

(a) 坠落悬挂用　　(b) 围杆作业用　　　　　　　　　(c) 区域限制用

图 18-27　作业用安全带的用途

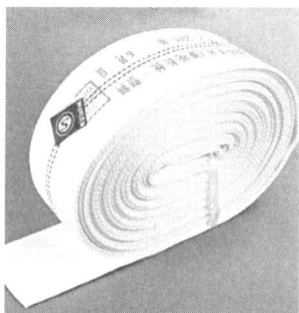

图 18-28　水龙带

地送水、排水等，水龙带如图 18-28 所示。

最早的水龙带是以优质棉或亚麻为原料，织成管状织物。由于棉和亚麻吸水后纱线发生膨胀，将织物间孔隙堵塞，从而起到防水作用。但耐压力低，易渗水，耐磨性差，使用寿命短。目前市面上的水龙带是用涤纶（涤纶长丝、涤纶变形丝或涤纶短纤维）、锦纶、维纶，或两种材料复合，用圆型织机织造，内衬一层 1~3mm 厚的高分子树脂，能承受高压和耐磨、耐腐蚀。

4. 输送带

参见第十五章第一部分传输传动管类骨架材料。

5. 降落伞用带

降落伞用带的纤维材料有锦纶、涤纶、芳纶、超高分子量聚乙烯、棉等。航天用降落伞带一般采用超高分子量聚乙烯纤维（UHMWPEF），通过凝胶纺丝法制得，它的化学性质稳定，抗老化性能强，具有超强的耐磨性和自润滑性、超高弹性模量和强度，拉伸强度高达 3~3.5GPa，拉伸弹性模量高达 100~125GPa。它的纤维比强度是芳纶的 2 倍，碳纤维的 5 倍，钢丝的 10 倍。

6. 吊钩带

吊钩带适用于港口码头吊装货物，另外，化工、钢铁、造船、机械制造及交通运输也使用。采用高强力聚酯纤维或高性能纤维制造，具有强度高、耐磨损、抗氧化、抗紫外线等多重优点，有单层、双层甚至多层织物。吊钩带有一大特点是根据颜色判断吊装吨位，紫色 1000kg，绿色 2000kg，黄色 3000kg，灰色 4000kg，红色 5000kg，褐色 6000kg，蓝色 8000kg，浅橘红色 10000kg，深橘红色 12000kg。

7. 打包带

打包带现在用得很多的是 PET 塑钢带，由聚酯切片熔融挤出单向拉伸成型，双面压花防滑。捆包时瞬间加热便可完成热黏结。

8. 头盔带

头盔带用于固定头盔，选聚酯长丝，用无梭织带机织造，热熔切割成带。

四、产业用绳类纺织品

1. 装卸用绳

装卸货物过去使用钢丝绳，现在也有使用高强高模纤维制造的拧绞绳或编织绳。

2. 消防用绳

消防救援用的缓降器，要用绳来制作。高空作业防护用的安全网、攀爬网，在建筑、电力、电信、石油天然气行业的作业和救援等方面使用。

3. 海洋作业缆绳

海上钻井平台、海洋捕捞、海底勘探、海底电缆铺设等，用于系泊、锚固、拖拽、起吊等，一般用钢丝缆绳与化纤缆绳。海洋用缆绳早期用钢丝缆以浸油的剑麻纤维和钢丝编织而成，现在被涤纶、尼龙等高分子材料编织绳替代。由于同等强力下钢丝绳的重量重，并且不耐海水腐蚀，在海洋工程领域正逐步被合成纤维缆绳替代。海洋作业用绳如图18-29所示。

图18-29　海洋作业用绳

4. 降落伞用绳

降落伞用绳的原料有锦纶、对位芳纶及超高分子量聚乙烯。从强力来看，超高分子量聚乙烯纤维最高，但它的熔点低，高速开伞时摩擦太大易严重灼伤。且表面非常光滑，其绳索打结会很不结实。芳纶耐高温、阻燃、力学性能好，但芳纶的耐光性差。图18-30为降落伞用绳。

5. 渔业用线绳

用聚酯、锦纶、聚氯乙烯、超高分子量聚乙烯单丝或复丝等制成拧绞绳，再编织成渔网，如图18-31所示。

图18-30　降落伞用绳

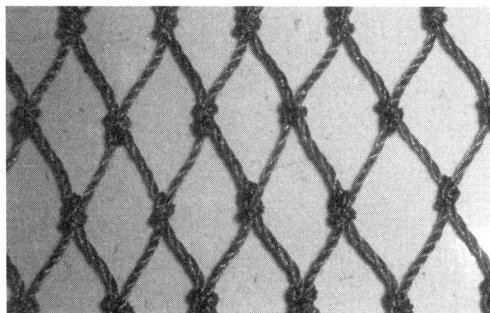

图18-31　渔业用绳

五、其他线绳（缆）带纺织品

1. 打印机色带

针式打印机适用于多层票据打印。制造打印机色带的纤维主要是锦纶，其中锦纶 66 用量最大。用喷气织机织造，再经油墨浸泡、热切割成带状，如图 18-32 所示。

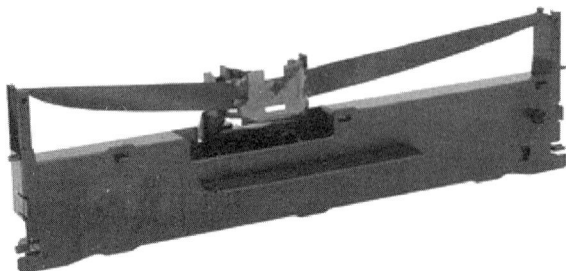

图 18-32　针式打印机色带

条码打印机通过热、压结合的方式将色带墨层转印到纸张或薄膜上，热打印碳带制造纤维多为涤纶。

2. 微细血管

直径小于 6mm 的小口径人工血管，外膜是利用静电纺丝技术制备的超细纤维，具有很高的孔隙率和比表面积，又与天然细胞外基质结构相近。

🖎 思考题

1. 六股复合拧绞绳由什么材料制作？

2. 海上作业用拧绞绳主要是哪两种？

3. 怎么制作编织和拧绞嵌套绳？

4. 工业缝纫线主要是由什么纤维制作的？如果在针速很高的情况下，应该选用什么材料作的缝纫线？

5. 无梭织带机引纬是双线，是怎么锁边的？

6. 设计一个普通传送带，选择纤维材料、织造方式及涂层材料。

7. 什么是 PET 塑钢带？是怎么生产的？

8. 针式打印机色带是用什么纤维，用什么织机生产的？

9. 土工布接缝用什么缝纫线？

🖎 参考文献

［1］S. 阿桑达. 产业用纺织品手册［M］. 徐朴，译. 北京：中国纺织出版社，2000.

［2］张玉惕. 产业用纺织品［M］. 北京：中国纺织出版社，2009.

［3］王国和. 产业用线带绳缆类纺织品［J］. 江苏丝绸，2000（3）：37-38.

［4］王国和. 产业用线带绳缆类纺织品［J］. 江苏丝绸，2000（4）：39-42.

第十九章　交通工具用纺织品

交通工具用纺织品是指应用于汽车、火车、船舶、飞机等交通工具的构造中的纺织品。该类产品包括交通工具内饰用纺织品、轮胎帘子布、安全带和安全气囊、车船用篷布帆布、交通工具填充用纺织品、交通工具过滤用纺织品、其他交通工具用纺织品。

一、交通工具内饰用纺织品

1. 座椅面料

图 19-1 所示为汽车座椅，它的表面织物由三层材料构成，即表层织物、聚氨酯泡沫（或非织造材料）和内衬材料。泡沫层厚 3~10mm。表层织物主要考虑耐磨性和耐光性，因此 90% 的面料是聚酯纤维织物，还有 10% 的面料是羊毛、羊毛涤纶混纺织物、天然皮革及人造革等。使用长丝变形纱成本更低，且强力和耐磨性更好。假捻变形丝和空气变形丝是主要品种。考虑汽车座椅面料在拐角处的延伸性，织物结构弹性大更适宜，因此针织物在这方面具有优势。经编

图 19-1　汽车座椅

由于生产的高效率使其在座椅面料中占最大份额，选择机织面料则需使用弹性纱以改善其延

伸性。

由于座椅面料的背面有聚氨酯泡沫,从而具有抗皱和防起鼓作用。内衬材料是聚酯或尼龙稀松针织物,有助于控制层压织物尤其是针织物的拉伸性能,防止过度伸长,同时提高缝接强度,具有清晰的外观深缝合线。这种三层座椅织物采用三层焰熔层压工艺,详见第四章第二节层合方法。

座椅面料采用起绒织物能给人豪华的感觉,有机织提花装饰绒、经编起绒织物和静电植绒织物等。机织提花装饰绒、经编起绒织物作为座椅表面材料时,可以通过背面涂胶来提高织物的耐磨性。背胶树脂可以是丙烯酸树脂、聚氨酯或丁苯橡胶。为提高三层层压织物的阻燃性能,在树脂中要加入锑/溴协同阻燃剂。如果为了防止溅落的饮料渗透下去,树脂的用量可高一些。

也可以通过对座椅表面织物泡沫涂层处理来改善织物的耐磨性,这种处理看不到涂层,仅在纱线表面成膜。车门面板织物通常使用聚氯乙烯(PVC)乳胶涂层,通过高频焊接安装到其他车门结构材料上。

2. 车顶棚面料及内衬

为了保证车顶内衬的刚度,车顶棚由多种组分相互层压而成,有的为了美观,有的为了隔音和减震,还有的为了提高整体结构的刚性。车顶棚面料有 PVC 人造革、非织造布和针织面料三大类。

PVC 人造革是以纺织材料为底基,聚氯乙烯树脂为涂层的仿革制品,也有不用基布的纯 PVC 膜,外观类似于天然皮革。压制顶棚时,可以用单层革,也可以在单层革或膜背面复合海绵软泡。PVC 人造革生产过程中会产生有害物质,从环保角度考虑,应减小使用。

非织造布作车顶内衬材料价格低且模压性能好,符合汽车内饰构件复杂表面形状的要求。使用天然纤维,如麻纤维,它的微孔结构使隔音性能更好,它的吸湿性使车内的热舒适性好,因此在汽车行业中的使用发展迅速。

针织面料主要使用经编布,柔软不易脱散、耐清洗及纹理花样多,还具有稳定性高、纬向延伸较大等特点,虽然在各种汽车顶棚面料中价格居首位,但在中高端车顶棚内饰材料中应用较多。如抗菌防水阻燃复合功能汽车顶棚,以涤纶经编针织面料为原料,使用阻燃抗菌防水一步法工艺对其进行复合功能整理。整理工艺流程为:坯布预定形→染色→浸轧阻燃抗菌防水复合功能整理液→定形。图 19-2 所示为经编布做的车顶棚。

3. 其他内部覆盖物

车门面板织物用模压技术成型,先在表层织物背面层压一层材料(可以是非织造布、聚氨酯泡沫或两者的结合体),再将层压织物和熔融聚合物一起放入模具中,为了获得良好的隔热、隔音性能,使用聚氨酯和聚烯烃泡沫较好。

汽车地面及后备厢铺垫地毯,通常用聚酯纤维针刺法生产,短纤维成网和长丝成网均可。高档汽车用簇绒地毯,纱线可以是粗梳纯毛纱或涤毛纱。采用亲水性纤维材料,能提高汽车内空间的热舒适性。汽车用地毯一般由 3~4 层不同材料组成,最外表面是采用阻燃、抗静电处理的针刺毯或簇绒毯；中层为 2mm 左右的柔软层，一般为发泡塑料或橡胶；下层为 12~15mm 厚的多孔层，一般以再生纤维为主；最里层为不漏水的保护层。图 19-3 所示为汽车地毯。

图 19-2　经编布车顶棚　　　　　　　　　　　　　　图 19-3　汽车地毯

发动机舱内饰件如外前围隔音隔热件、引擎盖隔音隔热件等，要求具有隔音、隔热、减震和一定的热塑或热固性能，吸收发动机罩内的热量及噪声，阻挡其传入乘客舱。

汽车用纺织品还有如轮罩、挡泥板、底护板、底部隔音件等外饰件。

二、轮胎帘子布

轮胎帘子布（图 19-4）是用于生产轮胎的骨架纺织品，以帘子线为经纱，纬纱密度采用 4~8 根/10cm，织成帘子布。纬纱的功能是确保轮胎成型时经纱排列均匀，其对轮胎的均匀受力反而有不利影响，因此纬纱最好在轮胎成型时断裂。帘子线放于轮胎转动方向位置。帘子布约占外胎总重的 10%~15%，通常由多层浸胶帘线以橡胶黏合而成，起着增强轮胎整体强度和稳定外胎的作用。其原料包括锦纶、涤纶、黏胶长丝、对位芳纶和钢丝等。

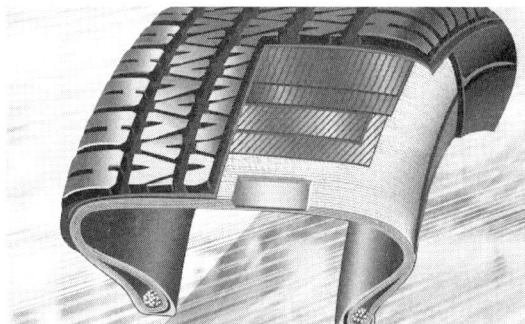

图 19-4　轮胎帘子布

锦纶模量低，耐蠕变性差，热收缩率大，导致轮胎变形，因此不适用于刚性要求高的子午胎胎体。异型截面锦纶，如圆角矩形及低捻度锦纶帘子线可改善此问题。

高模低收缩涤纶帘子布适用于刚性要求高的乘用车子午胎，但高温时会发生胺解，强力下降，因此不适用于轮胎运行时发热大、散热难的大型轮胎。涤纶分子链上的苯环被萘环取代，制得的 PEN 在强度、尺寸稳定性和耐温性方面均优于涤纶。PEN 帘子布可制造高速、高性能轮胎。PEN/PET 皮芯型复合纤维是开发的一个方向。

黏胶长丝的热稳定性好，尺寸稳定性远优于锦纶和涤纶，高温时弹性模量损失少，轮胎高速运行时操纵稳定性高，乘坐舒适。但其强度较低，湿强只有干强的一半。纤维的耐疲劳性差，且生产过程产生废液，成本高。

对位芳纶的比强度和比模量分别是钢丝的近 6 倍和 3 倍，耐高低温性好，制成的轮胎转向性好，舒适且寿命长。芳纶与锦纶或涤纶混捻得到的复合帘子布，可改善其抗压缩及弯曲疲劳性能差、成本高的问题，芳纶复合帘子布的发展空间很大。

三、安全带和安全气囊

1. 安全带

安全带的功能是在汽车突然减速时，人体不会向前猛冲而造成伤害，如图 19-5 所示。正确使用安全带能使汽车撞击造成的伤害降低 60%~70%，死亡率下降约 75%。汽车用安全带厚度不小于 1.5mm、宽度不小于 50mm，最大伸长度达 25~30%，其他要求是耐磨、耐光、耐热、阻燃、抗菌、耐湿摩擦、耐汗渍色牢度等，重量轻且柔韧性好。汽车前排和后排位置，对织带延伸性的要求不同。低伸长型纤维适用于前排驾驶员和副驾驶员所使用的安全带，约束能力强；高伸长型纤维适用于后排乘员，提供缓冲和适当地吸收能量。过去安全带由锦纶长丝织造，现在更多是由专用聚酯纤维长丝生产。安全带织带机是纬针引纬（参见第 18 章第二节无梭织带机），每次引纬是双根，用缝纫机针运动方式锁边。

安全带织带长 2.6~3.6m、宽约为 46mm、厚度为 1.1~1.2mm。据估计，每辆车中约有总长度为 14m、重约 0.8kg 的织带。通常，安全带的经向为 320 根 1100dtex/192f 的纱线（或更柔软的 555dtex 纱线）或 260 根 1670dtex 的纱线，采用斜纹或缎纹组织结构。织带经后整理后，织物缩紧，克重增加，可提高其能量吸收性能。织带在长度方向上需柔软易弯曲，给人体带来舒适感；在宽度方向上需硬挺，使织带能在带扣之间轻松滑动并顺利回缩。此外，织带还要求边缘耐磨，但不能过硬，否则影响佩戴的舒适性。相较捻丝而言，假捻变形丝织造的织带密度高，织带的拉伸强度和撕裂强度得到提高，织带也更加柔软、光滑、易弯曲。

全球最大的汽车安全带供应商瑞典奥托立夫开发了一种配备气囊的座椅安全带，使安全带和安全气囊的功能合二为一，并已装配于梅赛德斯·奔驰的 S 级轿车上。日产开发了一种可根据碰撞严重程度调整对乘员的约束力的智能安全带。利用传感器和主动安全功能，安全带正在变得越来越"智能"。

2. 安全气囊

安全气囊是一种补充安全器材，起自动安全保护作用。它的类型很多，前排乘客的安全气囊通常装在方向盘和仪表板处，容量为 60~100L，侧面安全气囊装在车顶内衬里面，容量为 35~70L。车辆在前方受到撞击时，点燃吹胀器中的氮化钠，释放出含氮的气体进入气囊，气囊会膨胀鼓起，起保护人体作用，如图 19-6 所示。

图 19-5 安全带

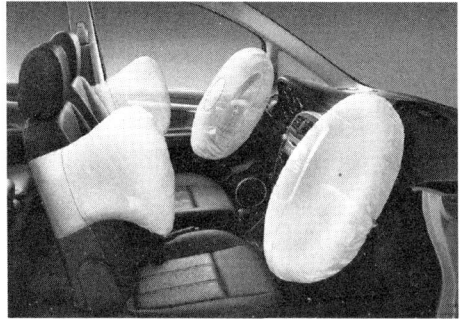

图 19-6 安全气囊

制造气囊的纤维材料要求强度高、热稳定性好、抗老化、吸收能量及涂层黏结性好。过去多用锦纶长丝，现在有专用的聚酯纤维气囊丝。气囊用机织生产，高密织物设计，孔隙率要小，织成后再涂黑色氯丁橡胶或有机硅橡胶。也有气囊采用不涂层的织物，涂层与不涂层织物各有优点。

典型的安全气囊用尼龙 66 复丝机织生产，纱线细度为 210~840dtex。欧洲和日本用 470 dtex，织物密度为 170~220g/m²，耐热性由涂层来改善。

四、车、船用篷布、帆布

对于有篷汽车来说，篷盖材料主要考虑的是耐紫外线。聚丙烯腈因为耐光性好而成为首选，在织物表面进行阻燃整理，以提高安全性。

可折叠式车篷，采用三层层压织物，顶层为聚丙烯腈，具有优良的耐紫外线功能，还要进行碳氟化合物整理以提高耐污性和阻燃性；中间为橡胶层；内层为聚酯斜纹织物。

其他汽车外用织物还有前端盖布、货车盖布、轮胎罩等，使汽车免受日晒、雨淋、落雪和沙砾的侵扰。可参见第六章篷帆类纺织品。

五、交通工具填充用纺织品

交通工具填充用纺织品有聚氨酯泡沫、玻璃短纤维毡、麻纤维毡、再生纤维或回收衣服制成的内衬、热熔胶膜等。

填充纺织品在交通工具中起到隔热隔音作用。地毯地衬材料、车顶内衬材料、车门板内衬聚氨酯泡沫等，是汽车里消音效果很好的材料。也有一些专用于消音的材料，如车头罩盖衬垫，防止噪声传到车厢中。衬垫一般是由废纺纤维加工成的非织造布，不仅具有良好的吸音效果，还有隔热、减震、阻燃等效果。主要产品有空调隔音垫、仪表板隔音垫、车顶隔音垫、地板隔音垫、后行李箱隔音垫等。

六、交通工具过滤用纺织品

图 19-7 所示为复合材料作的汽车空气过滤盒，采用预浸料模压+吹气袋压+热压罐工艺，一体化制造，解决了密封性和腔内平整度问题。另外还有发动机过滤器介质、滤清器用针刺过滤毡等。车厢空气过滤材料用多种加工方法复合，如静电纺丝、纳米纤维、熔喷成网驻极处理等，通过热复合或超声波复合成"三明治"材料。

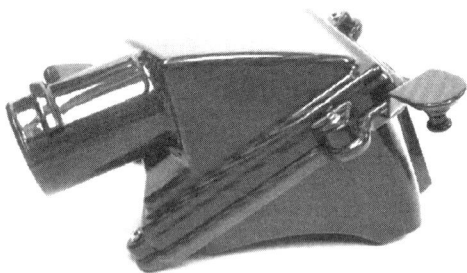

图 19-7 复合材料汽车空气过滤盒

采用在非织造布中夹一层活性炭作成的过滤材料，对汽车车厢内的有味和有毒气体吸附非常有效。

七、其他交通工具用纺织品

1. 轨道交通用复合材料

轨道交通用复合材料，如地铁和轻轨的车体、高速机车头罩、转向架、过渡车钩、高铁轮架体以及座椅内饰等，如图 19-8 所示。

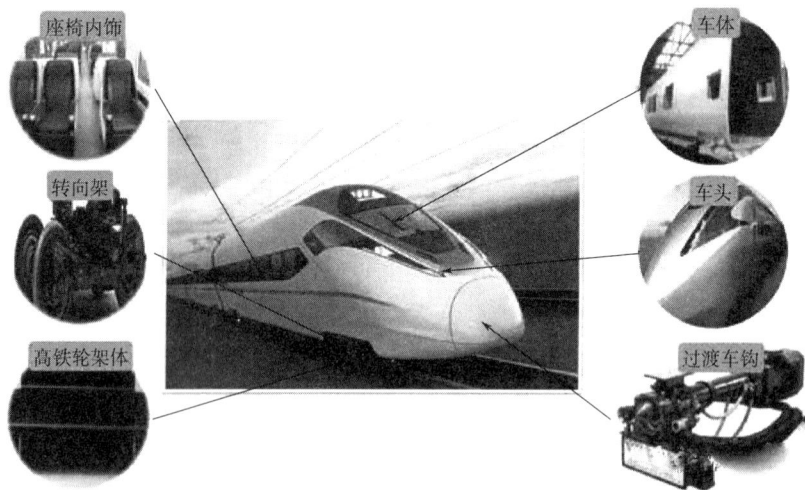

图 19-8 轨道交通用复合材料

我国复兴号最新一代列车车体是碳纤维复合材料，而且复合材料进入主承载结构和副承载结构，如转向架和过渡车钩。碳纤维复合材料比铝合金具有更高的比强度、更优异的耐腐蚀性和耐疲劳性，可减轻重量30%，还可以吸收火车的大量振动，实现增速节能。新一代机车通过一体化成型工艺设计，降低用工量，提高制造效率。

2. 刹车用纺织品

如刹车衬垫，可减小刹车时的噪声。因为制动时产生很大的摩擦力，因此需用耐高温增强材料作刹车衬垫。过去用石棉作刹车垫片及离合器垫片，现在都是用玻璃纤维、芳纶、金属纤维、陶瓷纤维和碳纤维复合材料等生产。用耐热短纤维梳理成网，针刺加固，制作刹车片的增强基。碳纤维复合材料用于飞机刹车片；碳化硅陶瓷纤维材料用于高速列车、重载汽车和坦克等极端条件下的刹车片；汽车用刹车片用芳纶较多，使用有机纤维可减小刹车时的磨损量。刹车垫片如图 19-9 所示。

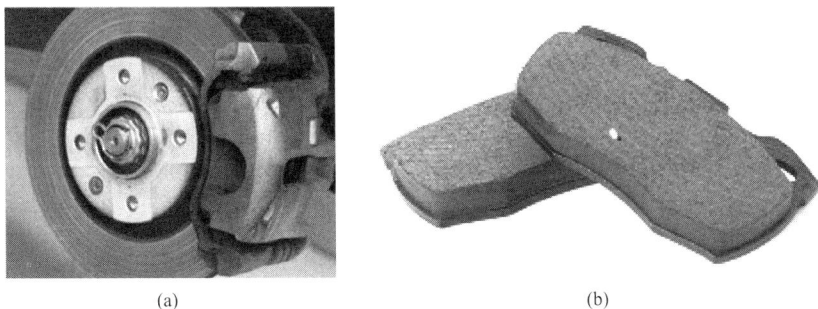

(a)

(b)

图 19-9 刹车垫片

3. 变速箱底壳

由聚酰胺 6 工程塑料制作的汽车自动变速箱油底壳如图 19-10 所示，减轻了自动变速箱的重量，被用于不同汽车制造商的多款车型上。

汽车部件采用纤维复合材料的还有进气歧管、发动机罩、保险杠、横梁、车门板、仪表板、隔热板等。

图 19-10 汽车自动变速箱油底壳

👉 **思考题**

1. 汽车座椅面料由哪三层材料构成？
2. 为什么最好不选锦纶和腈纶作汽车座椅面料？
3. 生产轮胎帘子布选择用什么纤维？为什么？
4. 交通工具过滤用纺织品用什么生产方法制造？
5. 织造安全带的织带机是靠什么方式引纬的？

👉 **参考文献**

[1] S. 阿桑达. 产业用纺织品手册 [M]. 徐朴，译. 北京：中国纺织出版社，2000.

[2] 张玉惕. 产业用纺织品 [M]. 北京：中国纺织出版社，2009.

[3] 冯庆祥，迈克·哈德卡斯特尔. 汽车用纺织品 [M]. 宋广礼，成玲，姚建军，译. 北京：中国纺织出版社，2004.

[4] 中国产业用纺织品行业协会. 2014/2015 中国产业用纺织品技术发展报告 [M]. 中国纺织出版社，2015.

[5] 王军照. 车用碳纤维复合材料应用研究 [J]. 中国新技术新产品，2018 (18)：53-57.

第二十章 其他产业用纺织品

其他产业用纺织品是指具有特殊用途的、在实际生产和生活中只有小规模应用的、没有包括在上述 15 个大类之内的产业用纺织品。该类产品包括衬布、擦拭布、特种纤维及制品和其他产业用纺织品。

一、衬布

衬布可以是机织、针织或非织造生产，机织、针织生产的衬布称为有纺衬，非织造生产的衬布称为非织造衬。

1. 刺绣衬布

刺绣衬布能保证轻薄面料在刺绣过程中免起皱、破损、变形等，刺绣衬布由下脚纤维非织造热轧生产。现在有一种水溶性维纶非织造衬布，作为底衬或面衬，产品制作完成后经热水冲洗，衬布就完全溶解了。

2. 服装衬布

服装衬布是服装的骨架，位于服装的面料与里料之间，对服装的内层起补强、挺括等作用。服装衬布可以是机织布、针织布或非织造布。使用熔体纺丝生产的热熔衬，只需加热就可以与面料黏合，其他棉麻或毛纤维衬布需要加树脂才能与面料黏合。

二、擦拭布

擦拭布是工业生产和日常生活中必不可少的清洁材料。传统擦拭布产品多以棉纱、碎布作为原料制备而成，生产效率低、成本高，清洁能力和纳污能力不足，且擦拭后易留下毛屑和水迹。非织造擦拭布不仅具备吸液率高、吸污性强、柔软性好的特点，经过特殊整理的擦拭材料还具有一定的抗菌、抗静电、耐高温等功能。

非织造擦拭材料具有特殊的纤维缠结结构，纤维间有较大的孔隙，材料较蓬松，定量规格和厚度规格多，能应用于不同的领域。按照加工工艺，非织造擦拭材料可分为化学黏合非织造布、热黏合非织造布、针刺非织造布、水刺非织造布、熔喷非织造布、纺粘法非织造布等。水刺非织造产品的纤维来源很广，主要有纤维素纤维、聚酯纤维、聚丙烯（PP）纤维、木浆纤维、聚酰胺纤维以及一些功能性纤维。水刺非织造布柔软，不易起毛、掉屑，是良好的擦拭材料（图20-1）。其产品已被广泛应用于生产一次性湿巾、家庭厨房擦拭布、电子工业擦拭布、机械设备及精密仪器表面清洁擦拭布等。

纺粘非织造布是用热塑性聚合物原料生产的，常用的原料有PP、聚乙烯（PE）、聚酯（PET）、聚氨酯（PU）、聚乳酸（PLA）、聚酰胺6（PA6）等。当以疏水性聚合物为原料时，需要对产品进行亲水整理，才能满足擦拭布的亲水要求。与单组分纺粘工艺相比，双组分纺粘工艺可制备结构蓬松、触感良好的纺粘非织造布，是一种新型的擦拭布材料，如图20-2所示。目前，双组分纺粘非织造布常用的双组分纤维类型有皮芯型（S/C型）、并列型（S/S型）和裂片型（S/P型）。裂片型纤维可在用水刺进行"开纤"的同时完成纤网的固结，将纤维"开纤"和纤网加固两项工作一次性完成，省略了传统的碱减量工序，可高效地生产出高端超细纤维水刺非织造布，其因具有良好的柔软性、优异的擦拭性和较高的强度而被广泛应用。

图20-1　水刺法擦拭布

图20-2　纺粘法擦拭布

熔喷非织造擦拭布是超细纤维网，具有吸收力强、去污能力高、不伤物体表面、不掉毛屑等多种特性，已被广泛用于镜头擦拭布、手机屏幕清洁布，如图20-3所示。熔喷非织造布具有良好的亲油性和吸油能力，常用作吸油擦拭材料。而且通过接枝、共混等方式对熔喷料进行改性，可进一步提高熔喷非织造布的吸油擦拭能力。

由单一非织造材料制成的擦拭布，或多或少会存在一些缺点而限制其使用范围。如全木浆水刺非织造布虽绿色环保、吸水性强，但是强力较低，抗撕裂效果和耐磨性较差；纺粘非织造布强力较高、耐磨性较好，但纤维直径相对较大，孔隙率较低，因此去污、纳污能力较

图 20-3　多功能清洁布

低；熔喷非织造布中纤维较细、孔隙率高，去污能力、吸收能力更强，但是其强力相对较低，耐磨性不佳。因此，将不同生产工艺的非织造布进行复合，可达到优势互补的效果，进一步拓展非织造擦拭布的应用领域。

工业用擦拭布要求具有一定的专用功能，家用擦拭布要求具有一定的抗菌作用。

三、特种纤维及制品

1. 降落伞

降落伞分为航空用降落伞和航天用降落伞，这两类降落伞的面积大小不同，纤维材料是相同的。织造降落伞的纤维最常用的是锦纶，其他有涤纶、芳纶、蚕丝及超高分子量聚乙烯等。以平纹组织为基础，经纬方向在一定间隔增加一组纱线以重平或方平组织交织，目的是增强面料的抗撕裂性能，经纬密度通常需要大于 500 根/10cm。航空用降落伞如图 20-4 所示，在最上面有个洞，同时侧面也布置有洞，且不同功用的降落伞洞的尺寸是不同的。在急速下降的过程中，伞不是很稳定，风一吹就容易歪斜。有了这个洞，空气可以通过顶上的洞流出去，

图 20-4　航空用降落伞

下降过程中使降落伞摆正位置。另外，快速下降会给降落伞带来巨大的空气阻力，降落伞顶洞和侧面的许多小孔让部分气流逃出，避免弄坏降落伞。

航天工程用降落伞面积较大，由近 2000 块小布像鱼鳞一样连接而成。如"嫦娥五号"返回器用降落伞选择强度 7.5cN/dtex 以上的高性能锦纶单丝织造，还需要对锦丝绸进行耐高温、阻燃、防电磁辐射等处理。"嫦娥五号"的降落伞由主伞和减速伞两部分构成，先开一个减速伞，稳定降落姿态，为主伞创造良好的开伞条件，减速伞分离时会拉出主伞，使返回器以小于 13m/s 的速度安全降落。"嫦娥五号"的降落伞如图 20-5 所示。

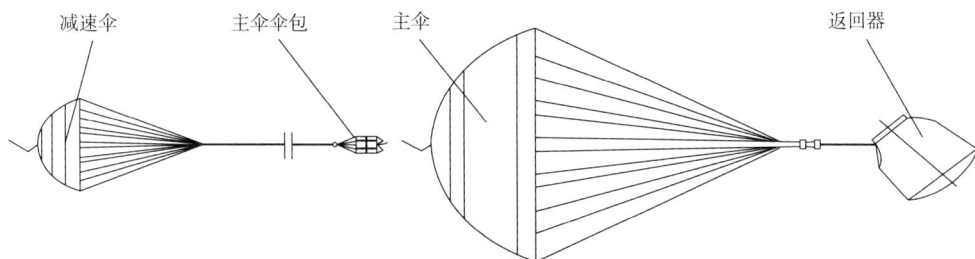

图 20-5 "嫦娥五号"降落伞

我国及国外生产的战斗机（包括隐形战机），在试飞时需要减速伞，称为失速—反尾旋伞，如图 20-6 所示。它通常安装在距离机尾表面较高的位置，同时伞舱里配置伞炮，通过火药动力将减速伞释放出去。当新型飞机进入失速—尾旋的飞行状态，飞机会像称陀螺一样不受控制地螺旋坠落，试飞员可以启动反尾旋伞，利用减速伞的拉力强迫飞机改出尾旋。即使飞机失速，也可以安全降落。我国的反尾旋伞用于 ARJ-21 支线客机、运 20 商飞以及 C919 的试飞。

图 20-6 新型飞机试飞的失速—反尾旋伞

2. 翼装飞行服

翼装飞行服（图 20-7），飞行者身着翼装，从高楼、高塔、大桥、悬崖、直升机上飞下，紧贴着高空中的建筑物或自然景观飞行。通过四肢张开的角度和身体的角度来控制飞行方向和速度。翼装是由锦纶制成的冲压式膨胀气囊，在飞行运动服双腿、双臂和躯干间缝制大片结实的、收缩自如的翼膜。在飞行者腾空之后，张开手脚便能展开翼膜。当空气进入一个个气囊时，就会充气使服装成翼状，从而产生浮力。这样一来就能在空中飞行，然后通过改变自己身体的状态来控制飞行的高低和方向。

翼装飞行服的纤维材料选择和织造参见本章"降落伞"。为了保证在下降过程中速度稳定，织物的透气量应小，通常采用轧光处理。另外，翼装飞行还属于小众运动，由于危险性和难度大，极具挑战性和冒险性，很大程度上限制了翼装飞行服的发展，全世界只有不超过

图 20-7　翼装飞行服

10 家比较大的厂商在生产。翼装飞行服需要根据飞行者的身高、体重设计翼展、进风量、承托力等，因此只能作定制化生产。此外，翼装飞行中的头盔一般由碳纤维复合材料制成，满足高强力的同时，还更为轻巧。

3. 航母舰载机的拦阻索

航母的拦阻索是目前世界上技术要求和技术含量最高的航海索具。因为舰载机的着陆速度一般为 200~300km/h，如果不经过拦阻，舰载机需要滑行 1000m 以上才能停稳，而航空母舰飞行甲板的长度只有 200 多米，因此现代航空母舰必须配备结实耐用的拦阻装置。在航母事故中，拦阻系统中出故障最多也就是钢索。拦阻索要求非常结实而有韧性，另外还要非常的细，如果拦阻索造得特别粗，舰载机的尾钩就可能勾不住。航母舰载机拦阻索结构如图 20-8 所示。

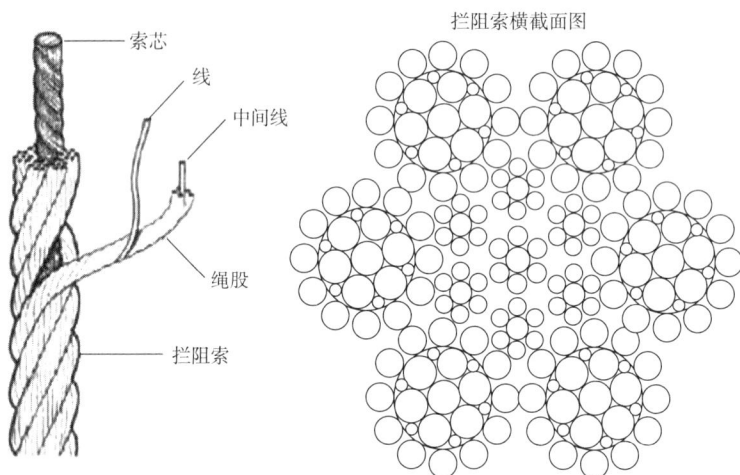

图 20-8　航母舰载机拦阻索结构示意图

航母拦阻索过去是以浸油的剑麻纤维和钢丝编织而成的，现在则以高强度锦纶和钢丝编织而成。下一代拦阻索将会是强度更高、韧性更好的 PBO 纤维或碳纤维。

4. 伪装网

伪装网属于隐身装备、遮障器材，是一种在军事上用来遮盖武器装备或固定目标以达到低可探测性的织物。目的是增加敌方的侦察识别难度，还能减弱遮障下装备的平面反射，改变装备的外形特征，起到对抗热红外成像侦察和雷达反射波侦察的效果。新一代伪装网具有特殊的立体仿真结构，应用了纳米隐身材料和结构隐身设计原理，在单层伪装网上实现了光学、红外、雷达兼容隐身，而且突破了雷达隐身波段窄的技术瓶颈，使伪装网具备了宽波段的雷达隐身功能。

伪装网选用高强涤纶长丝由喷水织机进行织造，基布重量≤100g/m²，既提高伪装网面料的拉伸及撕破强力，又能减轻伪装网的重量，便于架设和运输。伪装网通常是双面不一样的颜色。图20-9所示为林地伪装网，正面为南方春夏季节使用的伪装网面，由深绿、中绿、黄绿和沙土等颜色斑点组成，适应春夏植被生长茂盛背景；反面为秋冬季节使用的伪装网面，由深绿、中绿、黄土和褐土等颜色斑点组成，适应林地背景秋冬植被落叶、枯萎和休眠季节或植被稀少背景。荒芜伪装网正面适用于沙漠或黄土高原少植被场景，由浅沙、沙土、褐土、黄土斑点组成；反面为戈壁滩地貌伪装网面，由浅沙、沙土、黑石和深绿斑点组成。雪地伪装网正面为全积雪伪装网面，为全白色；反面为部分积雪伪装网面，由白色、黄土两种颜色斑点组成。

图20-9　林地伪装网

5. 宇航服

宇航服又称航天服，种类很多。从功能上分，有舱内用应急救生服和舱外活动宇航服；从服装内的压力上分，有高压宇航服和低压宇航服；从用途上分，有登月航天服、国际空间站使用的宇航服及火星宇航服。

宇航服由14~21层不同材料组成。里面三层组成了液体冷却通风层。最里层为纯棉布，从里向外第二层是羊毛或太空棉，第三层通风散热。第三层表面附有约300英尺（91.44m）的管道，能以水冷的方式给宇航员的身体降温。这些水有些来自宇航员身后的背包，有些由航天器通过管道补给，有些则是将宇航员自身排出的汗水和所呼出二氧化碳中带出的水蒸气循环利用得到的。

第四层是气密加压限制层，压力囊能提供一定量的氧气，使宇航员在这个密闭空间内呼吸，使宇航员身体周围保持足够的压力，不能漏气。

第五层有助于压力囊保持一定的形状，这层材料的材质与帐篷上的某种材料相同。

第六层是防撕裂层，该层材料能专门抵御可能存在的撕裂风险。

在防撕裂层之上则是7层涂铝的聚酯薄膜隔绝层。有良好的隔热和防辐射作用，能使宇航员的体温保持恒定。

宇航服的外面三层要求耐磨损、耐高温、耐辐射、阻燃等功能，一般用白色或金黄色为好。这三层不同材料构成的宇航服外层中，杂环芳纶构成其中一层，主要起保护作用。而其他两层一层为防水材料，另一层为防火材料。

宇航服如图20-10所示，现代的宇航服是通过压力囊来产生压力，未来的宇航服材料使用形状记忆合金线圈，这些线圈串联后所产生的压力恰好能维持人体在太空中生存。采用这种形状记忆合金线圈的另一大优点是当对其冷却时，它们就会回到伸展状态，使宇航员从宇航服中出来。

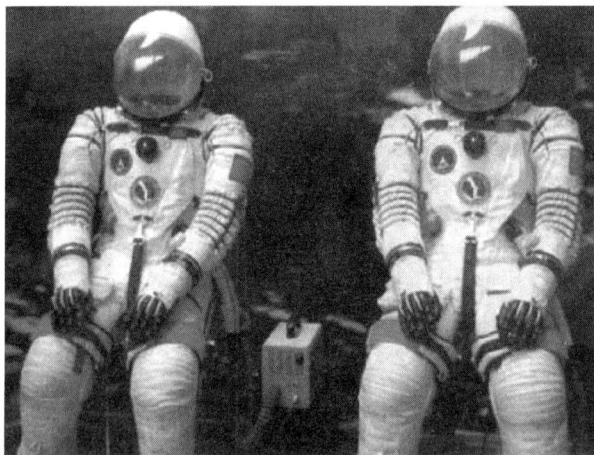

图20-10　宇航服

舱外活动宇航服技术难度最大，犹如迷你版太空飞船，保证航天员离开太空船也能有气、液、电的供给，保证他的生存、工作和通信。舱外宇航服由于直接暴露在太空的强辐射下，需要耐辐射、阻燃、耐高温且高强高模纤维织成。舱外航天服背上有一个生态包，许多设备隐藏其中。如特制的抵御低温的蓄电池，提供足够的温度，能供给氧气。因为微流星体会撞击空间站外的扶手，形成边缘锋利的凹坑，这种凹痕可能会割破宇航服的手套。芳香族聚酯纤维具有较好的耐辐射和防割性，用于太空服手套的手掌部分。聚四氟乙烯材料很滑，可以有效防止被抓住或撕裂，可用于航天员手套护套和手套背面。有助于减少紫外线的聚碳酸酯材料，用于宇航服头盔的遮阳板等。这种材料的另一个优点就是不会碎裂，如果受到冲击，它会弯曲而不是断裂，并且仍然具有良好的光学特性。舱外宇航服可在零下157℃至零上121℃的温度条件下保护宇航员，使他们不受辐射、尘埃和微流星体侵害。

火星尘埃对宇航服每平方英寸的压力会膨胀到 4 磅（约28kPa）以上，这种程度的压力并不是很夸张，但会给人相当僵硬的感觉。为了让航天员在舱外探索时行动更加机动灵活，宇航服的肩膀、手腕、臀部、大腿上部和脚踝处都安装了轴承，使他们能完成行走、跪坐等动作。为了防止灰尘进入宇航服的轴承，需要把轴承密封起来。保护宇航服在长期任务中不受火星尘埃的影响，需要用聚四氟乙烯材料涂层。

6. 天线罩

天线罩是保护罩内天线在恶劣环境条件下能够正常工作的一种设施，必须具有足够的强度、刚度、耐热性和抵抗各种外界环境影响的性能。在工程中应用最广的天线罩是纤维增强树脂基复合材料，纤维包括涤纶、石英、芳纶、E-玻璃纤维等。用作天线罩的树脂有不饱和聚酯树脂、环氧树脂、酚醛树脂、有机硅树脂、聚酰亚胺、聚四氟乙烯和热塑性的聚苯硫醚树脂。不饱和聚酯树脂成本低，工艺成熟，但因其力学性能较差，大多用于要求较低的地面雷达天线罩（图20-11）。环氧树脂具有优良的力学性能、耐化学腐蚀性能和电性能，是天线罩最常用的树脂基体。

增强纤维的成型方式可以是缠绕成型、机织三维织造、三维编织以及蜂窝材料成型（蜂窝芯材加上下蒙皮）。缠绕成型由于很难将树脂含量控制均匀，只适用于低频段天线罩；对电性能要求较高的天线罩，使用 RTM 树脂传递模塑成型。

有机纤维的耐热性不适用于高马赫数导弹，因此航天及导弹用天线罩需要具有较高力学性能、耐高温、热膨胀系数较低、抗热冲击性能优良、电性能好的陶瓷材料。陶瓷材料可分为氧化物和氮化物两种，前者有氧化铝、石英陶瓷、微晶玻璃等，后者有氮化硼和氮化硅。

天线罩材料的发展历程可归结为：纤维增强塑料→氧化铝陶瓷→微晶玻璃→石英陶瓷→氮化物陶瓷。

7. 卫星天线

卫星天线（图20-12）的作用是收集由卫星传来的微弱信号，并尽可能去除杂信。由于芳纶结构件轻、谐振频率高，特别适用于制作机载、星载天线。卫星天线的反射面为椭圆形抛物面，材料为芳纶复合夹层结构材料。反射面背面支撑结构用碳纤维增强材料制造。

图 20-11　雷达天线罩

图 20-12　卫星天线

8. 纺织结构装甲材料

装甲材料是指能够抵御弹丸与弹片进攻的一类材料，被广泛运用于坦克装甲、武装直升飞机、军舰、军事设施以及人体防护等领域。装甲材料以特种钢、铝合金、钛合金、陶瓷、纤维复合材料等为主体，碳纤维、芳纶、超高分子量聚乙烯纤维等高性能纤维涂覆树脂作为增强体贴附在主体材料的表面，在坦克装甲、武装直升机、军舰等受到炮弹的攻击时，高性能纤维起到类似于防弹衣的保护作用，降低战场上操作军事装备的士兵所受到的伤害。

用于军事装备的增强体结构一般分为三类，第一类是单向无纬布，第二类是二维织物，第三类是三维立体结构。三维结构能够使增强结构的稳定性得到提高。

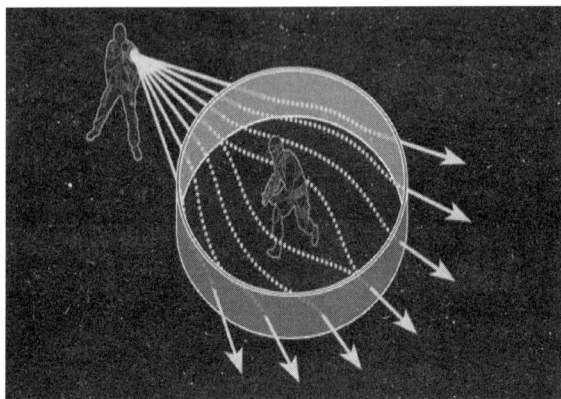

图 20-13　量子隐身衣

9. 量子隐身衣

量子隐形伪装材料是由加拿大生物公司 Hyperstealth Biotechnology 研发的名为"量子隐形"的先进材料（隐形面料），通过弯曲光线达到隐形目的，如图 20-13 所示。该材料可折射周围光线来实现"完全隐形"。利用量子隐形衣，战场的士兵可以通过隐形来完成高难度的作战任务。

人之所以能看到物体，是因为物体反射了不同色光。如果有一种材料敷在物体表面，能引着被物体阻挡的光波绕着走，仿佛没有任何阻挡，那么肉眼就会觉得物体似乎不存在了。视觉隐身的原理实际上是引导光波"转向"。

四、其他产业用纺织品

1. 电影银幕布、教学投影布

电影屏幕用粗糙的白布做成，目的是让光射到上面后反射各种色光，使反射光线射向各个方向，从而使全体观众从不同的角度都能欣赏到画面的内容。图 20-14 所示为电影银幕布，图 20-15 所示为教学投影布。

2. 美妆用非织造布

用于美容、化妆及个人护理用品的非织造布，通常由亲水性好的棉、黏胶短纤维或掺一些涤纶短纤，梳理成网或湿法成网，再经水刺加固，使制品柔软而有韧性。例如，面膜是在亲水性纤维所在层涂上维生素 C 及胶原等物质，如图 20-16 所示。美妆用纺织品还有洁面巾、美容巾、一次性洗脸巾（图 20-17）、洗脚非织造布等。

图 20-14　电影银幕布

图 20-15　教学投影布

图 20-16　面膜

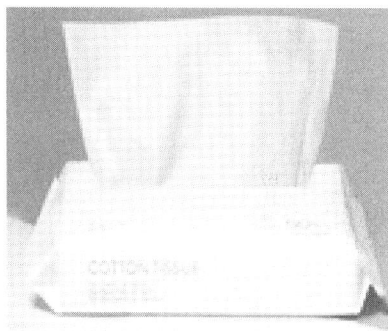

图 20-17　洗脸巾

3. 海洋石油钻井平台

碳纤维增强复合材料还广泛应用于海洋平台锚泊系缆、采油/输送立管。

☞ 思考题

1. 用水刺法、纺粘法、熔喷法生产的擦拭布各用于什么领域？

2. 制造降落伞的常用原料有哪些？伞布如果防撕裂？

3. 航母舰载机的拦阻索起什么作用？选择什么材料、用什么方法制造？

4. 请选择生产面膜的纤维原料、成网方法及加固方式。

5. 一次性洗脸巾选择什么材料、用什么工艺生产？

☞ 参考资料

［1］S. 阿桑达. 产业用纺织品手册［M］. 徐朴，译. 北京：中国纺织出版社，2000.

［2］张玉惕. 产业用纺织品［M］. 北京：中国纺织出版社，2009.

［3］熊杰. 产业用纺织品［M］. 杭州：浙江科学技术出版社，2007.

［4］裴晓园，陈利，等. 天线罩材料的研究进展［J］. 纺织学报，2016（12）：153-159.